MARIANNE TAYLOR

EINE GESCHICHTE DES LEBENS

Impressum

Aus dem Englischen übersetzt von Volkhardt Müller.
Titel der Originalausgabe: The Story of Life in 10½ Species

Erschienen bei Unipress Books /
The MIT Press unter ISBN 978-0-262-04448-6

www.unipressbooks.com
First published 2020

Umschlaggestaltung von Gramsci Editorial Design, München / Claudia Geffert, unter Verwendung eines Farbfotos von atese/iStock.
Das Bild zeigt einen Nautilus.

Kompletter Bildnachweis siehe Seite 256.

Gedruckt auf chlorfrei gebleichtem Papier

FSC
www.fsc.org
MIX
Papier aus verantwortungsvollen Quellen
FSC® C005748

Für die deutschsprachige Ausgabe:

ISBN 978-3-440-17329-9
Redaktion: Heiko Fischer
Satz: Text & Bild | Michael Grätzbach
Produktion: Markus Schärtlein
Printed in China / Imprimé en Chine

EINE GESCHICHTE DES LEBENS

AUF 10 1/2 ARTEN ERZÄHLT

MARIANNE TAYLOR

Aus dem Englischen von
Volkhardt Müller

KOSMOS

INHALT

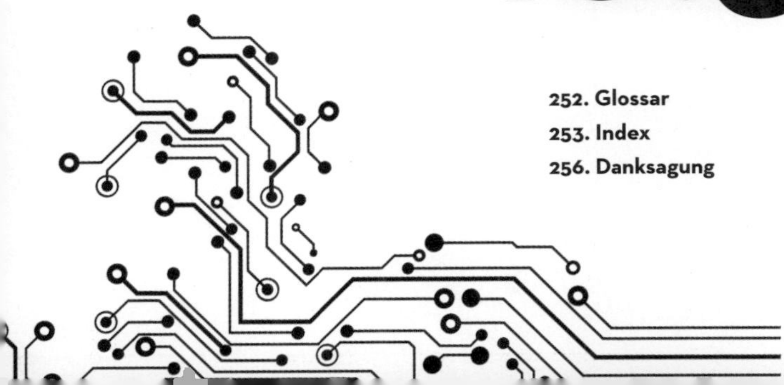

EINLEITUNG

Wir Menschen ordnen die Natur seit unseren frühesten Anfängen. Einst war es für uns überlebenswichtig, dass wir uns einprägten, was gefahrlos und schmackhaft und was wild, gefährlich und giftig ist. Heute mag unser Überleben eher selten davon abhängen, doch das Sortieren und Einordnen ist für uns so wichtig, instinktiv und fesselnd wie eh und je.

Stellen Sie sich einen äquatorialen Regenwald vor. Auf allen Etagen dieses komplexen Ökosystems wimmelt es von Lebewesen: von den Mikroorganismen im Erdreich bis hin zu den Kolonnen der Wanderameisen entlang des Waldbodens. Üppige Aufsitzerpflanzen (Epiphyten), die sich auf den Ästen uralter Bäume verbreiten, streben dem Licht entgegen. Ihre bunten Blüten werden von Schmetterlingen und Bienen umschwärmt. Im prächtigen hohen Blätterdach glänzen Frösche wie Juwelen, und die Rufe exotischer Vögel sind zu hören.

Es scheint unmöglich, die Stimmen dieser Kakophonie tropischen Lebens auseinanderzuhalten. Doch begibt man sich in kühlere, gemäßigte oder gar polare Zonen, fällt das Katalogisieren leichter, denn dort nimmt die Artenvielfalt ab, auch wenn die Zahl der Individuen sehr hoch bleibt. So gibt es auf dem winterlichen Eis der Antarktis fast keine Vielfalt – nur Tausende von Kaiserpinguinen und vielleicht ein menschliches Kamerateam.

Hier hätten wir also zwei relativ große, warmblütige Wirbeltiere. Die Pinguine sind gefiedert und besitzen zahnlose Schnäbel, während die Mitglieder des Kamerateams eine weiche, behaarte Haut und einen Mund voller Zähne haben. Aus der Beobachtung von Gemeinsamkeiten und Unterschieden entwickeln Menschen Ordnungssysteme, und bereits vom frühen Kindesalter an nehmen wir die Objekte unserer Umwelt ordnend wahr.

PRIORITÄTEN IM WANDEL

Wie alle Lebewesen sind wir ein Produkt der Evolution – Früchte am Baum des Lebens. Aus einem einzelnen Stamm hat sich dieser über einen langen Zeitraum in all die Lebensformen verzweigt, die uns heute umgeben, auch wenn unser Verständnis von der Evolution irdischen Lebens noch recht jung ist.

Als sich unsere Vorfahren in Afrika entwickelten, hätten sie die meisten Tiere entweder als gefährlich, essbar oder als eine aufregende Kombination aus beidem beurteilt. Mit dem Erreichen des sechsten Lebensjahres haben wir heute die Tiere in unserem Leben wahrscheinlich als freundlich oder bissig, als weich, stachelig oder schleimig bzw. als lebendig oder aus Plastik eingestuft. Als Erwachsene versuchen die Zoologen unter uns ein Ordnungssystem anzuwenden, das genau abbildet, wie sich verschiedene Tiere entwickelt haben und wie sie miteinander verwandt sind.

Dazu haben wir ein komplexes System aus einer Kombination verschiedener Wissenschaften entwickelt. Es vereint Anatomie, Entwicklungsbiologie, Paläontologie und zunehmend auch Genetik.
Das System zur Kategorisierung von Tieren wird auch auf Pflanzen, Pilze und andere Lebewesen angewendet.

Die Taxonomie, das Studium der Beziehungen zwischen Organismen, ist so komplex und anspruchsvoll, dass die meisten Anwender sich nur auf eine kleine Gruppe von Arten spezialisieren – seien es Leberegel, Grippeviren, die Eulen kleiner Pazifikinseln oder menschliche Fossilien.

Unser taxonomisches Wissen ist also irgendwo zwischen dem eines sechsjährigen Kindes und dem eines Leberegel-Spezialisten angesiedelt. Wir wissen, dass Flöhe und Bienen Insekten sind und Spinnen nicht, denn diese haben acht Beine, Insekten dagegen nur sechs. Aber wir wissen vielleicht nicht, warum die Anzahl der Beine wichtiger ist als andere Kriterien – schließlich haben Flöhe und Spinnen keine Flügel, Bienen hingegen schon, und während sowohl Bienen als auch Spinnen Haare haben, sind Flöhe kahl. Die Taxonomie hilft bei der Lösung solcher Rätsel. Sie bringt auch Fakten ans Licht, die uns bis an die Grenzen des Unbehagens verblüffen: Kann es sein, dass ein Pilz enger mit dem Menschen verwandt ist als mit der Kartoffel?

ORDNUNGSSYSTEME

Indem wir ihnen spezifische Namen geben, machen wir Menschen Kategorien oder „Arten von Dingen“ kenntlich. Ein Möbelstück mit Sitzfläche und Rückenlehne etwa, als Sitzplatz für einen einzelnen Menschen gedacht, ist in der deutschen Sprache ein „Stuhl“. Innerhalb der Kategorie Stuhl gibt es zahlreiche Unterkategorien, wie z. B. Sessel, Liege-, Büro- oder Rollstühle. Auch diese haben wiederum ihre eigenen Unterkategorien. So werden unter „Sessel“ z. B. Ohren- oder Clubsessel einsortiert.

Ein solches Ordnungssystem bezeichnet man als Schachtelhierarchie: Der Clubsessel ist in der übergeordneten Kategorie „Sessel“ und „Sessel“ wiederum in der Kategorie „Stühle“ verpackt, die ihrerseits eine Unterkategorie der „Möbel“ ist. Auch bei der Einordnung von Lebewesen verwendet man Schachtelhierarchien. Die taxonomischen Ebenen unterhalb der „Lebewesen“ lauten – zumindest für Tiere – gewöhnlich wie folgt:

Domäne
Reich
Stamm
Klasse
Ordnung
Familie
Gattung oder Gattungen
Art
Unterart (nicht alle Arten sind in Unterarten unterteilt)

Nehmen wir ein einzelnes Tier, zum Beispiel

Domäne Eukaryota (Organismen mit komplexen Zellen)
Reich Animalia (Tiere)
Stamm Chordata (Tiere mit Rückenmark)
Klasse Säugetiere (Säugetiere)
Ordnung Carnivora (die fleischfressenden Plazenta-Säugetiere)
Familie Felidae (Katzen)
Gattung Panthera (Großkatzen)
Art Pantheratigris (Tiger)
Unterart *Panthera tigris sondaica* (Sumatra-Tiger)

Doch diese schöne Klarheit ist trügerisch. Vor allem, wie soll man überhaupt „Leben“ definieren, wenn uns einige Entitäten, wie z. B. Viren, sowohl lebendig als auch nicht lebendig vorkommen. Außerdem wurde das Leben nicht planmäßig entworfen wie etwa ein Sessel. Vielmehr hat es sich, ausgehend von einer einzelnen Linie, im Laufe der Zeit immer weiter zu einem atemberaubend buschigen Lebensbaum verzweigt. Fossile Überlieferungen zeigen uns den Verlauf einiger evolutionärer Abstammungslinien auf recht lückenhafte Weise, aber es gibt keine universell anwendbare oder einfache Methode, nach der man herausfinden könnte, welchen Äußerlichkeiten reale Verwandtschaftsverhältnisse zugrunde liegen und welchen nicht.

Eine weitere Schwierigkeit besteht darin, dass der Lebensbaum sich ständig ändert. Aus älteren Zweigen entstehen neue, alte und neue Zweige können sich parallel entwickeln. Es ist unmöglich, den Punkt mit Sicherheit zu bestimmen, von dem aus einer interessanten Unebenheit an einem Zweig ein neuer Trieb hervorging. Manche Zweige erscheinen eng miteinander verflochten, doch sie können aus weit auseinanderliegenden Ästen hervorgewachsen sein. Die Kräfte, die in der Evolution wirken, sind im Wesentlichen simpel, doch was sie hervorbringen ist kompliziert.

Deshalb sprechen Biologen manchmal von Zwischenklassifizierungskategorien wie Untergattungen, Überfamilien, Unterordnungen und -klassen. Alternativ nehmen sie die einfachere Option und sprechen von „Kladen", d. h. Gruppen von Organismen, die einen gemeinsamen Vorfahren und all seine Nachkommen umfassen. Die Erforschung dessen, wie und wann genau sich der Baum des Lebens verzweigt hat, nennt man Phylogenetik. Ihre Erkenntnisse führen die Taxonomie langsam weg vom traditionellen hierarchischen System und hin zu flexibleren Methoden der Klassifizierung.

SPRACHE & NAMEN

Egal welcher Ansatz zur Klassifizierung gewählt wird, alles muss einen Namen haben. Die wissenschaftlichen Namen der Lebewesen werden aus dem Lateinischen und dem Griechischen abgeleitet (oder aus einer sperrigen Kombination von beiden). Antike Sprachen zu verwenden geht auf den Anspruch zurück, dass wissenschaftliche Namen universell sein sollen. Da sie wissenschaftlichen Standards genügen müssen, werden sie aufgrund neuer wissenschaftlicher Erkenntnisse oft geändert. Mutter- oder umgangssprachliche Namen hingegen bleiben meist gleich, z. B. suggerieren die landläufigen englischen Namen des amerikanischen und europäischen Rotkehlchens, dass es sich um nahe Verwandte handelt. Doch dem ist nicht so:

Das Amerikanische Rotkehlchen *(Turdus migratorius)* gehört zur Familie der Turdidae oder echten Drosseln, während das Europäische Rotkehlchen *(Erithacus rubecula)* zur Familie der Muscicapidae oder Fliegenschnäpper gehört.

Man muss eine Ebene höher gehen – in die Ordnung der Passeriformes oder Sperlingsvögel –, um eine Gruppierung zu finden, die beide Arten vereint. Eine kladistische Herangehensweise würde etwas genauer sein, denn die beiden „Rotkehlchen" lassen sich mit einigen anderen Arten in der Klasse Muscicapoidea zusammenführen, die irgendwo zwischen Familie und Ordnung angesiedelt ist.

ÜBER DIESES BUCH

Die wissenschaftliche Taxonomie greift auf zahlreiche andere Forschungsgebiete zurück. Um Lebewesen auf Basis evolutionärer Abläufe einzuordnen, bezieht sie die Paläontologie, die Geografie, Geologie, Biochemie, Zellbiologie, Anatomie, Ökologie, Verhaltensforschung an Tieren und Pflanzen, Genetik und vieles mehr mit ein. Ein Menschenleben würde nicht ausreichen, um all diese Forschungsarbeiten und ihre Resultate vollständig wiederzugeben. Deshalb nimmt jedes Kapitel dieses Buches eine bestimmte Art oder Artengruppe als Beispiel, um einen besonderen Aspekt der Geschichte des Lebens vorzustellen. Für intelligente Außerirdische würden diese Arten ein faszinierendes Gesamtbild ergeben, dem eines komplexen und vor Leben strotzenden Planeten – nämlich der Erde.

1

FARN

DER FARN

REICH	Plantae
KLASSE	Polypodiopsida
ORDNUNG	Osmundales
FAMILIE	Osmundaceae
GATTUNG	Osmundastrum
ART	*Osmundastrum cinnamoneum*

Zu den frühen Pflanzen der Erde gehörten bereits verschiedene Farne. Seither tragen ihre leuchtend grünen Wedel zur ungewöhnlichen, intensiven blauen und grünen Farbgebung unseres Planeten bei. Die Erde ist anders als die anderen Planeten im Sonnensystem. Bei denen herrschen Rot- und Brauntöne vor sowie Grau und Gelb – die Farben von Staub und Nebel, Ammoniak, Sulfaten und Phosphor. Das Wasser der Erde leuchtet blau, weil seine Moleküle mehr blaues als rotes Licht reflektieren. Dabei vereinen sich Chemie und Physik zu einer reinen, elementaren Schönheit. Das Grün der Landmassen hingegen ist der Biologie zu verdanken: Grün ist die Farbe des Lebens.

Grüne Pflanzen traten an Land erstmals vor etwa 420 – 430 Millionen Jahren auf. Doch die Gräser, Bäume und krautigen Gewächse, die heute die Landmassen des Planeten dominieren, gibt es erst seit etwa 130 Millionen Jahren.

Die frühesten Landpflanzen waren blütenlos, und die imposanten Wälder des Karbonzeitalters (vor 259–299 Millionen Jahren) unterschieden sich sehr von den heutigen. Sie bestanden aus hoch aufragenden Schuppenbäumen (*Lepidodendrales*) und Palmfarnen (*Cycadales*) mit einem Unterwuchs aus Schachtelhalmen, Bärlapppflanzen und Farnen. Gleichzeitig entwickelten sich Gewächse, die robuste, hartschalige Samen ausbildeten. Blüten hingegen sollten erst viele Jahrtausende später erscheinen. Robuste Samen und später Blüten waren für die Evolution der Pflanzen von entscheidender Bedeutung. Doch ein noch grundlegenderes lebenswichtiges Merkmal war bereits in den farnreichen Wäldern des Karbonzeitalters voll ausgebildet.

Farne mögen unscheinbarer sein als ihre prunkvolle, blühende Verwandtschaft, doch es existieren viele verschiedene Arten, die auf ihre Weise überaus erfolgreich sind. Mit rund 12 000 Arten weltweit kann man sie schwerlich als Überbleibsel der Evolution abtun. Besonders eine Art hat eine außergewöhnliche evolutionäre Erfolgsgeschichte: der Zimtfarn *(Osmundastrum cinnamomeum)*.

Das natürliche Verbreitungsgebiet des Zimtfarns ist groß. Sein Lebensraum erstreckt sich über alle feuchten Wälder Nordamerikas und Ostasiens. Zimtfarne werden bis zu einem Meter hoch. Ihre gekräuselten, silbrig-grünen Wedel sind strahlenförmig angeordnet. Von der Mitte aus sprießen im Frühjahr die braunen Sporen tragenden Wedel, die an die Schnecke einer Violine erinnern, senkrecht hervor. Auch als Zierpflanze weit verbreitet, gedeiht der Zimtfarn in schattigen, feuchten Ecken in den Gärten gemäßigter Zonen. Einzelne Farnpflanzen können über 100 Jahre alt werden.

In den 1960er-Jahren fand ein schwedischer Bauer ein wunderschön detailliertes Farnfossil auf seinem Land, und er vermachte es dem staatlichen Naturhistorischen Museum Schwedens. Doch das Exemplar wurde erst 2014 eingehend von Wissenschaftlern untersucht. Durch einen Lavastrom, der es verschlungen hatte, war es so perfekt konserviert worden, dass unter dem Mikroskop sogar die einzelnen Zellen deutlich zu erkennen waren. Einige davon befanden sich im Prozess der Zellteilung (Mitose). Dieses Exemplar des Zimtfarns gleicht der modernen Art bis ins Detail, ist aber 180 Millionen Jahre alt. Damit ist der Zimtfarn die älteste bisher entdeckte und im Wesentlichen unveränderte Art eines vielzelligen Organismus.

Was der Zimtfarn mit den meisten anderen grünen Pflanzen gemein hat, ist eine bestimmte Klasse von Molekülen in seinen Zellen, die Chlorophylle. Diese werden von Cyanobakterien (Blaugrünbakterien) gebildet. Das sind sehr einfache, einzellige Organismen, die vor etwa 2,7 Milliarden Jahren entstanden, lange bevor es Pflanzen gab.

In den Meeren haben sich seitdem echte Algen entwickelt, von einzelligen Organismen bis hin zu Seetang wie etwa den Braunalgen, während an Land Moose, Lebermoose, Farne und dergleichen entstanden, zu denen sich später Nadelbäume, Seggen, Gräser, Laubbäume und eine bunte Palette blühender krautiger Pflanzen gesellten. Beinahe alle von ihnen enthalten Chlorophyll. Und von diesem Molekül hängt fast alles andere Leben auf der Erde ab.

▲ Seiten 10–11: Farne erschienen Jahrmillionen vor den ersten Blütenpflanzen. Schon seit Langem tragen sie wesentlich zum Sauerstoffgehalt der Erdatmosphäre bei.

GRÜN – DIE FARBE IRDISCHEN LEBENS

Die meisten Wellenlängen sichtbaren Lichts werden von Chlorophyll-Molekülen absorbiert, die grünen aber reflektiert. Das verleiht den Pflanzen und damit einem großen Teil der Erdoberfläche ihre Farbe. Das Licht, das die Chlorophyllmoleküle absorbiert, wird genutzt, um atmosphärisches Kohlendioxid und Wasser in Sauerstoff und Glukose umzuwandeln. Diese Reaktion nennt man Fotosynthese.

Glukose ist ein einfaches Zuckermolekül. Sie ist der grundlegende Energiespeicher der Zelle. Den Abbau von Glukose bezeichnet man als Atmung. Die Reaktion kann mit oder ohne Sauerstoff erfolgen, somit also aerob oder anaerob sein. Vereinfacht ausgedrückt ist die Atmung eine Umkehrung der Fotosynthese: Glukose wird zu Kohlendioxid und Wasser, und dadurch bei der Reaktion Energie frei. Die Reaktionsgleichungen sehen wie folgt aus:

Fotosynthese

$6CO_2 + 6H_2O$ + Energie aus Sonnenlicht $\rightarrow C_6H_{12}O_6 + 6O_2$
(Kohlendioxid + Wasser + Energie → Glukose + Sauerstoff)

Aerobe Atmung

$C_6H_{12}O_6 + 6O_2 \rightarrow 6CO_2 + 6H_2O$ + Energie aus Glukoseabbau
(Glukose + Sauerstoff → Kohlendioxid + Wasser + Energie)

Anaerobe Atmung

$C_6H_{12}O_6 \rightarrow 2C_3H_6O_3$ + Energie aus Glukoseabbau
(Glukose → Milchsäure + Energie)

Viele Pflanzen und andere Organismen bauen bei der Atmung Glukose und manchmal auch andere Moleküle ab und setzen so Energie frei. Allerdings können nur Organismen, die Chlorophyll speichern, aus den Rohstoffen Wasser, Kohlendioxid und Sonnenlicht Glukose erzeugen. Alle anderen Pflanzen oder sonstigen Organismen müssen sich diese durch den Verzehr anderer Lebewesen oder organischer Materie einverleiben.

Ökologisch gesehen sind grüne Landpflanzen, Meeresalgen und Cyanobakterien „Produzenten“ und diejenigen Organismen, die sich von Produzenten oder auch voneinander ernähren, sind „Konsumenten“. Nur die Produzenten können Sonnenergie, den fundamentalen Treibstoff des Lebens, einfangen und für alle anderen verfügbar machen. Sie liefern auch den atmosphärischen Sauerstoff. Dieser facht die Energie freisetzende aerobe Atmung in allen Lebewesen an, einschließlich der Pflanzen selbst.

▶ Artenreiche Waldflora. Wo Sonnenlicht hinfällt, können Pflanzen gedeihen, wenn auch nicht unbedingt ganzjährig.

ORGANISCHE CHEMIE

Kohlenstoff ist eines von 94 chemischen Elementen, die auf der Erde vorkommen und die Grundlage allen Lebens darstellen. Im Reinzustand hat er mehrere verschiedene Formen oder Allotrope, je nachdem, wie seine Atome angeordnet sind.

Die bekanntesten sind Grafit und Diamant. Beim Grafit sind die Atome in wabenförmigen Platten geschichtet, beim Diamant liegen sie in einem kubischen Gitter. Dazu gibt es noch die sphärischen Fullerene wie das Buckminster-Fulleren oder „Fußballmolekül", eine fast kugelförmige Anordnung von Sechs- und Fünfecken.

In der Natur kommt Kohlenstoff nur selten im Reinzustand vor, stattdessen findet man ihn in Verbindung mit anderen Elementen. Die bekannteste ist das Kohlendioxid, bei dem ein Kohlenstoff- und zwei Sauerstoffatome zu einem CO_2-Molekül verbunden sind. Eine weitere bekannte und natürlich vorkommende Kohlenstoffverbindung ist Methan, bestehend aus einem Kohlenstoffatom, das an vier Wasserstoffatome gebunden ist. Diese Verbindung gehört zu den Kohlenwasserstoffen. In größeren Kohlenwasserstoffmolekülen sind die Kohlenstoffatome kettenförmig angeordnet. Jedes ist dabei an zwei weitere Kohlenstoffatome sowie an zwei Wasserstoffatome gebunden.

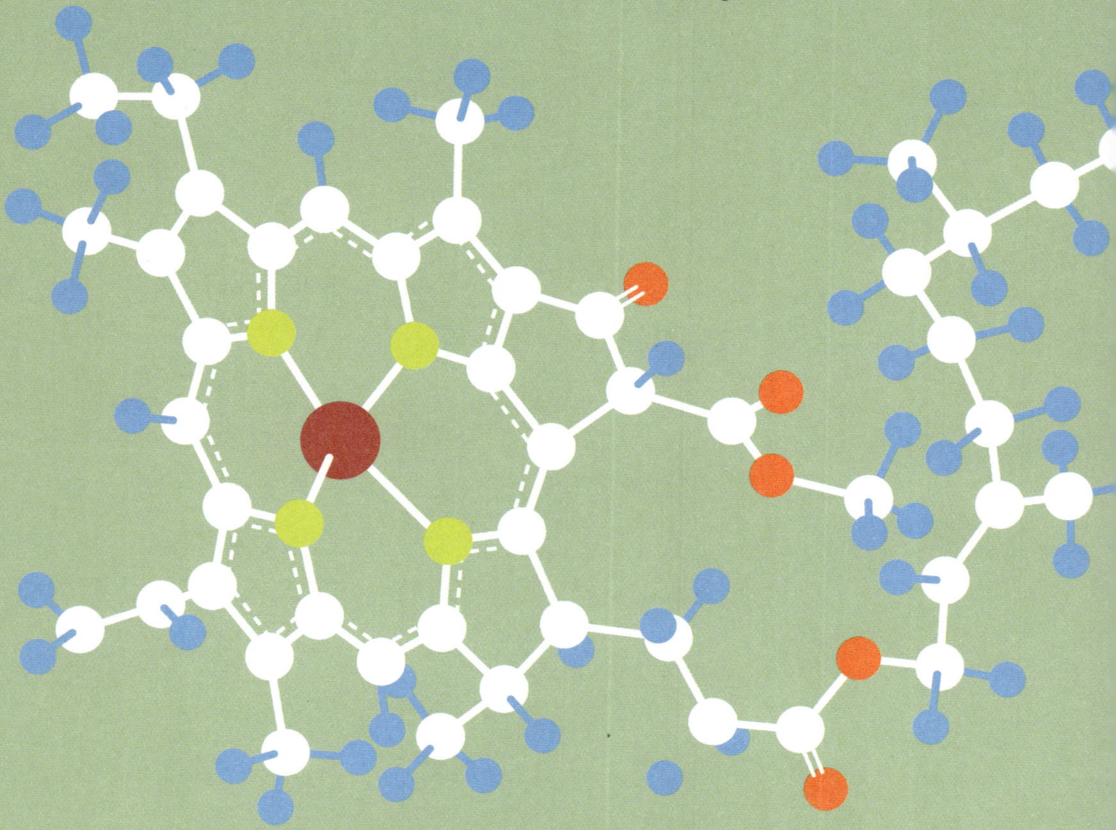

Ein Glukosemolekül – der einfache Zucker, der durch Fotosynthese entsteht – besteht aus sechs ringförmig miteinander verbundenen Kohlenstoffatomen, an denen jeweils ein Sauerstoff- und zwei Wasserstoffatome hängen. Verbindungen aus dem Trio Kohlenstoff, Wasserstoff und Sauerstoff sind allgemein als Kohlenhydrate bekannt.

Die Aminosäuren, aus denen alle Proteine aufgebaut sind, kombinieren ebenfalls Kohlenstoff, Wasserstoff und Sauerstoff, fügen aber noch Stickstoff hinzu. Die einfachste Aminosäure ist Glycin. Es setzt sich zusammen aus zwei Kohlenstoff- und einem Stickstoff-, zwei Sauerstoff- und fünf Wasserstoffatomen.

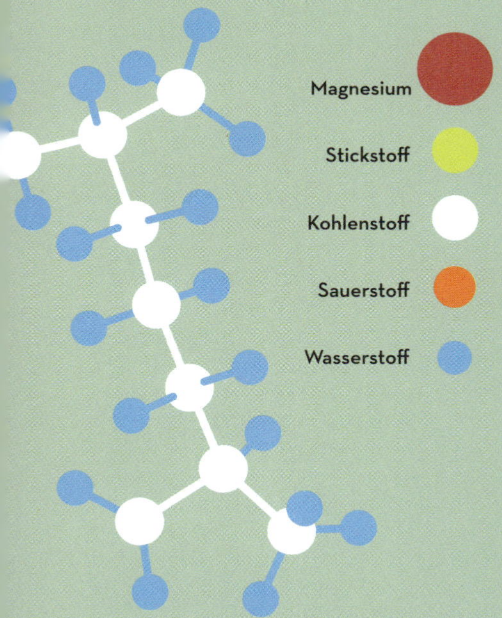

DAS CHLOROPHYLL A-MOLEKÜL kombiniert 137 Atome fünf verschiedener Elemente, die durch chemische Bindungen zusammengehalten werden. Wenn es Licht absorbiert, wird eine der chemischen Bindungen des Moleküls unterbrochen, und dies löst die Fotosynthesereaktion aus.

Kohlenstoff ist somit in *allen* Verbindungen enthalten, aus denen lebende Zellen und Körper aufgebaut sind, und zwar in Kombination mit einem oder mehreren der Elemente Sauerstoff, Wasserstoff und Stickstoff. Dazu gehört auch Chlorophyll a, der primäre Typ des Chlorophylls, der in der Fotosynthese wirkt.

Chlorophyll a hat die chemische Formel $C_{55}H_{72}MgN_4O_5$, dabei steht Mg für ein Atom des metallischen Elements Magnesium. Im Vergleich zu Glucose und Glycin sind seine Moleküle riesig. Ihr komplizierter Aufbau besteht aus einer Gruppe von Ringen, die um ein einzelnes Magnesiumatom sowie einem langen Kohlenwasserstoffschwanz angeordnet sind.

Um die Energie des Lichtes einzufangen, nutzt der Zimtfarn Chlorophyll bereits seit Jahrtausenden. Wie andere grüne Pflanzen lagert er dasselbe in seinen Zellen ein. Dort liegt es verpackt in spezialisierten, membranumhüllten Strukturen, den sogenannten Chloroplasten. Diese sehen unter dem Mikroskop wie kleine grüne Kleckse aus, die in der klaren Flüssigkeit, mit der jede Zelle gefüllt ist, eng beieinanderliegen.

Cyanobakterien waren die Ersten, die auf der Erde Fotosynthese betrieben. Sie sehen unter dem Mikroskop ebenfalls wie kleine grüne Kleckse aus, doch sie verstauen ihre Chlorophyllmoleküle in einfachen Falten der Membran, die sie zusammenhält. Wahrscheinlich begann die Evolution grüner Pflanzen damit, dass einzellige Organismen sich Cyanobakterien einverleibten, ohne sie zu zerstören, und sich die Glukose zunutze machten, welche Cyanobakterien via Fotosynthese produzierten. So gesehen sind die Chloroplasten in grünen Pflanzen quasi die Nachkommen „versklavter“ Cyanobakterien.

VOR CHLOROPHYLL

Der Fotosynthese ist es zu verdanken, dass fast überall an Land und in den Meeren der Erde Leben gedeiht. Doch wahrscheinlich waren fotosynthetisch aktive Cyanobakterien nicht die ersten Lebewesen des Planeten. Sonnenlicht ist nicht die einzige Energiequelle, die eingefangen und genutzt werden kann, um Leben zu ermöglichen, und der Umsatz von Glukose ist nicht die einzige Art und Weise, auf die Organismen Energie erzeugen können.

Seit der Entstehung des Planeten vor mehr als 4 Milliarden Jahren produziert der turbulente Erdkern Wärmeenergie. Hydrothermale Quellen im Tiefseeboden stoßen auch heute heißes Wasser aus, das einen Cocktail anorganischer Chemikalien enthält.

IM UMFELD HYDROTHERMALER QUELLEN machen chemosynthetisch aktive Bakterien und Archaeen weit über 50 % der Biomasse aus, die von ortsansässigen Tieren verzehrt wird. Mit zunehmender Entfernung nimmt dieser Anteil ab. Ersetzt wird er durch Partikel organischer Materie, die von oben auf den Meeresboden herabsinken. Doch dieser spärliche Nachschub kann nur ein wesentlich ärmeres Ökosystem aufrechterhalten.

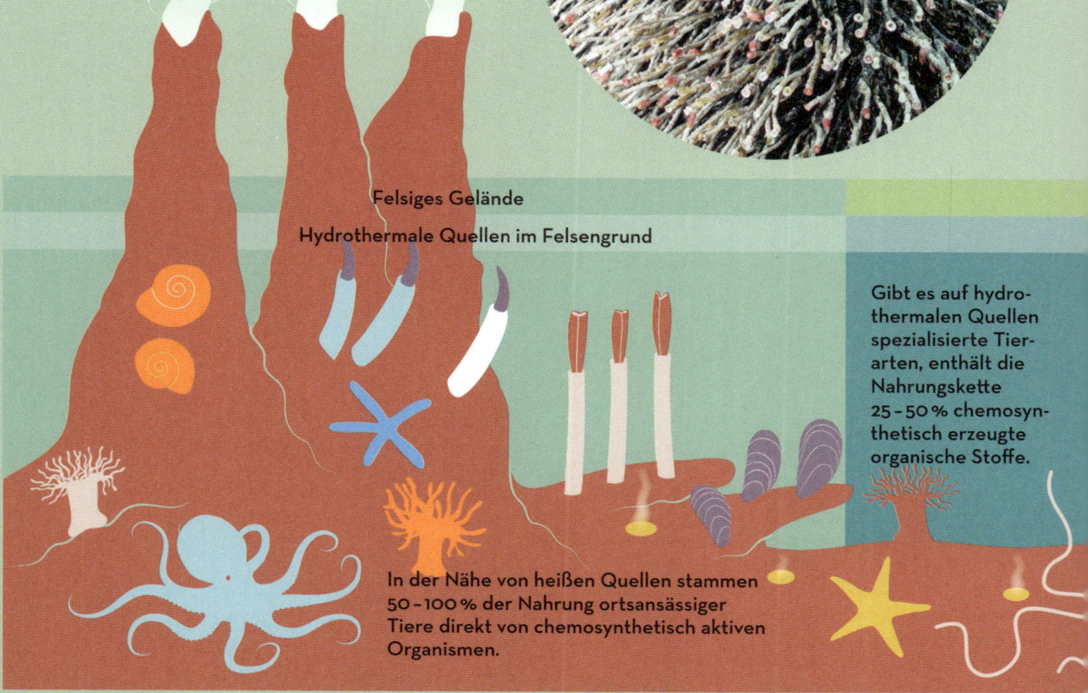

Einige Bakterienarten sowie manche Archaeen – uralte, bakterienähnliche Organismen – können einige dieser Chemikalien in Energie umwandeln. Diesen Prozess nennt man Chemosynthese.

Im Laufe sehr langer Zeiträume haben sich vielfältige und bizarre Ökosysteme rings um diese Gemeinschaften von Mikroorganismen entwickelt. Röhrenwürmer aus Flachmeeren passten sich an das Leben rund um die Quellen an, indem sie eine Resistenz gegen die hohen Konzentrationen von giftigem Hydrogensulfit entwickelten. Sie ernähren sich nicht direkt selbst, sondern beziehen ihre Energie aus einer Symbiose mit chemosynthetisch aktiven Bakterien, die in ihrem Körpergewebe leben. Frei lebenden Kolonien der gleichen Bakterienarten dienen anderen Tiere wie Napfschnecken, Krabben, garnelenartige Flohkrebse *(Amphipoda)* und Ruderfußkrebse *(Copepoda)* als Nahrung. Erstere werden wiederum von Tiefseekraken und Fischen gejagt. Jenseits der unmittelbaren Umgebung der „rauchenden“ Quellen gibt es so gut wie kein Leben mehr.

In bis zu 4,28 Milliarden Jahre alten Gesteinen haben Paläontologen Anzeichen für chemosynthetisch aktive Mikroben entdeckt. Wenn diese korrekt interpretiert wurden, wäre dies das älteste bekannte Leben, entstanden lange vor den fotosynthetisch aktiven Cyanobakterien und relativ bald nach der Entstehung des Planeten selbst (ein Ereignis, das normalerweise auf vor etwa 4,6 Milliarden Jahren datiert wird).

Genau wie bei den uns vertrauteren Lebensformen des sonnenbeschienenen Landes und der flachen Meere, sind diese Mikroben aus Kohlenstoff aufgebaut, obwohl ihre primären chemischen Prozesse nicht auf Kohlenstoff basieren. Welchen Ursprungs ist dann aber dieser Kohlenstoff?

◀ Röhrenwürmer leben auf einem hydrothermalen „Schlot“, der sich tief im Nordpazifik, auf einem der Mittelozeanischen Rücken zwischen zwei tektonischen Platten befindet.

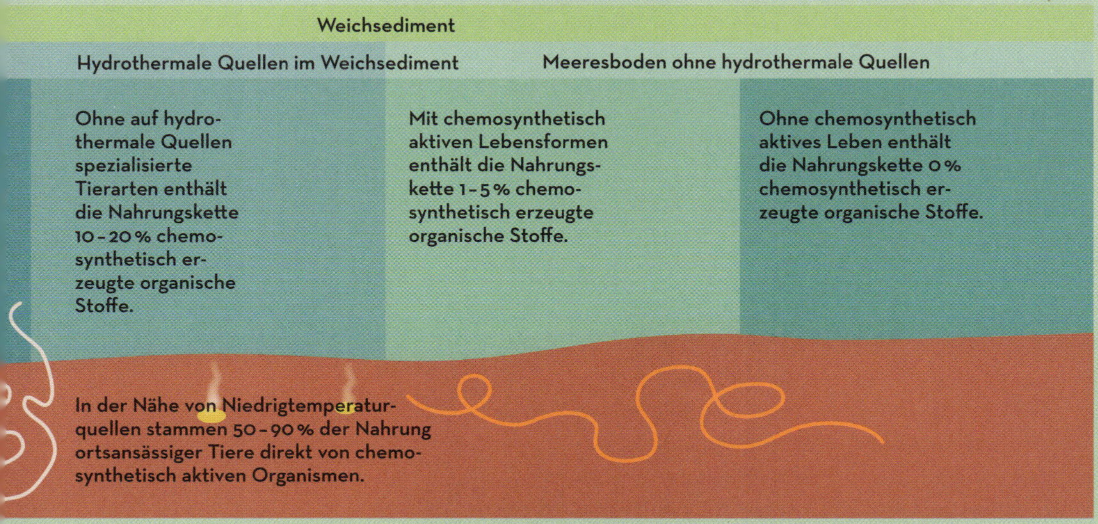

DIE ENTZÜNDUNG DER ATMOSPHÄRE

Vor dem Leben war Chemie. Eine heiße und instabile junge Erde kurbelte chemische Reaktionen an. Vulkane pumpten Wasserdampf in die Atmosphäre, der kondensierte, und allmählich die Ozeane bildete. Vulkane produzierten Kohlendioxid, Kohlenmonoxid, Methan, Ammoniak und Stickstoff. Diese Gase sollten die Bestandteile der Erdatmosphäre werden, und ihre Verbindungen lieferten die Grundlagen für organisches Leben: Kohlen-, Sauer-, Wasser- und Stickstoff.

Wie aus atmosphärischen Gasen Leben entsteht, wurde auch experimentell getestet. Mithilfe künstlicher Blitze verabreichten die Wissenschaftler Harold Urey und Stanley Miller einem Gasgemisch, das der frühen Erdatmosphäre ähnelte, Elektroschocks. Dabei stellten sie chemische Reaktionen fest. Die Verbindungen, die die Moleküle der Gase zusammenhielten, brachen auf, und neue Moleküle bildeten sich. Auch Aminosäuren, die allen Lebewesen gemein sind, gehörten dazu. Hätten sich diese im Meer aufgelöst, wäre so möglicherweise Leben entstanden.

Als spätere Forschungen ergaben, dass Methan und Ammoniak unter den Bedingungen einer jungen Erde schnell an das Meer verloren gegangen wären, geriet die Theorie ins Wanken. Wenn man nur von Kohlendi- sowie Kohlenmonoxid, Wasser und Stickstoff ausging, wurde die Blitzschlagtheorie unhaltbar. Doch in den 1990er-Jahren ergaben die Forschungen von Kensei Kobayashi, dass Protonen, die angereichert mit enormer Energie aus einem Teilchenbeschleuniger auf diese vereinfachte Atmosphäre trafen, nicht nur die Bildung von Aminosäuren verursachten, sondern auch die von Nukleinsäuren.

Nukleinsäuren sind die Bausteine der RNA (Ribonukleinsäure) und der DNA (Desoxyribonukleinsäure), die für selbst replizierende Lebensformen unerlässlich sind.

Zur Frühzeit der Erde hätten Sonneneruptionen und kosmische Strahlung derart intensive Energiequellen darstellen können und so Leben oder zumindest seine Bausteine entstanden sein. Die Umlaufbahn dieses sich formenden Gesteinsplaneten war perfekt. Sie lag exakt so weit von seiner Sonne entfernt, dass Wasserdampf auf seiner Oberfläche kondensieren konnte, während vulkanische Emissionen und extraterrestrische Energie den Rest erledigten. So war die Entstehung des Lebens auf der Erde vielleicht zwangsläufig. Die Evolution machte den nächsten Schritt – von einem Meer voller RNA-Moleküle zu einer Vielfalt von Lebewesen an Land und im Meer. Begänne alles noch einmal, so würden sich wahrscheinlich andere Lebensformen entwickeln ... oder aber die Erde bliebe einfach eine riesige Schüssel voll RNA-Suppe.

▶ Der salzige und schwefelhaltige Dallol-Vulkan in Äthiopien liegt unterhalb des Meeresspiegels. Vulkane produzieren die zur Entfachung des Lebens notwendigen Gase.

DAS GLEICHGEWICHT DER GASE

In Kobayashis Szenario war die Kohlenstoffquelle für diese ersten organischen Moleküle nicht das reichlich in der Atmosphäre vorkommende Kohlendioxid, sondern viel kleinere Mengen von Kohlenmonoxid, das von Vulkanen freigesetzt wurde. Bei Kohlenmonoxid-Molekülen bindet sich jedes Kohlenstoffatom an jeweils ein Sauerstoffatom. Sie entstehen, wenn zu wenig Sauerstoff verfügbar ist, um Kohlendioxid zu formen und sind viel reaktionsfreudiger mit anderen Chemikalien als Kohlendioxidmoleküle. Wenn das frühe Leben auf der Erde auf die von Kobayashi beschriebene Weise begann, hätte dieser Prozess nicht das Kohlendioxid in der Atmosphäre aufgezehrt und sich tatsächlich ein Großteil des Kohlendioxids aus Vulkanen und hydrothermalen Quellen im Meerwasser aufgelöst, und ein großer Teil davon wäre im Sedimentgestein eingeschlossen worden. Erst mit der Entwicklung der Fotosynthese begann sich das reichlich vorhandene atmosphärische Kohlendioxid abzubauen, und der Sauerstoffgehalt erhöhte sich.

In den folgenden Jahrtausenden veränderte sich das Gleichgewicht dieser beiden lebenswichtigen Gase in der Erdatmosphäre erheblich. Der atmosphärische Sauerstoffgehalt erreichte vor mehr als 300 Millionen Jahren mit etwa 35 % seinen Höhepunkt – ein Wert, der mehr als 50 % über dem heutigen lag. Damals war der Planet sehr warm, und die riesigen, feuchten Wälder des Karbonzeitalters bedeckten das ganze Land. Die flachen Meere waren voller Cyanobakterien und Algen. Die Erde war eine einzige riesige Solaranlage, in der kaum ein Photon Sonnenlicht verschwendet wurde. Die blütenlosen Wälder strotzten vor imposantem Tierleben, obwohl sich die uns vertrauten Landwirbeltiere noch nicht entwickelt hatten. Dank des höheren Sauer-

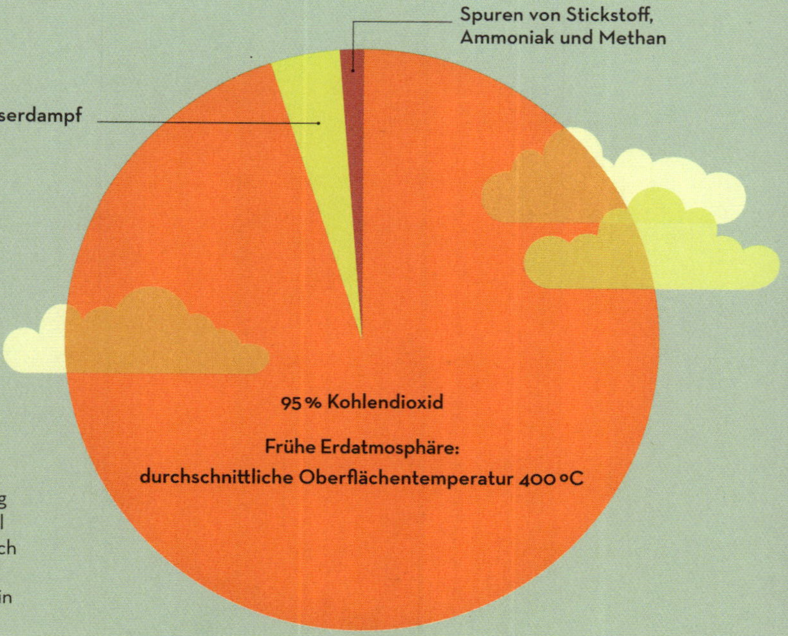

DIE ERDE hat eine gasförmige Atmosphäre, die durch die Schwerkraft stabilisiert wird (kleinere Planeten und Planetoiden haben aufgrund ihrer geringeren Schwerkraft eine dünnere oder gar keine Atmosphäre). Ihre Zusammensetzung hat sich seit ihren Anfängen radikal verändert, entsprechend haben sich verschiedene Lebensformen auf der Oberfläche des Planeten und in seinen Meeren entwickelt.

stoffgehalts der Atmosphäre wuchsen die Insekten der Erde und andere Landgliederfüßler zu enormer Größe heran. Diese Tiere beziehen ihren Sauerstoff eher passiv über Löcher oder Tracheen in ihren Außenskeletten, was ihre potenzielle Körpergröße vom Sauerstoffgehalt in der Atmosphäre abhängig macht. Libellenähnliche Insekten, deren Flügelspannweite der heutiger Tauben entsprach, kreuzten während der Karbonzeit in der Luft. Eine Tausendfüßlerart wurde 2,5 m lang.

Bevor der 180 Millionen Jahre alte schwedische Zimtfarn von Lava umschlungen wurde, hatte er einer Atmosphäre Kohlendioxid entzogen, die mit etwa 10 – 15 Vol.-% Sauerstoff und nur knapp 0,09 % Kohlendioxid hauptsächlich aus Stickstoff bestand. Das ist ein großer Unterschied zur heutigen Atmosphäre, die zu 21 % aus Sauerstoff und nur zu 0,04 % aus Kohlendioxid besteht (der Großteil von 78 %, ist Stickstoff). Die letzten 180 Millionen Jahre sahen den Aufstieg und Fall unzähliger Arten, deren Schicksal mit den sich ständig wandelnden Lebensbedingungen auf der Erde verknüpft war. Während seiner enormen Lebensspanne hat der Zimtfarn Veränderungen in der Zusammensetzung der Atmosphäre sowie Veränderungen des Klimas, des Wetters, der Anordnung der Landmassen und des Gleichgewichts der Ökosysteme erlebt und überstanden. Und da neue Faktoren die Natur umgestalten, tut er dies auch weiterhin. Im Moment steigt der Kohlendioxidgehalt der Atmosphäre aufgrund menschlicher Aktivitäten wieder an, insbesondere verursacht durch die Verbrennung fossiler Brennstoffe. Mit der Zeit wird dies tiefgreifende Auswirkungen auf die Ökosysteme der ganzen Welt haben.

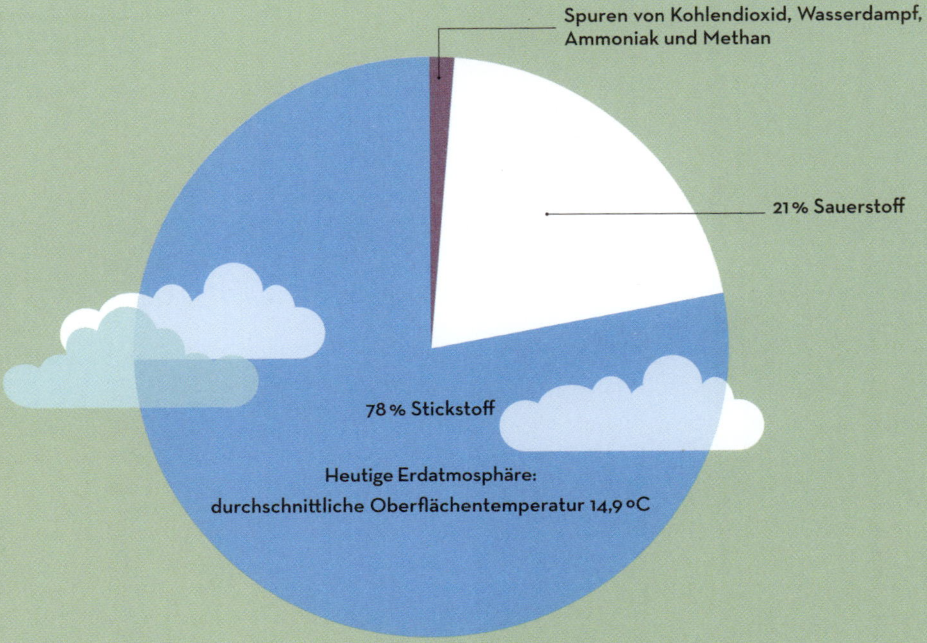

WIE SICH ELEMENTE VERBINDEN

Jedes Atom, egal welchen Elements, hat einen Kern mit einer bestimmten Anzahl positiv geladener Protonen und einer ähnlichen oder leicht abweichenden Anzahl von Neutronen. Dies sind subatomare Teilchen, die etwa gleich groß wie Protonen, aber elektrisch neutral sind. Um den Kern kreisen negativ geladene Elektronen, ähnlich wie Planeten um einen Stern. Ihre Anzahl entspricht der Anzahl der Protonen, welche die Ordnungszahl des Elementes bestimmt.

Bei allen chemischen Elementen sind die Elektronen in Schalen um den Kern angeordnet.

Die Schale, die dem Kern am nächsten ist, besteht aus einem s-Orbital, das bis zu zwei Elektronen aufnehmen kann. Die nächsthöhere Schale enthält insgesamt bis zu acht Elektronen in einem s-Orbital, das zwei Elektronen aufnimmt, und einem p-Orbital, das sechs derselben aufnimmt. Elemente mit höheren Ordnungszahlen haben weitere Schichten, die jeweils zusätzliche Elektronen aufnehmen können.

Nur die Edelgase, wie etwa Helium mit zwei Protonen und zwei Elektronen oder Neon, haben ausschließlich „voll besetzte" Elektronenschalen und sind als individuelle Atome stabil und nicht reaktiv. Neon hat zehn Protonen und zehn Elektronen, von denen zwei in der innersten Schale und ganze acht in der nächsten Schale liegen. Bei den anderen Elementen sind einzelne Atome von Natur aus reaktiv, da ihre Schalen nicht genügend Elektronen enthalten, um voll besetzt zu sein. Sauerstoff z. B. hat eine Ordnungszahl von 8, enthält also nur vier Elektronen in seinem p-Orbital. Um stabil zu sein, braucht er sechs, und deshalb kommt Sauerstoff natürlich in Molekülen vor, die aus zwei gebundenen Atomen aufgebaut sind (O_2). Jedes Atom „teilt" zwei seiner Elektronen mit seinem Partner und bildet eine Doppelbindung, sodass jedes seine p-Schale vervollständigt. Das Wasserstoffatom (mit einer Ordnungszahl von 1) hat nur eine s-Schale, die ein Elektron enthält. Um seine s-Schale aufzufüllen, bildet es daher zweiatomige Moleküle (H_2), in denen jeweils beide Atome ihr einsames Elektron mit dem Partner in einer Einfachbindung teilen.

JEDES ATOM eines Elements hat einen positiv geladenen Kern mit positiv geladenen Protonen und ungeladenen Neutronen (die wiederum aus subatomaren Teilchen, den Quarks, aufgebaut sind). Wesentlich kleinere, negativ geladene Elektronen umkreisen den Kern. Sie ermöglichen es dem Atom, chemische Bindungen mit anderen Atomen einzugehen und somit chemische Verbindungen zu bilden.

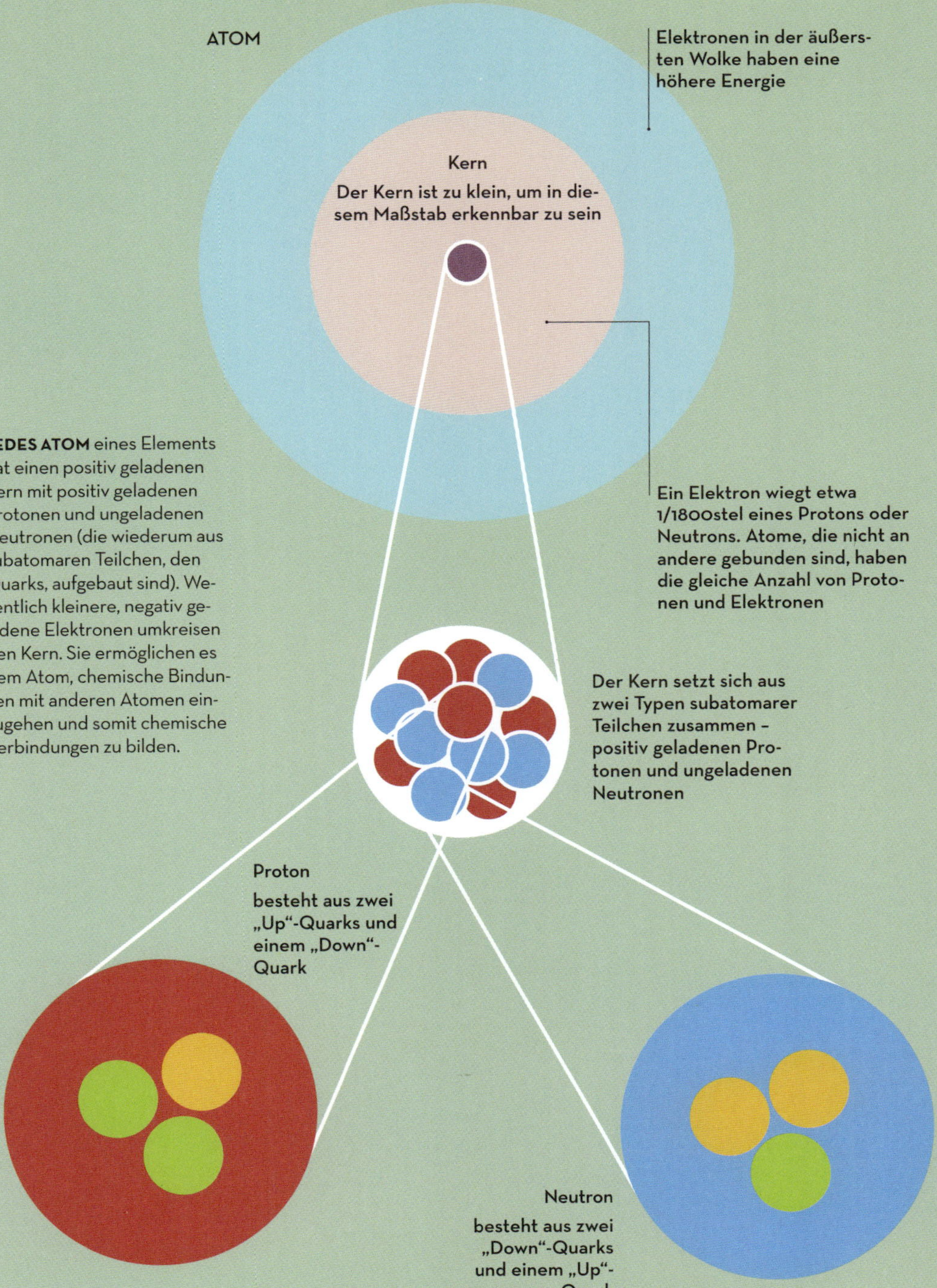

KOHLENSTOFFATOM

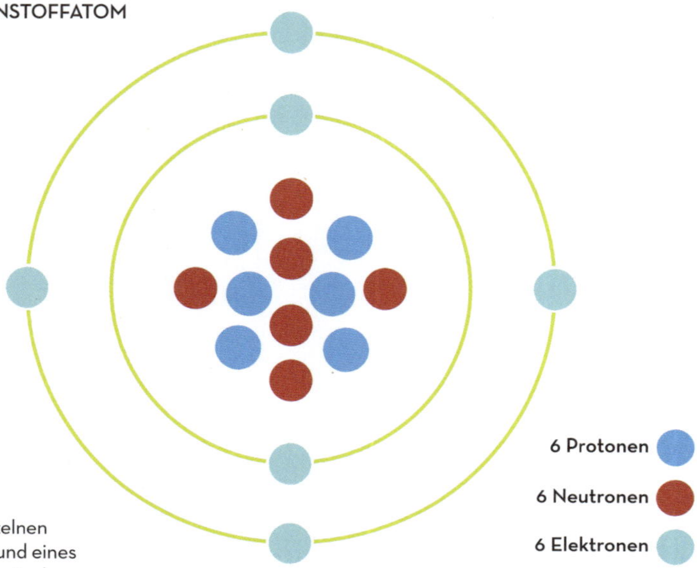

DARSTELLUNG eines einzelnen Kohlenstoffatoms (oben) und eines einzelnen Siliziumatoms (unten). Silizium hat eine Elektronenschicht oder -schale mehr als Kohlenstoff, doch beide haben eine äußere Schale mit vier Elektronen, die vier weitere Elektronen „benötigt“, um komplett zu sein. Daher können sich beide mit bis zu vier anderen Atomen verbinden.

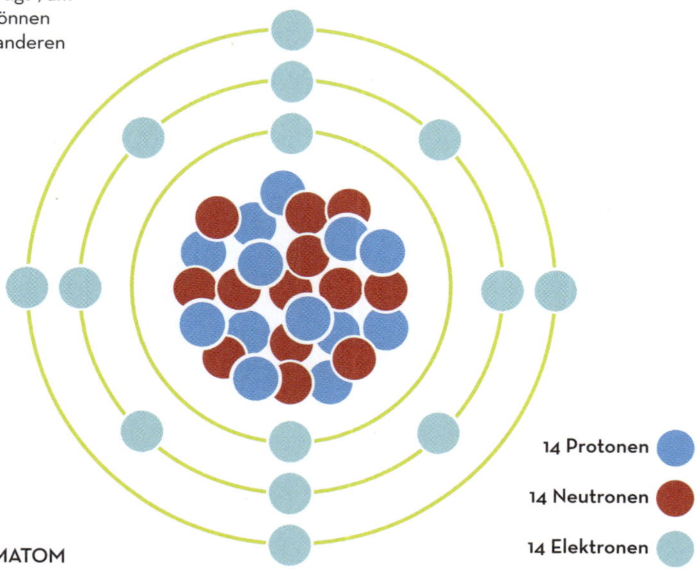

SILIZIUMATOM

DIE MAGIE DES KOHLENSTOFFS

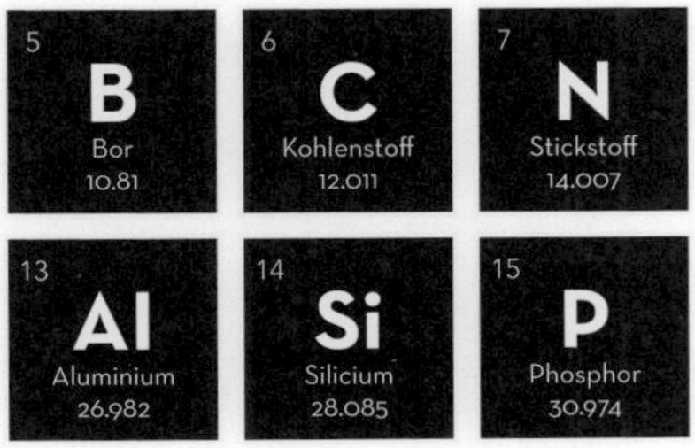

▲ Kohlenstoff und Silizium gehören zur gleichen Gruppe des Periodensystems. Obwohl sie gemeinsame Eigenschaften haben, kommt nur Kohlenstoff in allen lebenden Organismen vor. Die relative Atommasse von Silizium (28 085) ist mehr als doppelt so hoch wie die von Kohlenstoff (12 011).

Kohlenstoff hat die Ordnungszahl 6, was bedeutet, dass seine äußere Schale vier Elektronen enthält. Um die magische Zahl zu erreichen, die für Stabilität erforderlich ist, muss jedes Kohlenstoffatom vier Bindungen mit anderen Atomen eingehen (oder zwei Doppelbindungen bzw. zwei Einfach- und eine Doppelbindung usw.). Das erklärt, warum Kohlenstoff in seinen verschiedenen Reinformen als Gitter oder andere komplexe Struktur existiert, in denen jedes Atom an mehr als einen Nachbarn gebunden ist. Diese Eigenschaft ermöglicht es dem Kohlenstoff auch, sich mit mehreren Atomen anderer Elemente zu verbinden und so die zahlreichen vielfältigen und oft komplexen Moleküle zu bilden, aus denen organisches Leben aufgebaut ist.

Einige andere Elemente haben die gleiche Eigenschaft wie z. B. Silizium, das im Periodensystem direkt unter dem Kohlenstoff steht. Dieses Element, in seiner Reinform eine glänzende, mineralische Substanz, hat die Ordnungszahl 14. Während also seine innerste und zweite Elektronenschicht mit zwei bzw. acht Elektronen voll belegt sind, hat seine dritte Schicht vier „freie" Elektronen wie der Kohlenstoff. Dementsprechend kann Silizium auch eine Vielzahl von Verbindungen mit anderen Elementen eingehen. Dabei entstehen Verbindungen, die kettenförmig, ringförmig oder eine Kombination aus beidem sind. Könnte also Silizium genau wie Kohlenstoff auch ein Grundbaustein des Lebens sein? Fest steht, in den festen, nicht lebenden Bestandteilen der Erde wie Gesteinen und Böden sind Silizium-Sauerstoff-Verbindungen (Silikate) reichlich vorhanden. Tatsächlich besteht der Planet aus mehr Silizium als Kohlenstoff. Einige Silikate kommen auch in Lebewesen vor. Die Zellen von Gräsern enthalten Moleküle aus Siliziumdioxid oder Kieselsäure (SO_2). Die verleihen den Blättern eine Zähigkeit, die sie für alle, außer den mit den härtesten Zähnen und Mägen ausgestatteten Pflanzenfresser, ungenießbar macht. Einzellige Organismen, sogenannte Kieselalgen, nutzen ebenfalls Kieselsäure, um ihre Zellwände zu verstärken, und Siliziumverbindungen finden sich in tierischen Bindegeweben. Wissenschaftler haben sogar biologisch aktive Varianten organischer Moleküle geschaffen, die eine Kombination aus Silizium und Kohlenstoff enthalten.

Trotzdem kann man kein Lebewesen der Erde als „siliziumbasiert" bezeichnen, denn bei Temperaturen, wie sie auf der Erde herrschen, sind Siliziumdioxid und -monoxid solide, während Kohlendioxid und -monoxid gasförmig sind. Diese einfache physikalische Tatsache verhindert, dass Silizium eine Grundlage für Lebensformen sein kann, die denen auf der Erde auch nur entfernt ähneln. Allerdings ist es denkbar, dass sich Lebensformen auf Siliziumbasis unter anderen Bedingungen möglicherweise auf anderen Planeten im Universum entwickeln könnten.

DER STAMMBAUM DER PFLANZEN

Die Gruppe der Prokaryoten – winzige, simple Organismen aus den Domänen der Bakterien und Archaeen – stellt das erste Leben dar, das sich auf der Erde entwickelte. Prokaryoten sind nach wie vor die häufigsten echten Lebensformen der Erde, und aus ihnen haben sich alle fürs Auge sichtbaren, größeren und komplexeren mehrzelligen Lebensformen entwickelt.

Dass Cyanobakterien innerhalb komplexerer einzelliger Organismen, den Eukaryoten, lebten und sich entwickelten, war der Beginn der Evolution der Pflanzen auf der Erde. Eukaryoten bilden die dritte Domäne des Lebens. Es gibt Hinweise auf Eukaryoten, die bereits vor 1,9 Milliarden Jahren Fotosynthese betreiben konnten. Einige Abstammungslinien dieser frühen einzelligen Organismen, wahrscheinlich die Vorfahren moderner Pflanzen – existieren noch heute in Form von Charophyten, Grünalgen, die im Süßwasser leben. Einige davon sind Einzeller, andere sind mehrzellig und haben eine feine Fadenstruktur. Die ältesten Charophyten waren jedoch einzellig.

Vor etwa 2,4 Milliarden Jahren, noch vor dem Auftreten der Charophyten, ereignete sich auf der Erde die sogenannte Große Sauerstoffkatastrophe. Große Mengen Sauerstoff reicherten sich zum ersten Mal in der Erdatmosphäre an. Das geschah bald nachdem einige Abstammungslinien der Cyanobakterien als mehrzellige Formen existierten, anstatt als einzelne, separate Zellen, was ihre Fotosynthese effizienter machte. Diese hat vermutlich viele Bakterienarten getötet, die in einer sauerstoffreichen Atmosphäre nicht überleben konnten. Allerdings

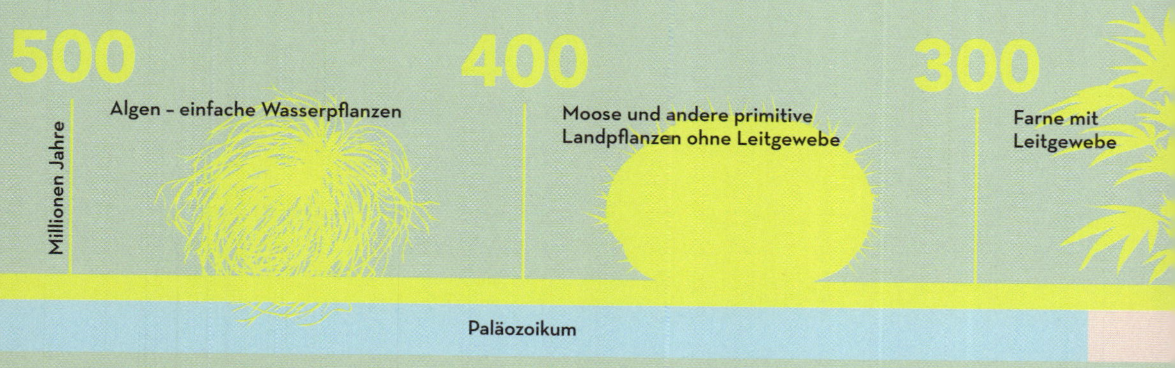

brachte sie auch Bedingungen mit sich, die es den Charophyten und anderen Sauerstoff verwertenden eukaryotischen Lebensformen ermöglichten, sich weiterzuentwickeln.

Die ersten Landpflanzen entwickelten eine Kutikula-Schutzschicht, um Wasserverluste zu verhindern. Allerdings fehlte ihnen noch das Leitgewebe (auch vaskuläres Gewebe genannt) – die Xylem und Phloem-Gefäße die den meisten modernen Pflanzen zum Transport von Wasser bzw. Glukose dienen. Bevor sich dieser Gewebetyp entwickelt hatte, waren Größenwachstum und Komplexität der Pflanzen limitiert. Dann zweigten sich vor etwa 420 Millionen Jahren die heutigen Moose, Leber- und Hornmoose, vom Familienstammbaum der Pflanzen ab.

Mit dem Leitgewebe entwickelten sich größere Pflanzen, die ersten Farne und Schachtelhalme traten auf. Sie und die nicht-vaskulären Pflanzen können sich sexuell über Spermien und Eizellen fortpflanzen. Die Spermien bewegen dabei sich oft in einem Wasserfilm fort. Aber auch eine asexuelle Fortpflanzung über eine spezialisierte Knospenstruktur der Mutterpflanze, die sich ablöst und eigenständig wächst, ist möglich.

Vor 300 Millionen Jahren hatten die Pflanzen bereits harte, verholzte Gewebe und Samen in widerstandsfähigen Schalen entwickelt. Die ersten Bäume traten auf – palmenähnliche Palmfarne *(Cycadales)* mit unverzweigten Stämmen und rosettenförmigen Kronen aus farnartigen Blättern sowie Koniferen. Diese Bäume werden als Nacktsamer (Gymnospermen) bezeichnet, da sie unbefruchtete Samen in hüllenlosen Zapfen produzieren. Befruchtet wurden sie von Pollen, die entweder über den Wind oder über bestäubende Insekten und andere Tiere übertragen wurden. Manche Baumarten können sowohl Samen als auch Pollen tragende Zapfen produzieren (gemischtgeschlechtlich oder einhäusig), andere nur eine von beiden Varianten (getrenntgeschechtlich oder zweihäusig).

DER ZEITSTRAHL der Pflanzenevolution zeigt, wie sich die dominanten Vegetationstypen der Erde verändert haben.
Die Entwicklung von Leitgewebe ermöglichte es ihnen, viel größer zu wachsen. Durch die Bildung widerstandsfähiger Samen konnten sie ein breites Spektrum an Lebensräumen und Klimabedingungen erschließen, und das Aufkommen von Blüten machte den Bestäubungsprozess effizienter und vielseitiger.

ZU VOLLER BLÜTE

Die dramatischste Erweiterung des Stammbaums der Pflanzen war das Auftreten von Blüten. Diese sind komplexe Strukturen, die als Ort für die Befruchtung und dem Schutz und der Reifung von Samen dienen. Der erste fossile Nachweis von Blüten auf der Erde wird auf vor etwa 130 – 140 Millionen Jahren datiert. Allerdings zeigen bereits bis zu 250 Millionen Jahre alte fossile Pflanzen Anzeichen dafür, dass sie blühten. Grund ist das Vorhandensein der Verbindung Oleanan, die heute in Blütenpflanzen aber nicht in Nacktsamern, vorkommt. Doch die evolutionsgeschichtliche Erfassung der Blüten ist lückenhaft, da weiche Pflanzengewebe nur selten versteinern.

BLÜTEN variieren stark in Form, Größe und Farbe. Das hat vor allem damit zu tun, wie sie bestäubt werden. Bei den meisten sind die männlichen (Staubblätter) und die weiblichen Organe (Narben) getrennt. Staubblätter verteilen den Pollen, und Narben nehmen ihn auf. Blumen können sich nur selten selbst bestäuben, stattdessen sind sie auf den Wind oder auf Bestäuber angewiesen, um Pollen zwischen den Blüten zu übertragen (Fremdbestäubung).

QUERSCHNITT DURCH EINE BLÜTE

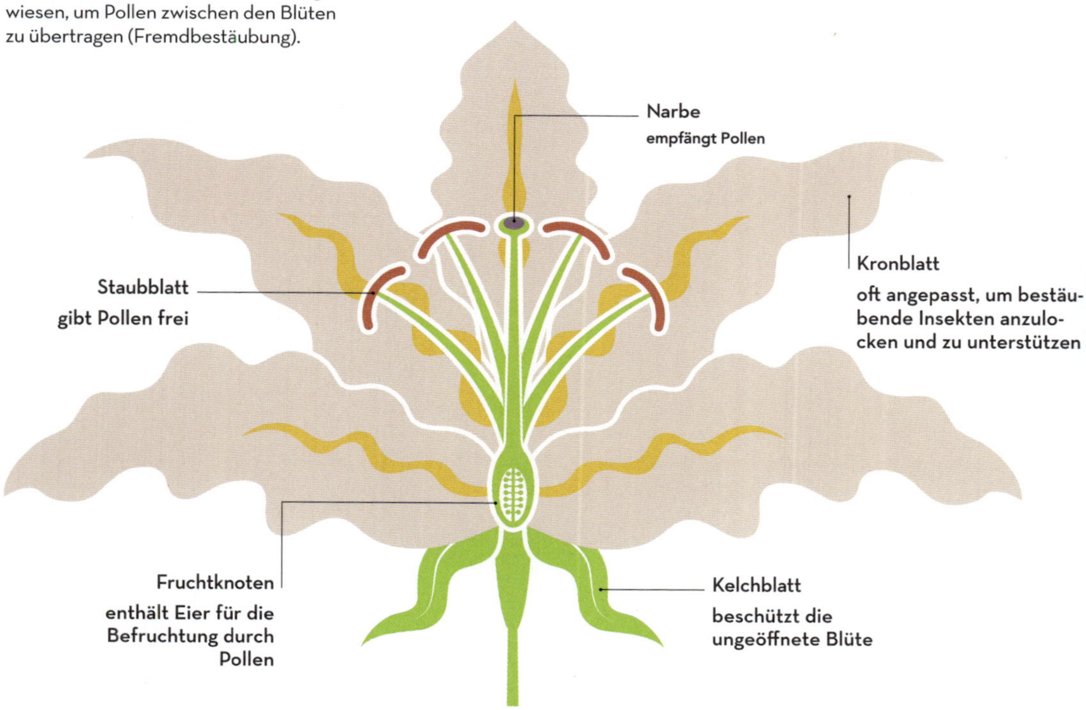

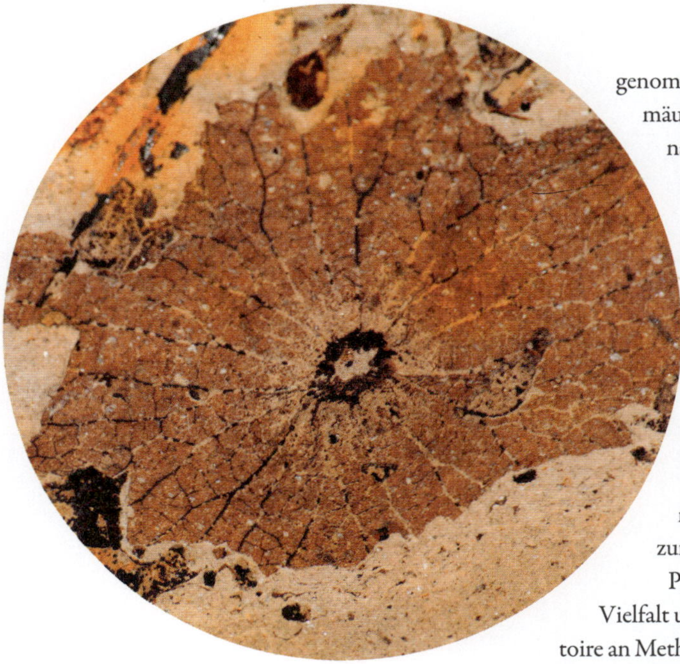

▲ Eine fossile Blume. Viele Blumen sind weiche und zarte Strukturen, die selten erfolgreich versteinern. Ihre Fossilüberlieferung ist entsprechend lückenhaft.

Blütenpflanzen werden auch als Bedecktsamer (Angiospermen) bezeichnet. Zu ihnen gehören Gräser, zahlreiche Laubbaumarten und unzählige farbenfrohe krautige Pflanzen. Heute sind etwa 300 000 Arten auf der Erde bekannt. Die frühen Blütenpflanzen wurden vom Wind bestäubt und hatten einfache offene Blüten. Viele davon werden von Insekten und anderen Tieren bestäubt. Ihre Blüten haben sich so angepasst, dass sie bestimmte Arten als Bestäuber anlocken. Insektenbestäubte Blüten haben sogenannte Leitmuster, die im ultravioletten Licht sichtbar sind und von Insektenaugen wahrgenommen werden können. Von Fledermäusen bestäubte dagegen duften nachts und haben robuste Stängel, die das Gewicht ihrer Bestäuber tragen.

Die meisten Blüten übernehmen die männliche und weibliche Fortpflanzungsfunktion: Staubblätter geben Pollenkörner ab – die Gefäße für die Samenzellen der Pflanze. Der Pollen sammelt sich am Körper des Bestäubers. Die abstehenden Narben, die mit dem Fruchtknoten verbunden sind, nehmen den Pollen auf und leiten ihn zur Eizelle weiter.

Pflanzen zeigen eine atemberaubende Vielfalt und Schönheit. Sie haben ein Repertoire an Methoden entwickelt, um Bestäuber anzulocken, und ein Waffenarsenal zur Abschreckung von Fressfeinden. Einige Pflanzen fangen und verdauen Tiere, um ihre Stickstoffversorgung aufzubessern, andere rekrutieren Bakterien, die in ihren Wurzeln leben und ihnen helfen, Stickstoff aus dem Boden zu entnehmen. Es gibt Hinweise darauf, dass Waldbäume über das Netzwerk von Pilzfäden kommunizieren, das sich symbiotisch um ihre Wurzeln angesiedelt hat. Offenbar nutzen sie das Pilzgeflecht, um sich gegenseitig chemische, hormonelle und sogar elektrische Nachrichten zu senden. Auch auf dem Luftweg können Informationen übertragen werden. Akazienbäume warnen ihre Nachbarn mit Ethylengas, wenn ein Pflanzenfresser sich über ihr Laub hermacht. Die benachbarten Bäume pumpen daraufhin übel schmeckende Tannine in ihre Blätter. Pflanzen mögen die Produzenten dieser Erde sein, doch die Evolution hat ihnen noch mehr Rollen zugedacht, die die Wissenschaft eben erst zu entdecken beginnt.

2

VIRUS

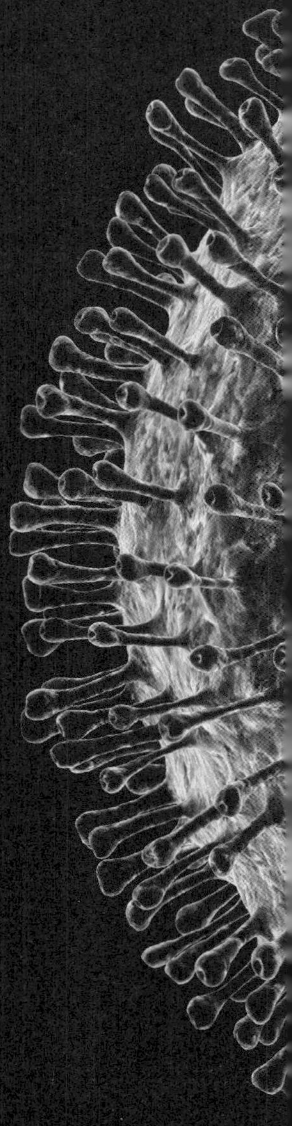

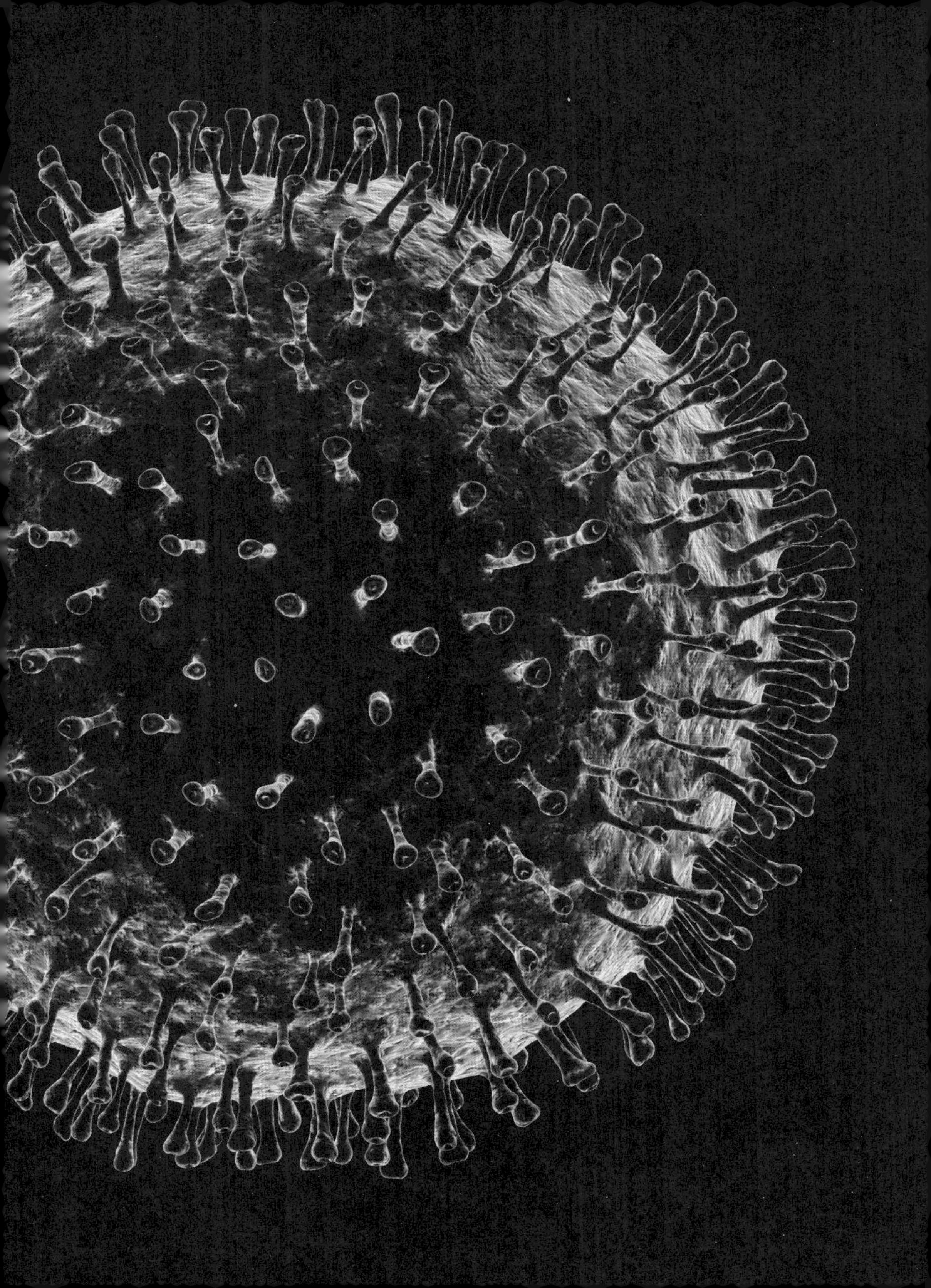

DAS NOROVIRUS

KLADE	RNA-Virus mit positiver Polarität
FAMILIE	Caliciviridae
GATTUNG	Norovirus
ART	Norwalk-Virus

Das Norovirus ist ein perfektes Beispiel für die produktivste Gruppe von Organismen auf dieser Erde. Wer diesen Winzling versteht, hat verstanden, wo Leben beginnt. Die klitzekleine Lebenskugel misst nur 27 nm (0,00027 mm) im Durchmesser. Das entspricht gerade einmal 11 % der Größe des kleinsten bekannten Bakteriums. Mit optischen Mikroskopen und im Spektrum des Lichts ist das Virus für das menschliche Auge nicht erkennbar. Ein Rasterelektronenmikroskop liefert durch die Wechselwirkung zwischen den Molekülen der Sphäre und einem Elektronenstrahl Informationen, mit deren Hilfe dann ein Bild ihres möglichen Aussehens konstruiert werden kann.

Trotz ihrer winzigen Größe können das Norovirus und ähnliche Organismen einen gewaltigen Effekt auf uns haben. Es beginnt sich mit Bauchschmerzen bemerkbar zu machen, die sich schnell zu extremer Übelkeit, häufigem heftigen Erbrechen und wässrigem Durchfall steigern, oft mit erhöhter Temperatur. Das Opfer fühlt sich so elend, wie sich ein Mensch nur fühlen kann. Glücklicherweise dauert das Leiden meist nur zwei, drei Tage, und die Genesung verläuft schnell. Leider ist die Wahrscheinlichkeit groß, dass es bis dahin auch alle anderen Haushaltsmitglieder erwischt hat.

Dieses Virus (in Großbritannien auch als saisonal-winterliches „Kotzvirus" berüchtigt, obwohl es nicht nur im Winter auftritt) kann bei großen Ausbrüchen erhebliche Probleme verursachen. Es kann sein, dass ganze Krankenhausstationen geschlossen werden müssen, um die Ansteckung gefährdeter Personen zu verhindern. Die Krankheit ist so unglaublich infektiös, dass selbst wer offiziellen Hygieneanweisungen genau Folge leistet, von Glück reden kann, wenn er sich beim Kontakt mit einer infizierten Person nicht ansteckt.

Unter dem Elektronenmikroskop zeigt sich, dass eine einzelne intakte Einheit (ein Viruspartikel oder Virion) dieses Virus kugelförmig und mit einer symmetrischen Anordnung von Stacheln bedeckt ist. Es gibt zahlreiche Stämme des Norovirus, doch alle haben das gleiche äußere Erscheinungsbild. Viele Viruspartikel ähneln dieser Grundform, doch es gibt Ausnahmen. Manche sind strangförmig und treten als gerade Fäden oder Spiralen in Erscheinung, andere haben komplexere Formen aus unterschiedlichen Teilen, wie etwa eine Kapsel, die mit einem Stiel verbunden ist, aus dem mehrere Geiseln sprießen. Die Coronaviren sind Kugeln mit der namensgebenden „Krone" aus keulenförmigen Stachel-Proteinen. Bakteriophage Viren greifen die Zellen von Bakterien an. Ihre oft besonders komplexe Struktur erinnert an winzige Mondlandefahrzeuge. Sie alle eint die biochemische Zusammensetzung ihrer äußeren Proteinhülle, des Kapsids, und ihres Inneren, das aus einem Bündel von Erbmaterial besteht.

Dieses ist der Schlüssel zu ihrer Vermehrung, und das ist der einzige „Zweck", den man einem Virus unterstellen könnte. Dass dieser Vorgang beim Wirt zu Krankheit oder gar zum Tod führen kann, ist eigentlich nur ein unglücklicher Nebeneffekt.

▲ Seite 32–33: Ein Coronavirus-Partikel, benannt nach seiner stacheligen „Krone". Die Stacheln aus Proteinen ermöglichen es ihm, sich an Wirtszellen anzudocken.

DIE GRUND-EIGENSCHAFTEN DES LEBENS

Chlorophyll-Moleküle absorbieren die roten und blauen Wellenlängen des Lichts und reflektieren die grünen.
Das verleiht den Pflanzen, und damit großen Teilen der Erde, ihre Farbe. Durch die als Fotosynthese bekannte Reaktion wird das Licht, das die Chlorophyll-Moleküle absorbieren, genutzt, um atmosphärisches Kohlendioxid und Wasser in Sauerstoff und Glukose umzuwandeln.

Neben dem Zellkern gibt es eine Reihe anderer verschiedener Strukturen (Organellen), mit jeweils eigenen Funktionen. Gemeinsam machen sie die Zelle als Ganzes mehr oder weniger selbstregulierend. Zwei besondere Arten von Organellen, die Fotosynthese ausübenden Chloroplasten in der Pflanzenzelle und die energieerzeugenden Mitochondrien der Pflanzen- und Tierzellen, begannen ihren evolutionären Werdegang wahrscheinlich als frei lebende Bakterien.

Die großen, organellenbeladenen Zellen, aus denen die nicht-mikroskopischen Organismen der Erde aufgebaut sind, also Tiere, Pflanzen, Schleimpilze und Pilze, werden als eukaryotisch bezeichnet, entsprechend nennt man die Organismen selbst Eukaryoten. Obwohl die uns bekannten Eukaryoten hauptsächlich große, komplexe Körper, bestehend aus verschiedenen Zellgruppen, haben, gibt es auch einzellige Eukaryoten. Dazu gehören bestimmte Arten pflanzenähnlicher Algen, die Chloroplasten enthalten und sich durch Fotosynthese ernähren, sowie tierähnliche Protozoen, die ihre Energie durch den Verzehr diverser organischer Substanzen erzeugen.

Angehörige der Domäne der Bakterien, einschließlich der Cyanobakterien, den Vorläufern der Chloroplasten, werden als Prokaryoten bezeichnet. Sie teilen sich diese Bezeichnung mit den Archaeen, die ihnen, oberflächlich betrachtet, sehr ähnlich sind. Obwohl sie wesentlich simpler sind als tierische und pflanzliche Zellen, werden ihre individuellen Einheiten dennoch als solche bezeichnet, da sie Zellflüssigkeit (Zytoplasma) besitzen, das von einer Plasmamembran umgeben ist. Im Zytoplasma befindet sich die DNA in Form eines einzelnen Chromosoms, das im entwirrten Zustand ringförmig ist. Außerdem gibt es Ribosomen genannte Organellen, die es jedem Bakterium ermöglichen, sich zu replizieren und die Proteine zu bilden, die es braucht. Auch in eukaryotischen Zellen kommen Ribosomen vor.

▶ Kieselalgen (Diatomeen) sind einzellige Eukaryoten, die Chloroplasten zur Fotosynthese nutzen. Ihre Zellwände haben eine charakteristische stachelig-glasige Textur.

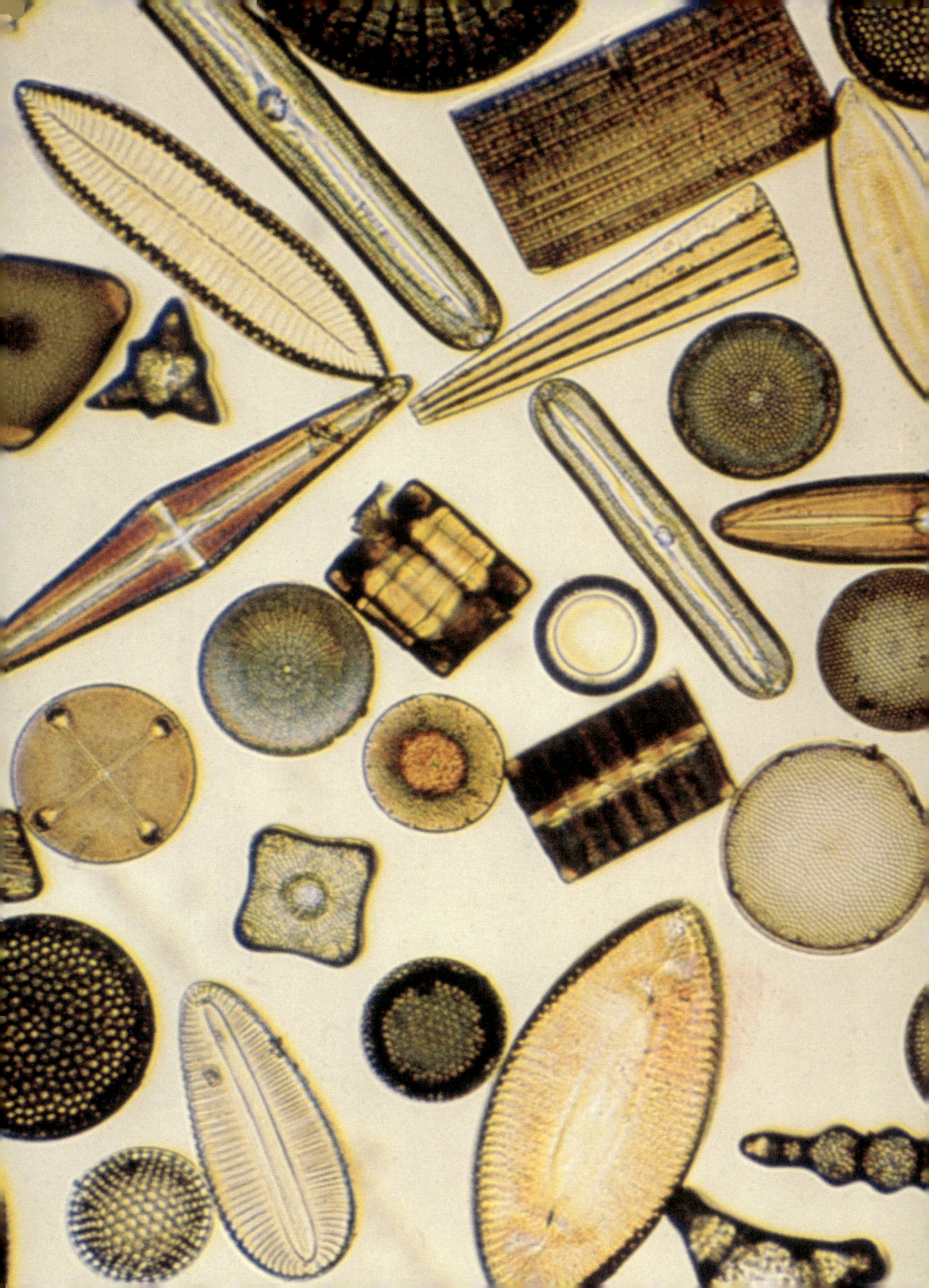

EUKARYOTISCHE ZELLE

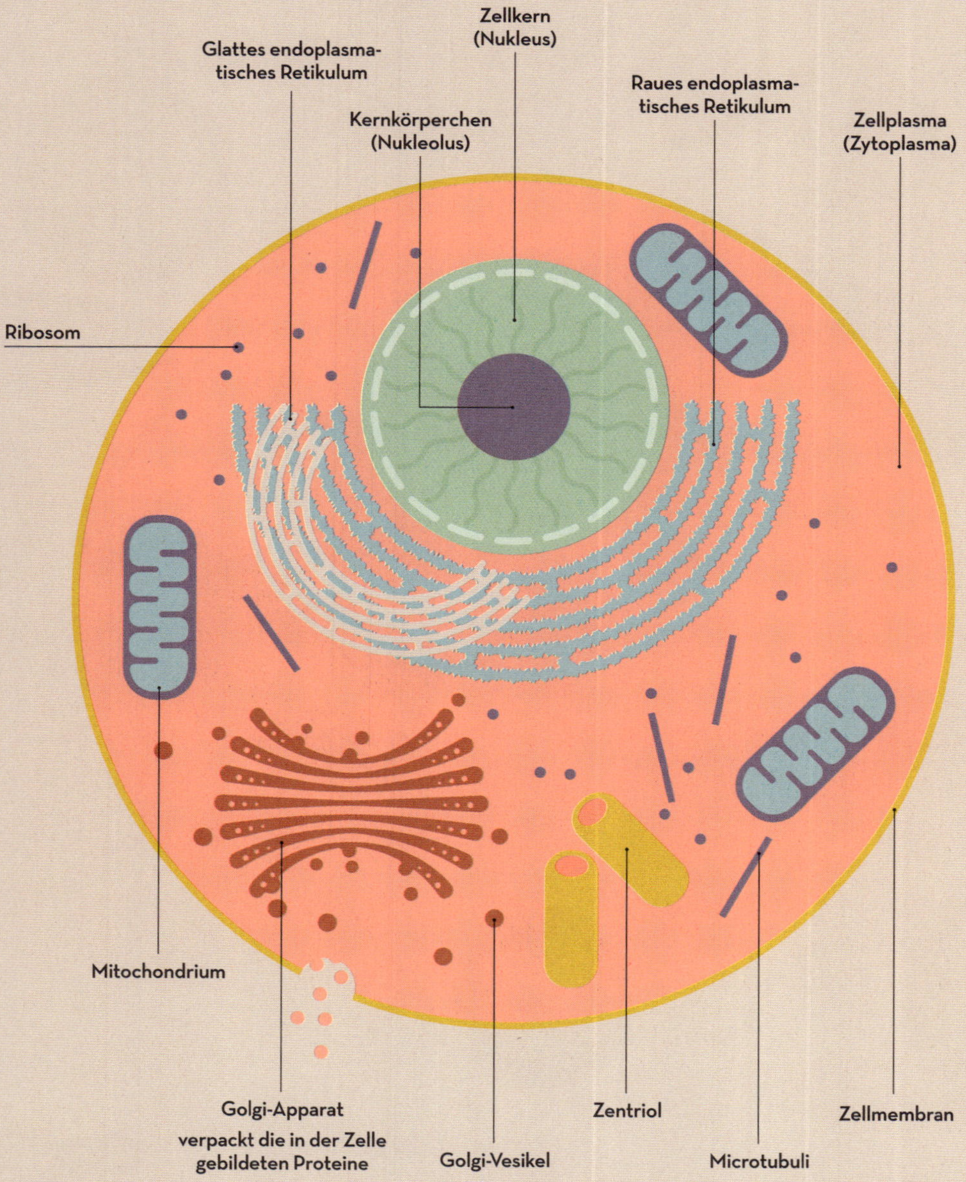

DER URSPRUNG DER EUKARYOTEN

Die ersten Eukaryoten traten vor etwa 2 Milliarden Jahren auf den Plan, etwa 700 Millionen Jahre nach den ersten Cyanobakterien und ganze 2,28 Milliarden Jahre nach den ersten bekannten Lebensformen. Inzwischen ist allgemein anerkannt, dass die Mitochondrien, die heute in eukaryotischen Zellen allgegenwärtig sind, und die Chloroplasten, die zahlreich in Pflanzenzellen vorkommen, von frei lebenden Bakterien bzw. Cyanobakterien aus der Klasse der Alphaproteobakterien abstammen. Ihr Aufbau, die Anordnung ihrer DNA und deren Unabhängigkeit von der DNA des sie umschließenden Eukaryoten sowie ihre Fortpflanzungsmethode sprechen für diesen Ursprung. Doch wie kam es dazu, dass sie innerhalb anderer, größerer Zellen existieren und funktionieren (Endosymbiose) können, und wo haben diese anderen Zellen ihren Ursprung?

Dieses Forschungsgebiet ist stark auf Theorien und Spekulationen angewiesen, doch Biochemie und Genetik erweisen sich hier als hilfreiche Disziplinen. Sowohl Bakterien als auch Archaeen sind Prokaryonten, doch ihre genetische und biochemische Analyse hat gezeigt, dass Letztere näher mit den Eukaryoten verwandt sind. Es ist also möglich, dass das eukaryotische Leben damit begann, dass Archaeen kleinere Bakterien umschlossen. Eine andere Theorie besagt, dass primitive Eukaryoten bereits vorher begonnen hatten, sich von ihren Vorfahren, den Prokaryonten, abzusondern. Sowohl Archaeen als auch Bakterien haben eine Zellwand, die ihnen eine relativ starre Form gibt. Wenn Umweltbedingungen die Evolution einer Linie dahingehend beeinflussten, dass aus der Zellwand eine flexiblere Zellmembran wurde, so hätte dies der Zelle ermöglicht, größer zu werden und die Membran nach innen zu falten. Eine nach innen gestülpte Falte, die die DNA der Zelle umschließt, wäre der Ursprung eines Zellkerns gewesen, während andere Falten möglicherweise weitere Arten von Organellen ermöglicht hätten. Mit einem elastischen Aufbau wäre die Zelle auch in der Lage gewesen, Bakterien zu umschließen und endosymbiotische Verbindungen einzugehen.

Mit dem Aufkommen der eukaryotischen Zelle und den ersten vielzelligen Eukaryoten konnte eine gigantische Lebensvielfalt entstehen, die heute das Gros irdischer Biomasse ausmacht. Allein 82,4 % davon sind pflanzlichen Ursprungs. Allerdings sind die Eukaryonten den Prokaryonten bezüglich der Anzahl von Individuen weit überlegen, und die Prokaryonten werden zahlenmäßig wiederum von noch kleineren und einfacheren Entitäten übertroffen – den Viren.

JEDE EUKARYOTISCHE ZELLE, ob Teil eines mehrzelligen Organismus oder Einzeller, enthält verschiedene Arten von Organellen. Diese „kleinen Organe" sind separate, membranumhüllte Strukturen innerhalb der Zelle, die jeweils eine bestimmte Aufgabe erfüllen. Hauptsächlich geht es dabei um den Auf- und Abbau verschiedener Molekültypen, deren Speicherung oder ihren Transport.

AZELLULÄR

Viren unterscheiden sich von allen Eukaryoten und Prokaryoten und werden deshalb als „azellulär“, also nicht als Zellen, eingestuft. Ihre äußere Hülle oder Kapsel besteht aus bisweilen recht komplex angeordneten Eiweißen, ihr Inhalt aus genetischem Material in Form einer DNA-Doppelhelix oder noch häufiger, wie beim Norovirus, ihrer einsträngigen Entsprechung, der RNA. DNA oder RNA enthalten die Gene, die ein einzelnes Viruspartikel benötigt, um sich zu replizieren. Doch zur Replikation braucht das Virus die Strukturen einer eukaryotischen oder prokaryotischen Zelle. Seine Duplikate brechen danach aus der Zelle aus, wobei diese zerstört wird. Anschließend suchen sie Zellen in der Nähe auf, um diesen Prozess zu wiederholen.

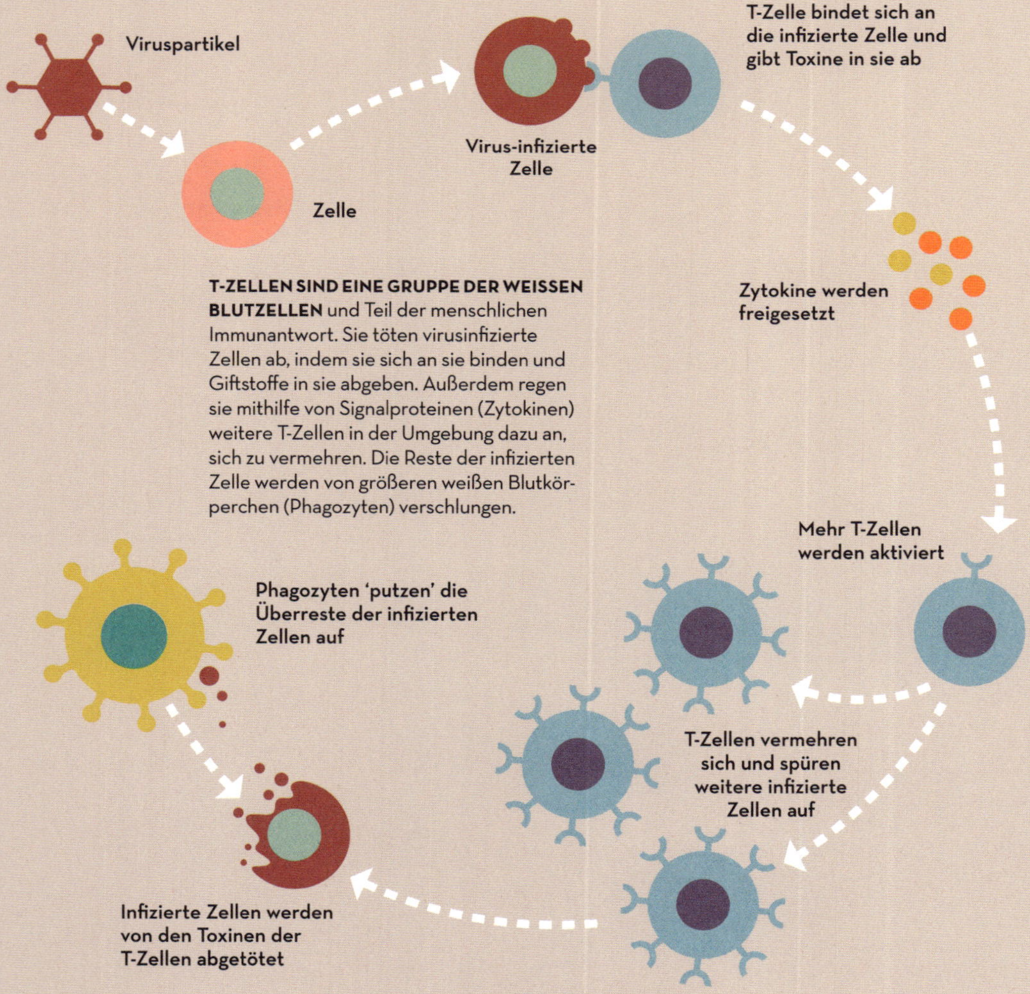

T-ZELLEN SIND EINE GRUPPE DER WEISSEN BLUTZELLEN und Teil der menschlichen Immunantwort. Sie töten virusinfizierte Zellen ab, indem sie sich an sie binden und Giftstoffe in sie abgeben. Außerdem regen sie mithilfe von Signalproteinen (Zytokinen) weitere T-Zellen in der Umgebung dazu an, sich zu vermehren. Die Reste der infizierten Zelle werden von größeren weißen Blutkörperchen (Phagozyten) verschlungen.

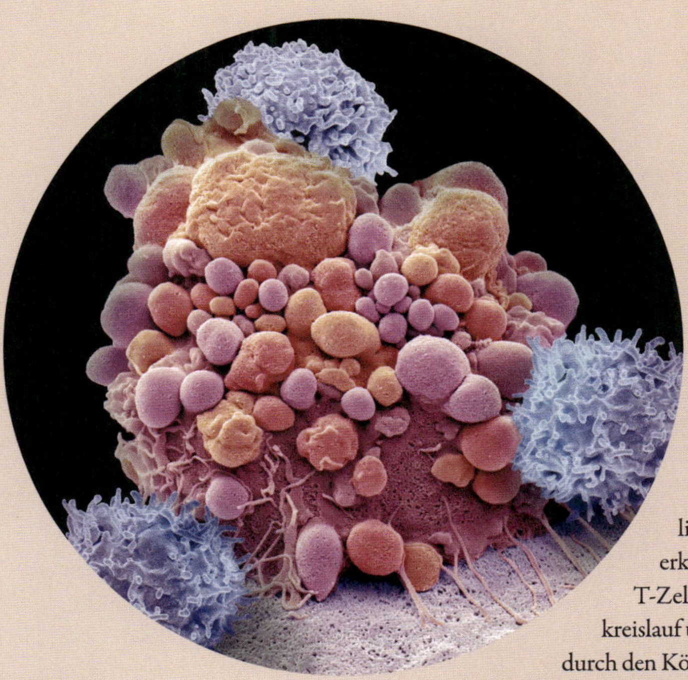

▲ Bei der CAR-T-Zell-Therapie werden T-Zellen eines Krebspatienten (blau) gesammelt und genetisch so verändert, dass sie die Tumorzellen (rot) angreifen. Anschließend werden sie dem Patienten zurückgegeben.

In der Regel sind Virusinfektionen aus verschiedenen Gründen schwierig zu behandeln. Viren haben nur eine kleine DNA oder RNA, sie replizieren sich schnell, und deshalb mutieren sie häufig. Mutierte Formen sind meisten weniger gefährlich als die Urform, doch sie können mitunter auch sehr viel gefährlicher werden. Antivirale Medikamente, die gegen die Urform effektiv waren, erweisen sich bei der Mutation möglicherweise als wirkungslos. Ein Virus kann so mutieren, dass es nicht mehr nur durch direkten Kontakt, sondern auch über die Luft übertragen werden kann. Mutationen können dazu führen, dass Viren von einer Spezies auf eine andere „überspringen". Von einigen für den Menschen tödlichen Viruserkrankungen ist bekannt, dass sie ihren Ursprung in anderen Tierarten haben. Der menschliche Körper hat ein natürliches Abwehrsystem gegen Viruserkrankungen. Dazu gehören die T-Zellen des Immunsystems, die im Blutkreislauf und im lymphatischen System durch den Körper zirkulieren. Sie zerstören virusinfizierte Körperzellen und deren viralen Inhalt. Andere Zellen des Immunsystems bilden spezifische Antikörper gegen bestimmte Virustypen, die langfristig Schutz bieten. Auch viele andere Tiere verfügen über so eine oder ähnliche adaptive Immunreaktion. Denjenigen, bei denen das nicht der Fall ist, bleiben noch andere Verteidigungen gegen Virusinfektionen. Die große Anzahl verschiedener Virusstämme macht es jedoch selbst für ein gesundes Immunsystem schwierig mitzuhalten. Ein Körper, der durch die Bekämpfung eines Virus geschwächt ist, zeigt sich anfälliger für Sekundärinfektionen, insbesondere durch Bakterien.

Nicht alle Viren, die den Menschen befallen, sind jedoch schädlich. Einige sind sogar nützlich, etwa solche, die sich im Darm und in der Lunge aufhalten und invasive schädliche Bakterien angreifen. Andere verursachen nur eine leichte Krankheit und sorgen für eine Immunität, die dem Körper hilft, später im Leben gefährlichere Infektionen zu bekämpfen.

DEN URSPRUNG DES LEBENS WIEDER ERSCHAFFEN

Während Viren nur über DNA oder RNA verfügen, haben echte Zellen beide, die sie unterschiedlich nutzen. In einer eukaryotischen Zelle, wie z. B. einer menschlichen Leberzelle, liegen die langen DNA-Ketten in einem Knäuel im Zellkern. Vor der natürlichen Zellteilung werden die einzelnen Stränge jedoch säuberlich in zueinander passenden Paaren geordnet und aufgereiht. Menschliche Zellen haben insgesamt 23 solcher Paare. Wenn man einen einzelnen Strang nimmt und seine Doppelhelix aufdreht, zeigt sich, dass beide Hälften der Helix über eine Kette chemischer Bindungen miteinander verbunden sind. Das DNA-Molekül ist also wie eine spiralförmig verdrehte Leiter. Wenn man die Sprossen derselben auseinanderreißt und jede Hälfte der Kette genauer betrachtet, sieht man, dass sich die gleichen Mini-Moleküle stets aufs Neue wiederholen.

Einige Organismen haben mehr als 23 Chromosomenpaare, andere weniger. Da jedoch die Chromosomen in ihrer Länge stark variieren, sagt ihre Anzahl nicht unbedingt viel über die Anzahl der Gene aus, die sie enthalten. So hat der Mensch 23 Chromosomenpaare und seine nächsten lebenden Verwandten, die Schimpansen, dagegen 24. Ein genauer Blick auf die Genome der beiden Spezies zeigt jedoch, dass das große menschliche Chromosom 2 tatsächlich aus zwei kürzeren Chromosomen fusioniert ist, die im Schimpansengenom getrennt liegen.

Die sich wiederholenden chemischen Einheiten, aus denen DNA-Moleküle aufgebaut sind, nennt man Nukleotide. Jedes davon hat drei molekulare Komponenten – einen Zucker, eine Phosphatgruppe und eine von vier Nukleobasen: Adenin, Thymin, Cytosin und Guanin. In der Doppelhelix-Struktur ist die Adenin-Base auf einer Seite der Leiter immer mit einer Thymin-Base auf der anderen Seite gepaart, Cytosin paart sich stets mit Guanin. Diese Abfolge von As, Ts, Cs und Gs funktioniert wie eine Sprache. Jedes einzelne Gen ist eine bestimmte Abfolge von durchschnittlich 21 – 24 dieser Buchstaben entlang eines Abschnitts der Doppelhelix. Diese Abfolge komplementär gekoppelter Nukleobasen (auch Basenpaare genannt) fungiert als Code zur Herstellung einer bestimmten Art Protein.

DIE NUCLEOBASEN IN DER DNA sind die „Sprossen", an denen sich beide Stränge verbinden. Die Pyrimidinmoleküle Thymin und Cytosin verbinden sich jeweils mit Adenin- und Guanin-komplexeren Purinmolekülen. In der RNA wird Thymin durch ein anderes Purinmolekül namens Uracil ersetzt. Die „Seiten-schienen" werden durch Bindungen zwischen den Phosphat-gruppen der Nukleotide und Zuckern gebildet.

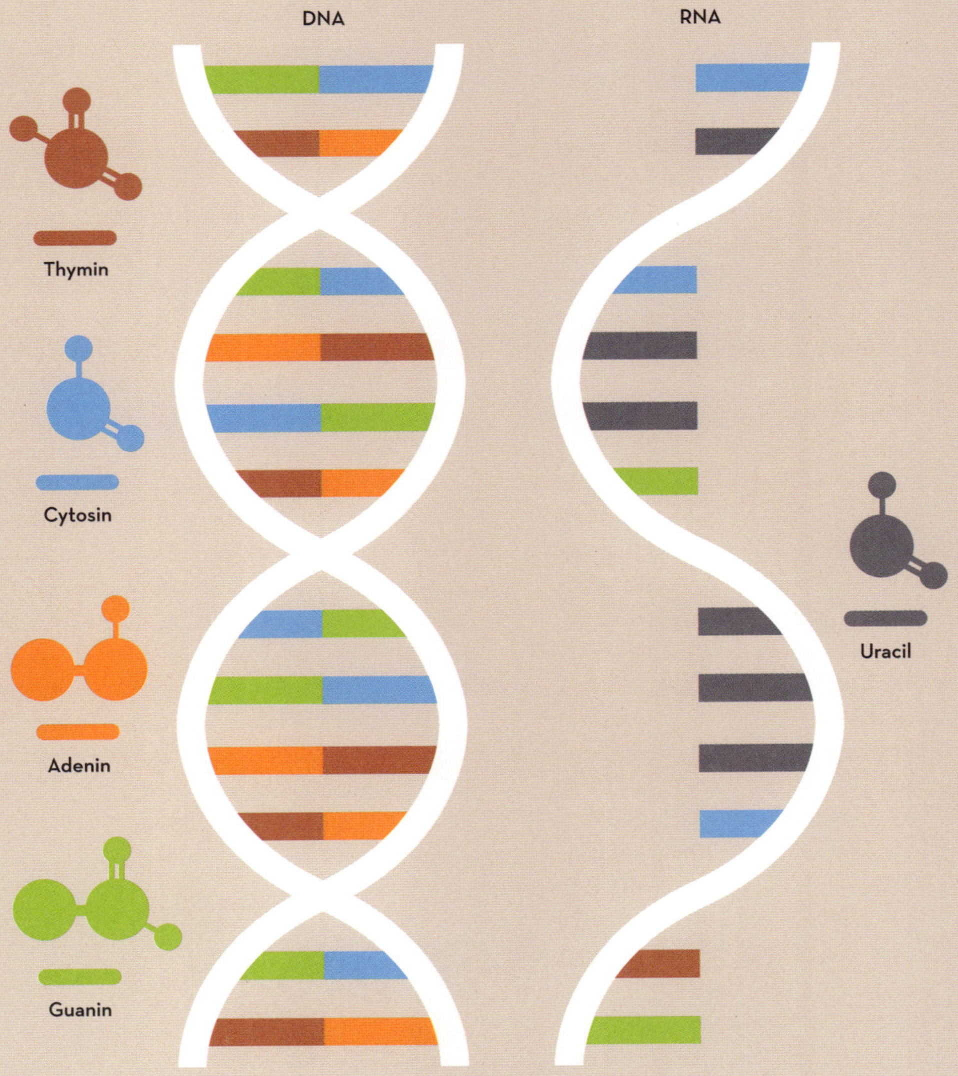

Wenn eine Zelle ein bestimmtes Protein herstellen muss, produziert sie eine Einzelstrangkopie des entsprechenden DNA-Abschnitts, bekannt als Boten-RNA oder mRNA. Dieser Einzelstrang verlässt den Zellkern und sucht eine andere Art von Zellorganelle auf, das Ribosom. Dieses verwendet dann den von der mRNA überbrachten Code, um ein Protein zu bauen, indem es die entsprechenden Aminosäuren in der korrekten Reihenfolge zusammensetzt. Jeder Satz aus drei Nukleotiden bildet eine der 20 verschiedenen Aminosäuren, aus denen alle Proteine des menschlichen Körpers aufgebaut sind. Diese sind so grundlegend für die Körperstrukturen und Regulationsprozesse, dass man die DNA als Blaupause für den Aufbau des Körpers bezeichnen könnte. Jede menschliche Zelle in fast allen Körperteilen trägt jeweils den Bauplan für den ganzen Menschen.

Die DNA ist auch Ausgangspunkt der Zellteilung, wenn Zellen Kopien von sich selbst anfertigen. Dann trennen sich die DNA-Stränge und werden im Inneren des Kerns verdoppelt. Der Zellkern teilt sich dann in zwei Teile mit jeweils vollständig ergänzter DNA, und danach teilt sich der Rest der Zelle.

Ein Virus kapert diesen Prozess, indem es sich an der Zelle anheftet, in sie eindringt und dann seine Proteinhülle abwirft. Viren hingegen, die Bakterienzellen angreifen, binden sich an die Zellwand und injizieren ihr eigenes genetisches Material ins Innere, die zelleigenen Organellen (Zellkern und Ribosomen) ausnutzend, um ihre Gene und Proteinhüllen zu replizieren. Dann werden neue Viruspartikel zusammen- und freigesetzt. Die Feinheiten dieses Prozesses variieren zwar stark je nach Virustyp, doch grundsätzlich muss jedes Virus die Strukturen einer Wirtszelle ausnutzen, um sich zu replizieren.

Dem viralen Gen-Code widerfahren dabei jedoch häufige „Kopierfehler“, und dank dieser hohen Mutationsrate passen sich Viren meist schnell an veränderte Bedingungen an. Wenn permanent massenhaft verschiedene Mutanten erzeugt werden, stehen die Chancen gut, dass einer davon besser funktioniert als die Vorgänger. So können Viren die erworbene Immunantwort eines Wirts überwinden und ein wirtsspezifisches Virus zu einer neuen Art „überspringen“.

Obwohl viele Viren tödliche oder schwere Krankheiten verursachen, sollte man wissen, dass viele davon existieren und sich replizieren, ohne Krankheiten auszulösen. Jeder menschliche Körper beherbergt eine sehr große und jeweils einzigartige Gemeinschaft unschädlicher Viren, und zahllose Virentypen existieren in allen möglichen Ökosystemen. Zu den bizarreren Arten gehören Pandoraviren, eine Gattung außergewöhnlich großer Viren, die einzellige Eukaryoten infizieren. Diese sind so groß wie viele Bakterien und mit etwa 2500 Genen verfügen sie über weit mehr genetisches Material als die meisten anderen Viren, die nur zehn oder weniger Gene haben. Selbst krankmachende neigen dazu, sich im Laufe der Zeit zu weniger schädlichen Formen weiterzuentwickeln. Mutierte Formen, die einen milderen Krankheitsverlauf mit sich bringen, gedeihen oft einfach deshalb, weil ein Virus, das seine Wirte am Leben und einigermaßen gesund bleiben lässt, sich besser verbreiten kann.

WENN EIN VIRUSPARTIKEL das Bakterium befällt (ein Bakteriophage), an seiner Wirtszelle andockt, injiziert es dieser sein genetisches Material, und die wirtseigenen Gene replizieren mehrere Kopien des Viruspartikels. Die Wirtszelle stirbt, wenn die neuen Partikel ausbrechen. Bakteriophagen sind bei Weitem die zahlreichsten Organismen der Erde, mit einer geschätzten Population von 10^{31}.

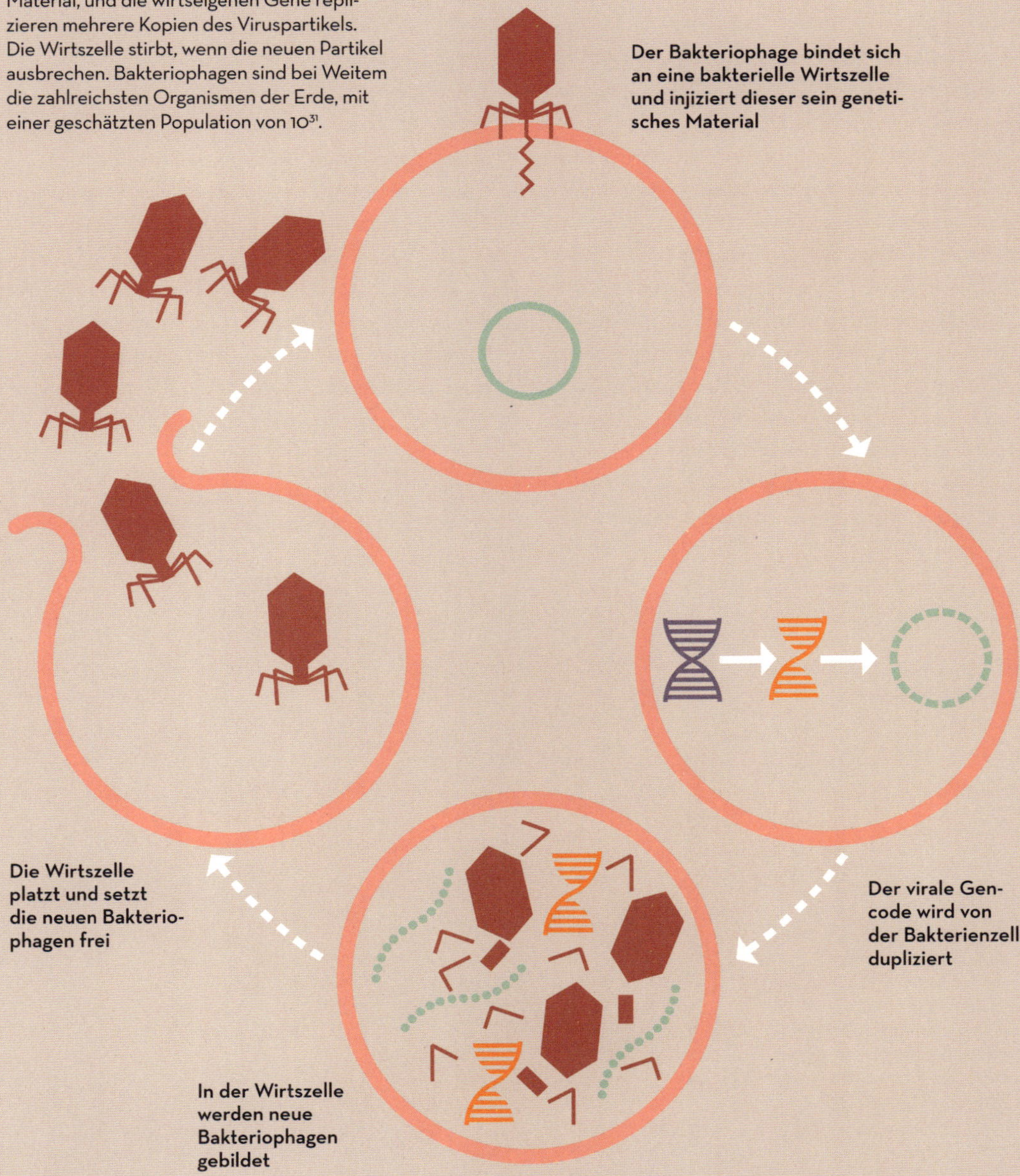

VORLÄUFER DES LEBENS?

Letztlich ist ein Virus viel simpler als eine eukaryotische oder eine prokaryotische Zelle, und es ist auf diese komplexeren Organismen angewiesen, um seinen Lebenszyklus zu vervollständigen. Wenn Viren schon immer so funktioniert haben wie heute, dann müssen sie sich logischerweise nach der Entstehung der echten Zellen entwickelt haben.

Ihre hohe Mutationsrate macht es jedoch denkbar, dass die ersten Viren bzw. ihre Vorgänger ganz anders funktionierten. Sie könnten ihr Dasein als frei lebende RNA-Stränge begonnen haben, die zur Selbstduplikation fähig waren und damit vor allen anderen Lebensformen existierten. Dieses Szenario wird als „RNA-Welt-Hypothese“ bezeichnet. Es berücksichtigt die Tatsache, dass durch die Einwirkung hoher Energie (wie z. B. bei einem Blitzschlag) auf einen Cocktail sehr einfacher Verbindungen, wie sie wohl in den leblosen Meeren der frühen Erde vorkamen, Nukleinsäuren, die Bausteine der RNA, erzeugt werden können (siehe Seite 20). Allerdings ist dies reine Theorie, denn frei lebende RNA wurde noch nie im realen Leben beobachtet.

Wenn es also erst nach den ersten echten Zellen Viren gab, dann könnten sie sich aus DNA- oder RNA-Strängen entwickelt haben, die aus solchen Zellen „entkamen“ oder erhalten blieben, während diese dann zerfielen. Da sich jedoch die Struktur viraler Proteinhüllen von allen anderen Organismen der Erde unterscheidet, gibt es keinen eindeutigen Beweis.

Doch ganz gleich wie die Viren entstanden sind, ihre Lebensweise (wenn sie denn „lebendig“ sind) hat sich unbestreitbar als äußerst erfolgreich erwiesen. Sie sind heute die zahlreichsten Organismen auf unserem Planeten.

▶ Viele Krankheiten der Menschen werden durch Coronaviren ausgelöst, darunter auch Covid-19, eine neue und bisweilen tödliche Krankheit, die erstmals 2019 in China auftrat.

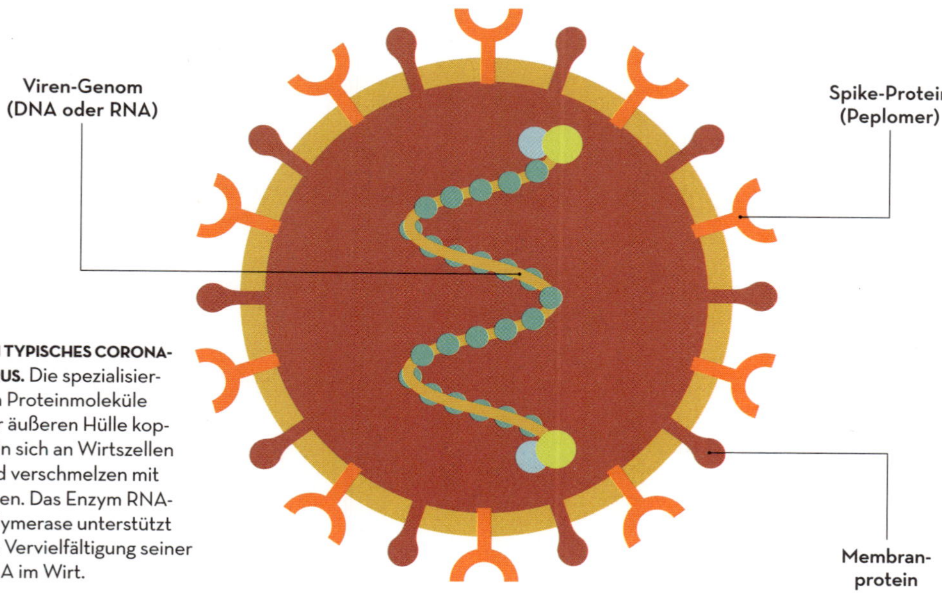

EIN TYPISCHES CORONAVIRUS. Die spezialisierten Proteinmoleküle der äußeren Hülle koppeln sich an Wirtszellen und verschmelzen mit ihnen. Das Enzym RNA-Polymerase unterstützt die Vervielfältigung seiner RNA im Wirt.

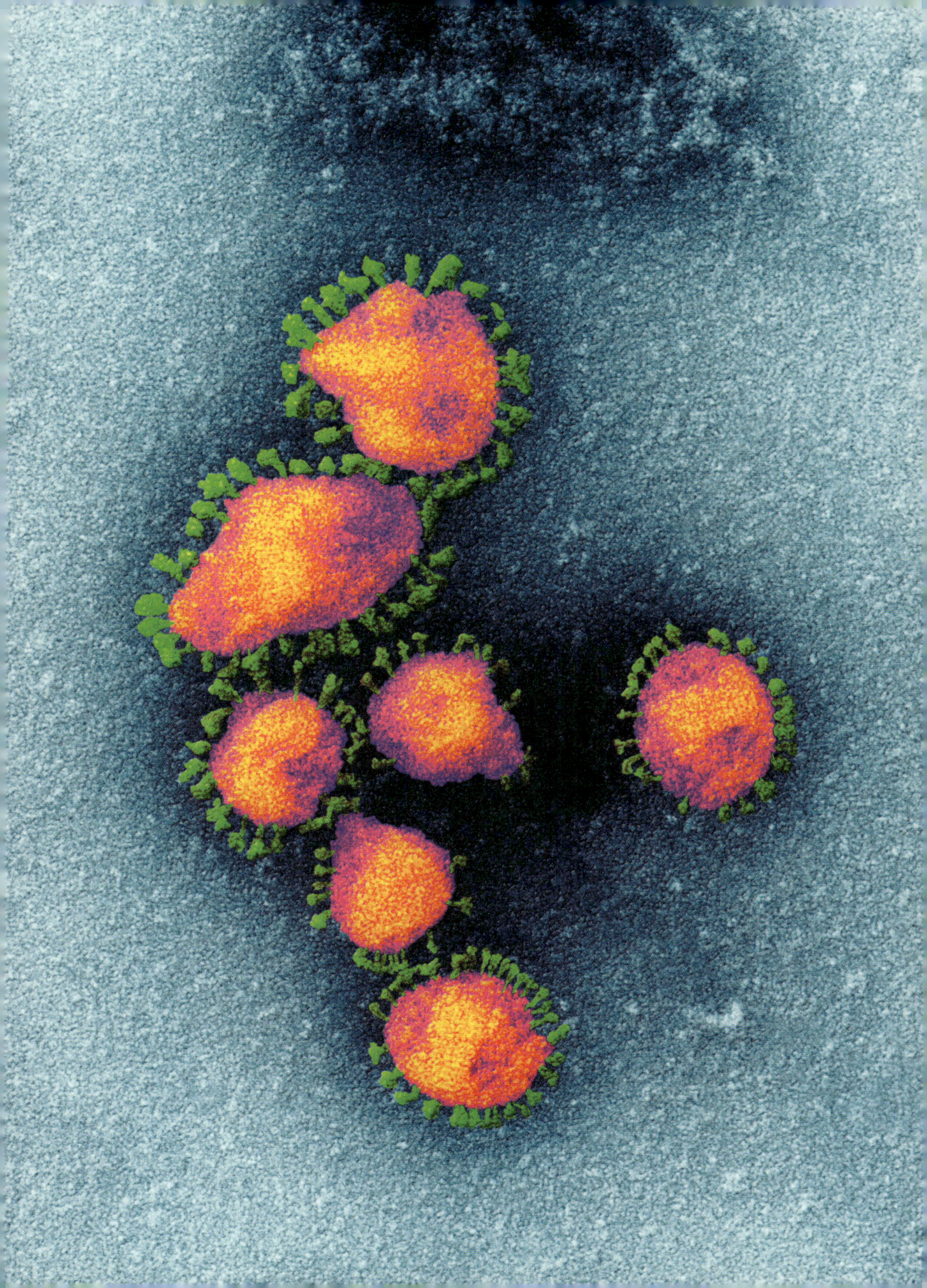

DAS LEBEN DEFINIEREN

Wie definieren wir überhaupt, was eigentlich Leben ist? Bei großen, komplexen Organismen, die sich bewegen, wie Nacktschnecken, Libellen oder Zebras ist es einfach, lebende und tote Individuen zu unterscheiden.

Die Lebensmerkmale sessiler (sesshafter oder festsitzender) Organismen sind subtil aber sichtbar: Ein lebender Baum wächst, blüht und treibt neue Blätter aus; eine Gemeine Seepocke öffnet ihre Deckelplatten, um ihren Fressapparat ins Meerwasser zu strecken; ein Myzel zersetzt das verrottende Holz, in dem es wächst, und es treibt Fruchtkörper aus, um seine Sporen zu verbreiten. Insgesamt gibt es acht grundlegende Merkmale oder Eigenschaften, die alle Lebewesen teilen:

Zelluläre Organisation: Der Organismus ist aus membranumhüllten Einheiten oder Zellen aufgebaut (in manchen Fällen nur einer Zelle).
Fortpflanzung: Der Organismus kann sich vermehren.
Stoffwechsel: Im Organismus finden chemische Reaktionen statt, wie etwa beim Gasaustausch, bei der Verdauung und bei der Synthese von Proteinen.
Homöostase: Der Organismus kann einen inneren Zustand gleichmäßig aufrechterhalten, z. B. Flüssigkeitshaushalt oder Temperatur.
Vererbung: Die genetischen Merkmale des Organismus werden bei der Fortpflanzung weitergegeben.
Reaktion auf Reize: Der Organismus reagiert auf innere oder äußere Kräfte, die auf ihn einwirken.
Wachstum und Entwicklung: Der Organismus verändert sich im Laufe der Zeit.
Anpassung durch Evolution: Der Organismus unterliegt der natürlichen Auslese. Die Individuen, die am besten an ihre Umgebung angepasst sind, werden wahrscheinlich länger überleben und sich fortpflanzen.

Diese Merkmale lassen sich bei allen Lebewesen beobachten, sogar bei Bakterien. Ein Virus erfüllt nicht alle diese Kriterien, daher werden diese normalerweise nicht als Lebewesen angesehen. Vor allem sind Viruspartikel keine Zellen, auch wenn ihre molekularen Bausteine jenen echter Zellen gleichen. Außerdem weisen sie keine Homöostase auf und haben keinen eigenen Stoffwechsel. Andererseits vermehren sich Viren und bedienen sich der genetischen Vererbung. Weiterhin beindrucken sie durch eine rasante evolutionäre Anpassungsfähigkeit. Diese Eigenschaften verorten die Viren im Grenzbereich zwischen „lebendig" und „nicht lebendig". Sie mögen sich den Methoden entziehen, die zur Klassifizierung anderer biologischer Entitäten verwendet wird, doch sie sind zweifellos biologisch. Indem wir ihre Natur und ihr Verhalten erforschen, können wir zu einem klareren Verständnis dessen gelangen, was Leben wirklich ist.

▶ Bakterien (hier auf einem intensiv benutzten Mobiltelefon) erfüllen alle acht Kriterien, die das Leben ausmachen, trotz ihrer sehr einfachen Erscheinung.

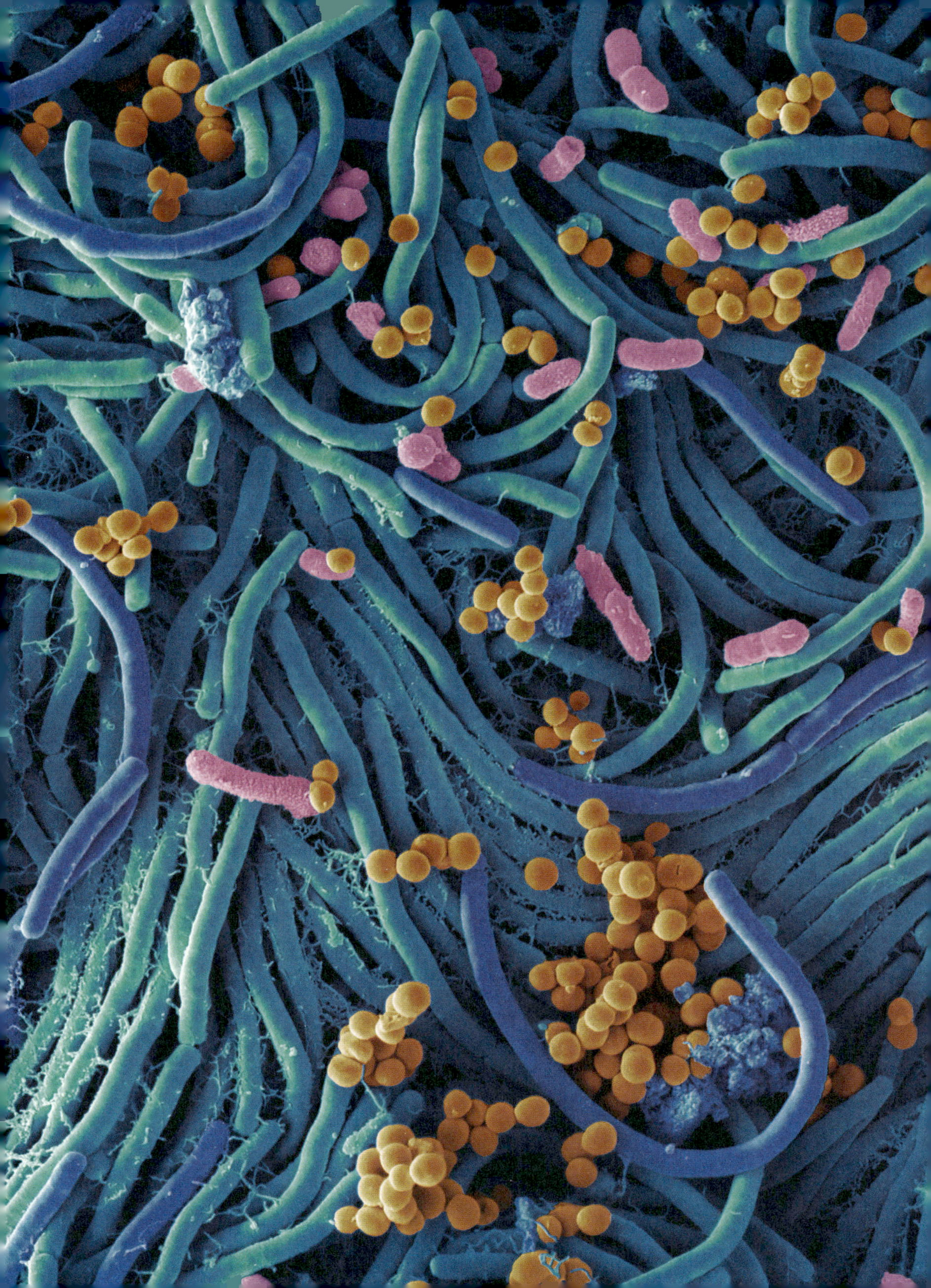

SUB-VIRAL

So überbrücken Viren die Grenze zwischen der lebenden und der nicht lebenden Welt, doch es gibt noch kleinere und einfachere Entitäten auf der Erde, die Anzeichen von Leben zeigen.

Zunächst einmal sind da die Viroide, die aus einem einzelnen, kurzen RNA-Strang ohne Hülle bestehen. Sie infizieren nur Pflanzenzellen und sind die Ursache verschiedener schwerer Pflanzenkrankheiten.

Es gibt auch Krankheiten, die durch Prionen verursacht werden. Sie sind eine besondere Klasse von Proteinen. Eine der merkwürdigsten und erschreckendsten Prionkrankheiten des Menschen ist die tödliche Schlaflosigkeit. Die Betroffenen leiden zunächst unter Schlaflosigkeit und entwickeln im Laufe der folgenden Monate oder Jahre schwere psychologische und schließlich neurologische Probleme. Dies führt zu einer Demenz, die sie dauerhaft in einem Zustand des „Beinahe-Schlafs" oder der Hypnagogie gefangen hält. In diesem Dämmerzustand setzt das Bewusstsein aus und schockartige Sinnestäuschungen treten auf. Die meisten Patienten sterben innerhalb von zwei Jahren nach Auftreten der ersten Symptome.

Glücklicherweise ist die tödliche Schlaflosigkeit sehr selten und fast immer erblich. Da sie durch ein Prion verursacht wird, hilft jedoch keine konventionelle Behandlung. Das Problem ist, dass Prionen zwar ähnlich wie Viren infektiös sind und Krankheiten auslösen, aber gleichzeitig kein genetisches Material besitzen und somit eindeutig nicht-lebendig sind. Herkömmliche Behandlungsansätze sind daher für Prionkrankheiten nutzlos. Wie soll man auch mit einem infektiösen Erreger umgehen, der nicht sterben kann?

Um die Wirkungsweise von Prionen nachzuvollziehen, gilt es zunächst ein normales Proteinmolekül zu verstehen. Dabei handelt es sich um eine Kette von Aminosäuren, die auf spezifische und komplexe Weise zu einer dreidimensionalen Form gefaltet ist. Oft zeigt sich diese Form dafür verantwortlich, dass das Protein in seinem biologischen System „funktioniert", denn dank ihr „passt" es zu einem anderen Molekül. Das kann z. B. eine bestimmte Art von Rezeptormolekül sein, das auf der Außenoberfläche einer Zelle sitzt.

Die Prionenform dieses Proteins hat ein abweichendes Faltmuster, das nicht richtig „passt". Durch noch unerforschte Mechanismen ist das Prion in der Lage, seine fehlgefaltete Form an andere Moleküle desselben Proteins weiterzugeben. Prionen sammeln sich im Körpergewebe, was zum Absterben normaler Zellen führt. Gegen Behandlungen, die den Lebenszyklus von RNA- oder DNA-basierten Erregern unterbrechen, sind sie resistent.

Nicht erbliche Prionkrankheiten werden in der Regel durch Nahrungsaufnahme übertragen, wie es höchstwahrscheinlich bei einem anderen Beispiel mit tödlicher Prognose der Fall ist: die Variante der Creutzfeldt-Jakob-Krankheit, kurz vCJD. Die Ursache dieser Krankheit beim Menschen waren höchstwahrscheinlich Schafe, die an der Prionerkrankung Scrapie verendeten und als Knochen- und Fleischmehl im Rinderfutter verwendet wurden. Vermutlich infizierten sich die Rinder dadurch mit der bovinen spongiformen Enzephalopathie oder BSE (einer anderen Prionkrankheit), und der Verzehr von mit BSE-Prionen verseuchtem Rindfleisch ist wahrscheinlich Ursache der vCJD beim Menschen. Wie die tödliche Schlaflosigkeit und alle anderen bekannten Prionkrankheiten befällt vCJD das Gehirn und ist unheilbar.

Obwohl Prionen, Viroide und Viren in großer Fülle existieren und auch zweifellos biologische Einheiten darstellen, sind sie nicht wirklich lebendig und gehören somit auch nicht in den Stammbaum des Lebens, der auf diesem Planeten gewachsen ist. Das Leben wird stattdessen durch die Zellen repräsentiert, die sie angreifen. Die fundamentalste Aufspaltung dieses Lebensstammbaums betrifft die beiden wirklichen, lebenden Zelltypen: die Prokaryoten und die Eukaryoten. Diese Entitäten leben, replizieren sich und sterben ab. Deshalb sind sie mit allen Konsequenzen der natürlichen Selektion unterworfen, und haben sich folglich zu neuen Varianten mit unterschiedlichen Strukturen und Genomen entwickelt, seit ihre ersten Vorfahren auf der Erde erschienen.

BEI PRIONERKRANKUNGEN wie BSE oder vCJD ersetzen fehlgefaltete Prionenformen (unten links) normale Gehirnproteine (unten Mitte). Diese schädigen und töten Neuronen (Gehirnzellen) und verursachen Hohlräume oder Vakuolen im Hirngewebe (unten rechts).

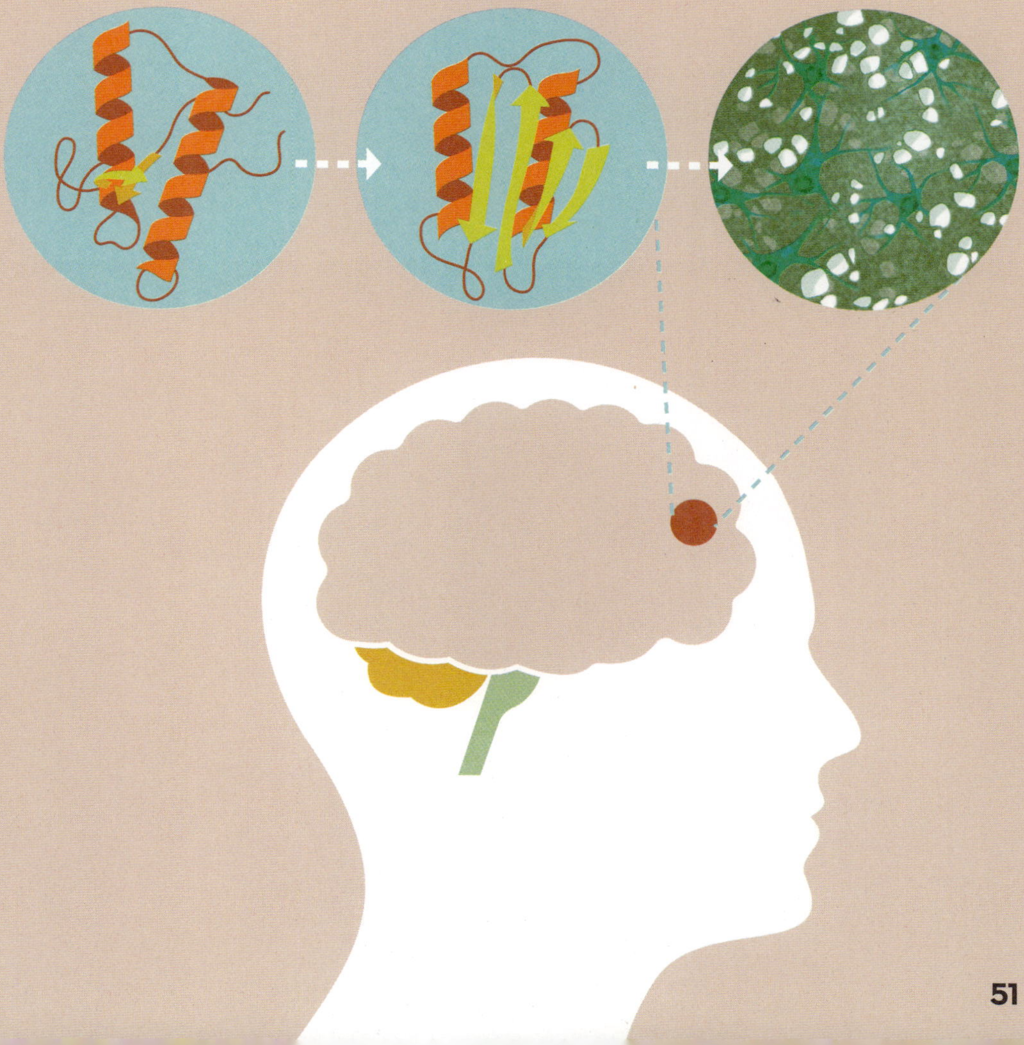

COVID-19

Das neueste Virus, das weltweit Menschen in Sorge versetzt, ist eine bisher nicht dokumentierte Form des Coronavirus, genannt SARS CoV-2. Es verursacht die Krankheit Covid-19, die akute Atembeschwerden auslöst und in einigen Fällen tödlich verläuft. Das Virus trat erstmals Ende 2019 in China in Erscheinung. Man nimmt an, dass es von Fledermäusen über andere Arten auf den Menschen übertragen wurde. Sogenannte „Wet Markets", auf denen lebende Wildtiere als Lebensmittel verkauft werden, sind die wahrscheinliche Quelle des Ausbruchs.

Das Virus kann durch direkten Kontakt oder auf dem Luftweg von einem Menschen auf einen anderen übertragen werden. Unter sozialen Tieren, die eng aufeinander leben, verbreiten sich derartige Infektionen schnell. Unsere Fähigkeit, schnell und einfach um die Welt zu reisen, ermöglichte es dem Virus, sich rasant über das Ursprungsland hinaus zu verbreiten. Im März 2020 erklärte die Weltgesundheitsorganisation den Ausbruch offiziell zur Pandemie, das bedeutet, dass mehrere Länder und Kontinente betroffen waren. Bis Ende März verhängten viele Länder einen „Lockdown", als Versuch, die Ausbreitung der Krankheit zu kontrollieren.

Die meisten Menschen, die an Covid-19 erkranken, überleben und entwickeln Antikörper, die ihnen wohl zumindest für eine gewisse Zeit Schutz gegen zukünftige Infektionen gewähren. Allerdings ist SARS CoV-2 ein relativ großes und komplexes Coronavirus, und zum Zeitpunkt der Erstellung dieses Kapitels schien ein wirksamer Impfstoff noch Monate oder gar Jahre entfernt. Wahrscheinlich muss dieser immer wieder neu angepasst werden, da neue Stämme des Virus auftauchen könnten, wie

bei der saisonalen Grippe, einer anderen potenziell tödlichen Viruserkrankung.

Covid-19 hatte jedoch Auswirkungen auf die menschliche Spezies, die weit über Todesfälle hinausgehen. Das Virus führte zu dramatischen und tief greifenden Veränderungen in der menschlichen Kultur und Gesellschaft, und es ist möglich, dass einige davon noch lange nach der ersten Pandemie bestehen bleiben. Die Art und Weise, wie Menschen sozial interagierten, ihre Wirtschaft organisierten, reisten und wie sie ihre körperliche und geistige Gesundheit pflegten – all das musste sich im Handumdrehen ändern. Diese Verhaltensänderungen könnten zu gegebener Zeit in die natürliche Selektion und in die biologische Evolution einfließen. Angesichts des massiven Einflusses, den wir und unsere Aktivitäten auf den Planeten haben, wird jeder größere Eingriff auf den Pfad der menschlichen Evolution sicherlich tief greifende Konsequenzen für fast alles andere Leben auf der Erde haben.

◀ Flugreisen ermöglichen moderne Lebensentwürfe, sie können aber auch die schnelle Verbreitung von Krankheiten begünstigen.

▲ Soziale Distanz, das Einhalten von 2 m Abstand zu anderen Menschen, hilft, die Ausbreitung von Viren zu verhindern. In Städten kann das unmöglich sein.

3

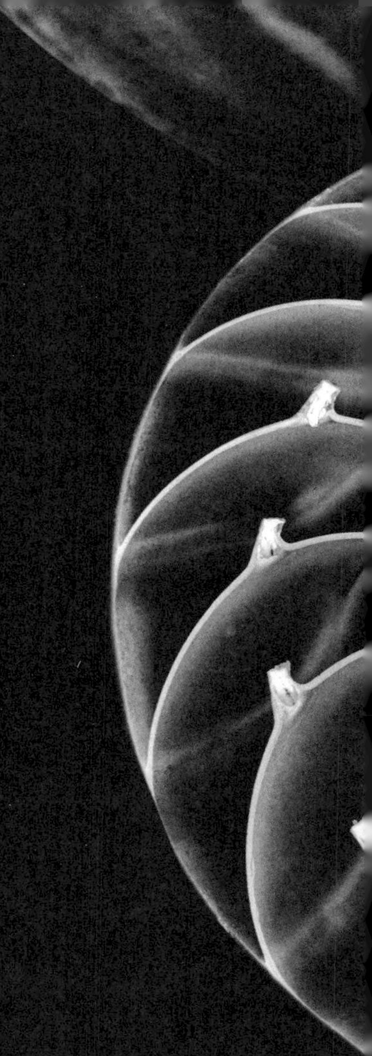

NAUTILUS

DAS PERLBOOT

REICH	Animalia
STAMM	Molluska
KLASSE	Cephalopoda
ORDNUNG	Nautilida
FAMILIE	Nautildae
GATTUNG	Nautilus
ART	*Nautilus pompilius*

In den Sedimentgesteinen des Planeten sind Abdrücke längst verstorbener Land – und Meeresorganismen konserviert – von den frühesten Prokaryoten bis zu modernen und komplex ausgeformten Eukaryoten. Manche dieser Fossilien lassen sich nur sehr schwer deuten, andere hingegen sind wunderbar eindeutig. Die Gruppe der Ammoniten gehört zu den am häufigsten gefundenen und attraktivsten Fossilien. Ihr versteinertes Gehäuse tritt meist als dicht gewundene, gerippte Spirale zutage, deren Durchmesser nach außen breiter wird. Der einst darin behauste weiche Tierkörper ist in der Regel spurlos verschwunden, denn derart zartes Gewebe kann nur durch einen extrem schonenden Prozess der Versteinerung erhalten bleiben.

Vor etwa 66 Millionen Jahren gingen die letzten Ammoniten mit den Dinosauriern zugrunde. Sie waren die letzten Exemplare einer Entwicklungslinie, deren Anfänge fast 420 Millionen Jahren zurückreichen. Nur noch fossile Spuren sind von ihnen erhalten, doch in den Meeren der Erde leben nach wie vor Tiere, die ihnen ähneln. Dazu gehört z. B. das gemeine Perlboot. Dieses Tier treibt und dümpelt, während es Wasser in seine Schale zieht und als scharfen Strahl ausstößt, um sich fortzubewegen. Sein Gehäuse ist ein wunderschöner weiß-rot gebänderter Wirbel, der nicht gerippt ist, sondern glatt. Was man vom weichen Körper dieses Wesens sieht, ist nach menschlichen Maßstäben hingegen eher weniger schön.

Das Maul scheint hauptsächlich aus einem Strauß von Tentakeln oder „Cirren" zu bestehen, die aus der Schalenöffnung herausragen. Diese bilden zwei Büschel, etwa 40 auf jeder Seite. Dazwischen ist manchmal der Trichter (Hyponom) zu sehen, ein kräftiges Saugrohr, durch das Wasser eingezogen und ausgespritzt wird. Hinter den Cirren befindet sich auf jeder Kopfseite ein großes, seltsam fleischiges Auge mit schlitzförmiger Öffnung. Dieses Gesicht, wenn man es denn so bezeichnen kann, wird von der Kopfkappe überragt, einem Keil aus zähem Fleisch, der beim Schwimmen sanft auf- und zuklappt. Nachdem die Cirren in die Schale zurückgezogen wurden, kann sich die Kopfkappe herabsenken und bei Bedarf die Maulöffnung des Tieres verschließen. Die Innenseite des Gehäuses ist mit silbrigem Perlmutt ausgekleidet, und nur das äußere Ende der Spirale birgt den Körper des Tieres. Mit ihm wächst auch sein Gehäuse, das sich – einer logarithmischen Formel gehorchend – spiralförmig nach außen vergrößert. Wird der innerste Teil der Spirale zu klein für das wachsende Tier, verschließt es ihn durch eine sogenannte Kammerscheidewand (Septum). Das Gehäuse eines ausgewachsenen Tieres kann zwölf oder mehr versiegelte Kammern haben, denn Perlboote sind langlebige Kreaturen, die 20 Jahre und älter werden. Die Gehäusekammern sind wasserdurchlässig, und das Perlboot kann seinen Auftrieb regeln, indem es das Verhältnis zwischen Wasser und Gas in den Kammern reguliert.

Perlboote gehören wie die Ammoniten zu den Weichtieren (Mollusken). Zu ihren Verwandten zählen die Gastropoden, also Nacktschnecken und Schnecken, von denen Letztere ein spiralförmiges Gehäuse tragen, und die Muscheln, die ihre beiden Schalenhälften öffnen oder schließen können. Manche von diesen verbringen ihr Leben fest verwurzelt an einem Felsen, während andere sich in Schlamm oder Sand eingraben. Wieder andere schwimmen unbeholfen, indem sie Wasser ausstoßen und mit ihren paarigen Schalen wie mit Flügeln schlagen.

Die nächsten lebenden Verwandten der Perlboote sind jedoch die Kraken *(Octopodidae)*, die echten Tintenfische *(Sepiida)* und die Kalmare. Gemeinsam gehören sie zur Klasse der Cephalopoden oder Kopffüßer. Der Begriff leitet sich von den griechischen Wörtern *kephalos* (Kopf) und *poda* (Füße) her, eine perfekte Beschreibung für einen Kraken. Die längst ausgestorbenen Ammoniten waren ebenfalls Kopffüßer, und obwohl sie eine äußere, spiralförmige Schale anstelle innerer „Knochen" hatten, waren sie mit den anderen Kopffüßer-Gruppen enger verwandt als mit den Perlbooten.

Die Geologie ermöglicht glücklicherweise, dass die sterblichen Überreste von Tieren und Pflanzen versteinert werden können, denn Fossilien sind ein Fenster in die Vergangenheit. Versteinerungen zu erforschen, ist für das Verständnis der Entwicklung des Lebens auf der Erde von entscheidender Bedeutung, allerdings stellt die Fossilisation ein seltenes Ereignis dar, das besondere Bedingungen voraussetzt.

▲ Seite 54–55: Die wunderschöne, in Kammern unterteilte Schale des Perlbootes ist eines der großen Naturwunder. Mit seinen zuerst gebildeten und später versiegelten Kammern kann das Tier seinen Auftrieb regulieren.

LEBENDE FOSSILIEN

Wenn ein Lebewesen stirbt und seine Weichteile verwesen, kommt es vor, dass harte Teile wie etwa die Schale nach und nach unter Schichten von Sedimentpartikeln begraben werden. Über Jahrmillionen lagern sich Schichten übereinander, wobei sich die untersten langsam von weichem Schlamm zu festem Gestein komprimieren. Die darin eingeschlossene Schale bleibt erhalten. Irgendwann sickert Wasser durch das Gestein, und langsam zersetzt sich die Schale. Im Wasser gelöste Mineralien verfestigen sich zu Gestein, welches die nunmehr aufgelöste Schale nachbildet. Es gibt auch noch andere Prozesse, die z. B. Körpergewebe konservieren, doch dieser als Metasomatose bekannte Vorgang ist am häufigsten.

Versteinerung geschieht am häufigsten unter Wasser, weswegen auch mehr fossilierte Wasserlebewesen als Landtiere gefunden werden. Außerdem bilden sich Fossilien nur in halbwegs ruhigen Gewässern, wo sich Sedimente absetzen können. Wenn man das vollständige, gut erhaltene Skelett eines kleinen und zarten Wirbeltiers entdeckt, ist das dennoch etwas Besonderes, denn viele Fossilien werden während des Prozesses beschädigt und brechen.

Trotzdem wurden im Lauf der Jahrhunderte Tausende von Fossilien gefunden, und jedes Jahr werden mehr ausgegraben oder aus Felswänden gemeißelt. Manche Gebiete sind besonders fossilienhaltig, und viele reiche Fossilienlager finden sich heute auf dem Festland, denn die Landmassen der Erde haben sich seit ihrer Entstehung vor Jahrmillionen verschoben.

Um das Alter eines Fossils zu bestimmen, untersucht man in der Regel das Gestein, das es umgibt. Oft wird der radioaktive Zerfall bestimmter dort enthaltener Elemente analysiert. Radioaktive Atome sind von Natur aus instabil und zerfallen, d. h. sie verlieren ein Neutronenteilchen aus ihrem Kern. Dies geschieht mit einer vorhersagbaren Konstanz. Durch die Analyse der Kernstruktur – und damit des Zerfallsstadiums – lässt sich bestimmen, wie lange sie im Gestein waren. Je nach den verschiedenen vorhandenen Elementen können mittels radiometrischer Datierung Milliarden von Jahren alte Gesteine genau bestimmt werden.

▶ Der Bauplan des Perlbootes, so bizarr er uns Menschen auch erscheinen mag, hat sich langfristig gut bewährt.

EINE LANGE LEBENSGESCHICHTE – KURZ ERZÄHLT

Aufgrund ihres massenhaften Aussterbens und großen Fossilienreichtums sind Ammoniten weit bekannter als die Perlboot-Arten von denen es ebenfalls Versteinerungen gibt. Ihre fossile Überlieferung zeigt, dass sie seit mindestens 500 Millionen Jahren in den Ozeanen gelebt haben, auch wenn es heute nur zwei Gattungen mit insgesamt sechs Arten gibt. Die sind sich ziemlich ähnlich, leben ausschließlich im indopazifischen Ozean und ihre Verbreitungsgebiete überschneiden sich kaum. Perlboote sind relativ kleine Tiere, die bequem in zwei Menschenhände passen. Doch sie sind nur selten zu sehen, da sich ihr Vorkommen auf die Abhänge von Korallenriffen in einer Tiefe von 100 – 300 Metern beschränkt.

Die Versteinerungen zeigen, wie zahlreich und vielfältig die Nautiliden einst waren. Es gab Arten mit gerader anstatt vollständig gewundener Schale, und es gab Riesen, die einen Durchmesser von über 2,5 m erreichten. Doch diese Unterschiede waren oberflächlich. Was ihre Anatomie und ihre Lebensweise angeht, haben sich die Nautiliden in den letzten 500 Millionen Jahren kaum verändert und sie werden oft als Beispiele „lebender Fossilien" genannt.

Dabei hat sich ihre Umgebung dramatisch gewandelt. Die frühesten Fische vor etwa 530 Millionen Jahren waren knochen- und kieferlos. Erst vor etwa 450 Millionen Jahren entwickelten die Vorfahren der heutigen Haie und Rochen: knorpelige Fische mit Kiefern. Weitere 50 Millionen Jahre sollten vergehen, bis die ersten Fische mit Knochenskelett in den Meeren der Erde umherschwammen, und mehr als 100 Millionen Jahre, bis die ersten Säugetiere an Land auftauchten. Weitere 49 Millionen Jahre später, kehrten die Säugetiervorfahren der ersten Wale und Delfine schwimmend ins Meer zurück.

Während der Existenz der *Nautliaceae* kam es zu fünf katastrophalen Massenaussterben, zuletzt am Ende der Kreidezeit vor 66 Millionen Jahren. Dieses

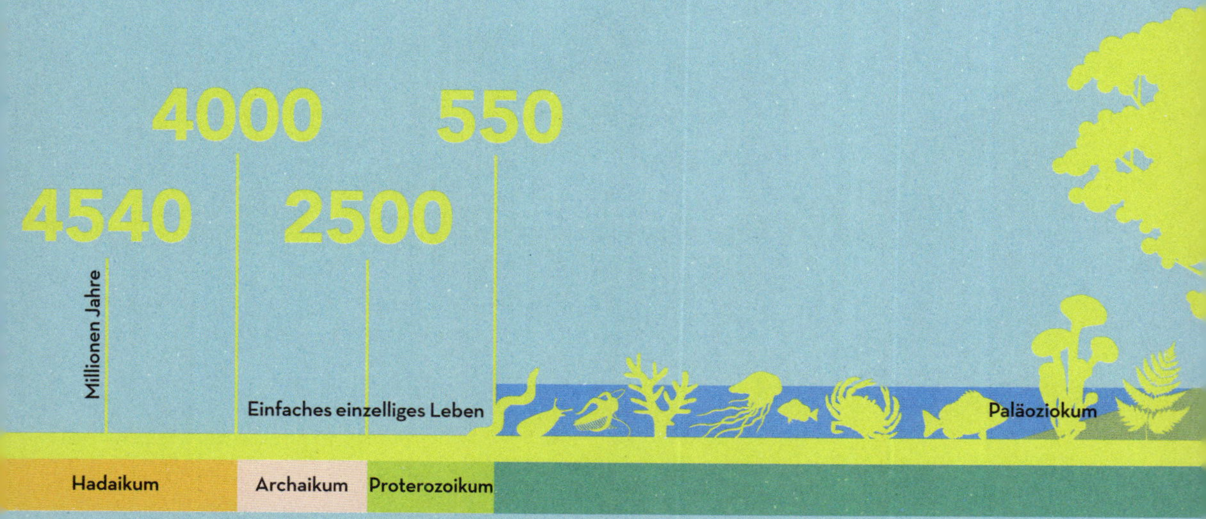

Ereignis tötete nicht nur alle Dinosaurier an Land (mit Ausnahme der Vögel), sondern es hatte auch dramatische Auswirkungen unter Wasser. Ganze Familien wirbelloser Meerestiere und Fische wurden ausgelöscht, darunter sämtliche Ammonitenarten. Wirbellose Tiere, die größere harte Körperteile oder Schalen aus Kalziumkarbonat bildeten, wie Seeigel und Korallen, aber auch Weichtiere wie die Ammoniten, wurden besonders hart getroffen. Grund war wohl, dass der Asteroideneinschlag der das Massensterben verursachte einen lang anhaltenden sauren Regen verursachte. Der damit verbundene Abfall des pH-Wertes in den Ozeanen beeinträchtigte die Fähigkeit dieser Tiere, Kalziumkarbonat zu verwerten und Kalkstrukturen zu bilden. Diese zersetzten sich in saurem Wasser und ließ sie schutzlos zurück. Ihr Niedergang führte wiederum zu einer Hungersnot unter den vielen Raubtieren, die sich von ihnen ernährten.

Eine derart verheerende Veränderung ist nicht spurlos an den Nautiliden vorübergegangen. Zahlreiche Arten und Individuen sind ausgelöscht worden, doch einige haben überlebt. In den Meeren, die plötzlich frei von Ammoniten waren, entstanden neue ökologische Nischen, und es kam zu einer Blüte der Nautilus-Vielfalt, bis auch diese wieder schrumpfte und nur noch die beiden heutigen Gattungen überlebten.

EIN ZEITSTRAHL des Lebens auf der Erde. Die ersten Nautiliden erschienen vor mindestens 500 Millionen Jahren, gegen Ende des Kambriums. Sie haben sich bis heute evolutionär kaum verändert.

DIE TREIBENDE KRAFT DER EVOLUTION

Organismen wie das Perlboot widerlegen scheinbar, dass das Leben auf der Erde in einer ständigen Weiterentwicklung aus seinen ersten einfachen Vorläufern entstanden ist. Über viele Jahrtausende hinweg expandiert das Leben sowie seine Formen, und Funktionen werden komplexer und vielfältiger, wie zahlreiche Fossilien belegen.

Seit den ersten Nautiliden haben die Fische Kiefer und Skelette entwickelt, sie atmeten Luft und eroberten das Land, und ihre Nachkommen diversifizierten sich zu Amphibien, dann zu Reptilien, zu Vögeln und Säugetieren, kurz, zu allen Landwirbeltieren. Schließlich, vor 200 000 Jahren, brachte die Säugetierlinie die Spezies *Homo sapiens* hervor, die heute im Begriff steht, den Planeten selbst umzugestalten.

Die Kräfte der Evolution wirken auf alle Lebewesen, auch auf diejenigen Organismen, die sich asexuell vermehren, indem sie sich selbst klonen oder sich wie Einzeller einfach entzweiteilen. Aber warum verändert die Evolution manche Arten innerhalb weniger Jahrtausende dramatisch, während andere über gewaltige Zeiträume hinweg fast unverändert bleiben?

Evolution ist ein Prozess ständiger Verfeinerung – nicht für einzelne Individuen, aber für ihre Bestände. Sie beruht auf vier Grundprinzipien:

- In einer Population von Organismen derselben Art gibt es **individuelle Variationen von Merkmalen** (z. B. Größe, Farbe oder Instinktverhalten).

TIE ERSTEN TETRAPODEN (Wirbeltiere mit vier Gliedmaßen) entstanden vor ca. 385–360 Millionen Jahren aus den Fleischflossern. Ihre dramatische und schnelle Entwicklung steht in auffälligem Kontrast zur konstant bleibenden Körperform der Nautiliden.

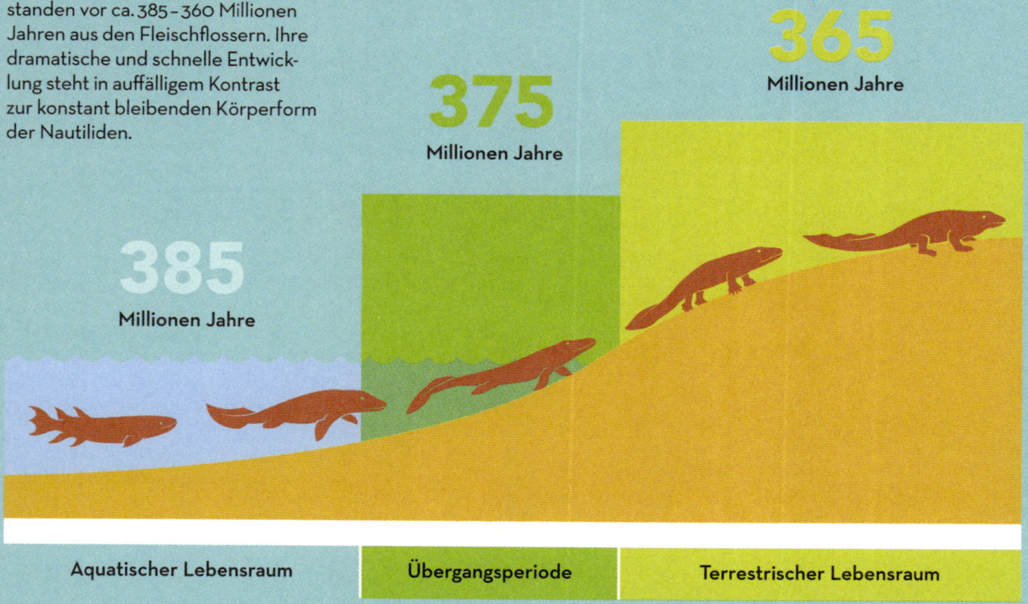

◀ Detailreiches Fossil eines Trilobiten. Diese vor 530–250 Millionen Jahren lebenden Meeres-Gliederfüßer (Arthropoden) waren äußerst erfolgreich und vielfältig.

– Diese äußeren Unterschiede (phänotypische Variationen) sind **eine Folge der Expression (des Ausdrucks) unterschiedlicher Gene** (genotypische Variation) und werden somit bei der Fortpflanzung weitergegeben.

– Während des Fortpflanzungsprozesses können **spontane Fehler (Mutationen) bei der Genreplikation auftreten**. So können Nachkommen neue Genvarianten tragen, die ihre Eltern nicht hatten.

– Nur **die am besten zum Überleben und zur Fortpflanzung geeigneten** Individuen erreichen die Geschlechtsreife und geben ihre besondere Genkombination erfolgreich an eine neue Generation weiter.

Gemäß dieser Prinzipien passt sich die Population besser an ihre Umwelt und deren dynamische Einflüsse an. Da fehlende Anpassung mit dem Tod bestraft wird, besteht beständiger Anpassungsdruck. Beutetierarten entwickeln sich dahingehend, dass sie sich immer besser vor Raubtieren verstecken oder ihnen entkommen können, während Raubtiere diese Verteidigungsmaßnahmen immer besser umgehen. Verändert sich ein Lebensraum, wird er z. B. kühler, heißer, feuchter oder trockener, müssen sich die darin lebenden Organismen auch verändern. Populationen die sich nicht schnell genug anpassen, sterben zwangsläufig aus, während andere aufgrund der veränderten Bedingungen aufblühen.

WIE AUS ZUFALL ORDNUNG ENTSTEHT

Im Wesentlichen funktioniert Evolution so, dass auf beliebig und zufällig entstandene Genvarianten Druck in eine bestimmte Entwicklungsrichtung ausgeübt wird. Diesem Prozess waren von jeher alle Lebewesen unterworfen und sind es bis heute. Das gesamte Genom eines Archaeons, eines Urbakteriums, enthält höchstens 1000 Gene, das des Menschen hingegen zwischen 20000 und 25000. Dabei kann potenziell jedes Gen im Laufe seiner Vervielfältigung mutieren und dadurch seine Funktion ändern. Das Genom enthält auch sogenannte nichtcodierende DNA, die keine Anweisungen für die Herstellung von Proteinen enthält. Zu ihren Funktionen gehört die Herstellung von RNA-Formen, die nicht für den Aufbau von Proteinen verwendet werden. Darüber hinaus hat ihr zweifelhafter Zweck zu ihrem Namen „Junk-DNA" (Müll-DNA) geführt.

Der Begriff „Mutation" ist oft negativ besetzt, und tatsächlich sind viele genetische Mutationen schädlicher Natur.

So verändert die Mutation eines bestimmten Gens im menschlichen Chromosom 11 die Struktur eines Proteins namens Tyrosinase. Dieses Protein ist ein Enzym, das den Zellen hilft, das dunkle Pigment Melanin zu produzieren, das Haut, Augen und Haaren ihre Farbe verleiht. Bei Menschen mit einer mutierten Version des Gens funktioniert die Tyrosinase nicht richtig und damit die Melanin produzierenden Zellen auch nicht. So haben diese weiße Haare und Haut sowie rosafarbene Augen, da die Blutgefäße der Netzhäute sichtbar werden.

Neben einem auffälligen Erscheinungsbild ist ihre Sehkraft beeinträchtigt, und sie sind extrem empfindlich gegenüber Sonnenlicht, was das Überleben nicht gerade fördertt. Selbst in den modernen Gesellschaften der Nordhalbkugel haben es Menschen mit Albinismus schwer.

Doch was wäre, wenn sich unsere Lebensbedingungen plötzlich dahingehend ändern würden, dass diese Merkmale weniger schädlich oder vielleicht sogar nützlich wären? Stellen Sie sich eine Gemeinschaft von Menschen vor, die gezwungen ist, in schlecht beleuchteten unterirdischen Höhlensystemen zu leben, voller gefährlicher Abgründe und Schlünde. Hier wäre Empfindlichkeit gegenüber grellem Licht kein Problem. Ein Albino-Mensch mit strahlend weißer Haut, die auch bei sehr schwachem Licht auffällt, wäre vielleicht weniger gefährdet, vom Rest der Gruppe getrennt zu werden und tödlich abzustürzen. Die äußeren Faktoren, die eine Population umgestalten, werden als Selektionsdruck bezeichnet, und ihr Ergebnis ist die natürliche Auslese: das Überleben und die Vermehrung derjenigen, die am besten an ihre Umgebung angepasst sind.

▶ Albinismus kann alle Menschen betreffen, aber dieser Phänotyp ist besonders auffällig, wenn er in Populationen von Menschen auftritt, die von Natur aus dunkelhäutig sind.

MUTATIONEN & VERERBUNG

Wenn ein Mensch mit Albinismus Kinder zeugt, ist die Wahrscheinlichkeit groß, dass diese normal pigmentiert sind. Das liegt daran, dass Albinismus rezessiv vererbt wird und nur dann zum Ausdruck kommt, wenn jemand die Albino-Version des Gens auf beiden Kopien des Chromosoms 11 trägt. Wenn diese Genversion (ein sogenanntes Allel) nur auf einem Chromosom vorhanden ist und auf dem anderen das dominante Allel für konventionelle Pigmentierung liegt, wird die betreffende Person auch eine konventionelle Pigmentierung haben, obwohl sie Träger des Albino-Allels ist. Ihre äußere Erscheinung (Phänotyp) gleicht einer Person mit zwei Allelen für konventionelle Pigmentierung, ein Unterschied ist nur in den Genen, also am Genotyp, erkennbar. Ein Träger des Gens kann immer noch Albino-Kinder haben, aber nur, wenn der andere Elternteil ebenfalls ein Träger oder eine Person mit

Albinismus ist. Der simple Mechanismus, nach dem dominante und rezessive Versionen eines Allels vererbt werden, entdeckte man im 19. Jahrhundert. Die Realität ist aber oft komplizierter, da Allele auch teilweise dominant (kodominant) sein können. Allerdings werden nur sehr wenige Merkmale beim Menschen durch ein einziges Gen bestimmt. Albinismus stellt eine Ausnahme dar, doch es gibt dennoch mehrere Arten davon. Die Hautpigmentierung beim Menschen ist sehr variabel und wird von mehreren Genen bestimmt. Die evolutionäre Veränderung der meisten Merkmale – bei Menschen und anderen Organismen – geht daher meist langsam vonstatten.

Dabei gibt es weder Absicht noch Plan, und Mutationen, die zu Variationen führen, sind zufällig. In der Natur lassen sich leicht Situationen finden, in denen bestimmte anatomische Veränderungen einer Spezies wahrscheinlich große Vorteile brächten. Was wäre, wenn Affen wie Vögel von Baum zu Baum fliegen könnten, anstatt klettern und springen zu müssen? Oder wenn Giraffen ihre Hälse einzögen, um besser zu laufen? Was, wenn Delphine Kiemen entwickelten, sodass sie zum Atmen nicht mehr auftauchen müssten? All dies könnte man als nützliche Eigenschaften ansehen, aber die Evolution liefert nicht, was benötigt wird. Sie erhält und verfeinert lediglich funktionierende Eigenschaften, alles andere wird gnadenlos aussortiert.

◄ Von Baum zu Baum fliegen oder springen? Die Evolution bringt unterschiedliche Lösungen für ein und dasselbe Problem hervor, je nachdem, welche Ausgangsvoraussetzungen vorhanden sind.

EIN KIND ERBT von jedem Elternteil jeweils die Hälfte seiner Gene. Wenn also ein einzelnes Gen ein dominantes (blau dargestellt, B) und ein rezessives Allel (gelb dargestellt, y) hat, erbt das Kind eine von vier möglichen Kombinationen, obwohl es nur zwei mögliche Phänotypen gibt (da beide, BB und By, den dominanten Phänotyp zeigen).

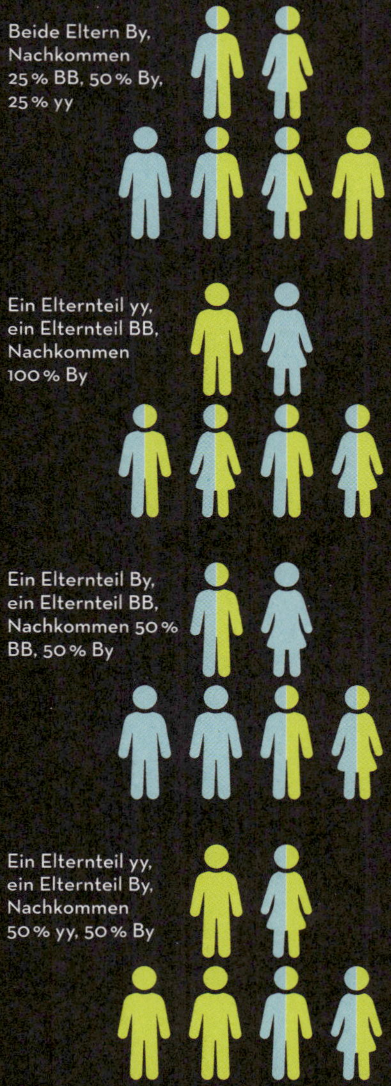

DIE EIGENE NISCHE

Evolutionäre Veränderungen sind durch Umweltveränderungen bedingt. In der Natur gehen Umweltveränderungen großen Maßstabs meist eher graduell vonstatten, und durch natürliche Selektion passen sich viele Arten an. Auf plötzliche Veränderungen hingegen kann die Evolution nicht reagieren. Infolgedessen sterben viele Arten aus und hinterlassen ökologische Nischen für diejenigen Überlebenden, die sich anpassen können. Das Massenaussterben am Ende der Kreidezeit rottete alle großen Landtiere, hauptsächlich Dinosaurier, aus. Als sich der Planet erholte, entwickelten sich neue Arten großer Landtiere, die nun von den Nischen der ausgestorbenen Arten profitierten.

Jedes Lebewesen hat und braucht eine ökologische Nische. Seine überlebenswichtigen Ressourcen müssen für es zugänglich sein. Die Nische mancher Tiere ist extrem breit angelegt. So gibt es in den meisten menschlichen Städten auch tierische Einwohner: vielseitige und schlaue Allesfresser, die in diesen höchst unnatürlichen und modifizierten Räumen leben können. Viele andere Lebewesen sind ausgeprägte Spezialisten, angepasst an ebenso enge wie bizarre Nischen, wie etwa parasitäre Wespen, die ihre Eier nur auf die lebenden Raupen einer bestimmten Mottenart legen, oder der Riesenpanda, der mit seinem Raubtiergebiss fast nur Bambus frisst.

In verschiedenen Gegenden der Welt leben unterschiedliche Gemeinschaften von Lebewesen, doch die verschiedenen Nischen neigen dazu, sich recht großzügig zu überlappen. In den meisten Wäldern gibt es z. B. eine Nische für Tiere, die am Boden leben, und systematische wirbellose Beute in Laubstreu und Oberboden aufspüren. In Nordamerika wird diese vom Silberdachs und von verschiedenen Stinktierarten besetzt; in Westeuropa sind es der Igel und der europäische Dachs, der sich jedoch deutlich von seinem amerikanischen Vetter unterscheidet. In Australien gibt es die langschnäbligen Ameisenigel und Nasenbeutler, während in Neuseeland der Kiwi, der vogeluntypischste aller Vögel, diese Säugetiere mit spitzer Nase ersetzt. Die Evolution hat sogar seine Nasenlöcher von der für Vögel üblichen Stelle nahe der Stirn nach unten an die Spitze seines langen, empfindlichen Schnabels verlegt.

Umweltveränderungen betreffen allerdings auch Nischen. Wird ein Wald gerodet, verlieren die in der Laubstreu stöbernden Sammler ihre Nische vollständig, wird der Wald aber durch Häuser und Gärten ersetzt, wird diese zum Teil ersetzt. Dennoch können sich vielleicht einige Tiere nicht an die neue Situation anpassen. Diejenigen, denen es gelingt, werden sich irgendwann von ihren waldbewohnenden Vorfahren unterscheiden, denn die natürliche Auslese verfeinert die Merkmale, die in der neuen Nische am gefragtesten sind.

Wenn eine Art ausstirbt, verschwinden auch alle in oder auf ihr lebenden Parasiten, es sei denn, sie können sich an einen neuen Wirt anpassen. DNA-Studien zeigen, dass die Filzlaus, die sich gerne in der menschlichen Leistengegend niederlässt, einen gemeinsamen Vorfahren, nämlich die Gorilla-Laus, hat. Vor drei Millionen Jahren lebten Menschen also nahe genug mit Gorillas zusammen, sodass deren Läuse auf die haarigen Zonen des Menschen überspringen konnten oder umgekehrt. Seither hat die Evolution aus Menschen-Gorilla-Läusen zwei verschiedene Arten gemacht. Während die Gorillas (und ihre Läuse) nun unmittelbar vom Aussterben bedroht sind, hat die Filzlaus Milliarden menschlicher Leisten zur Auswahl.

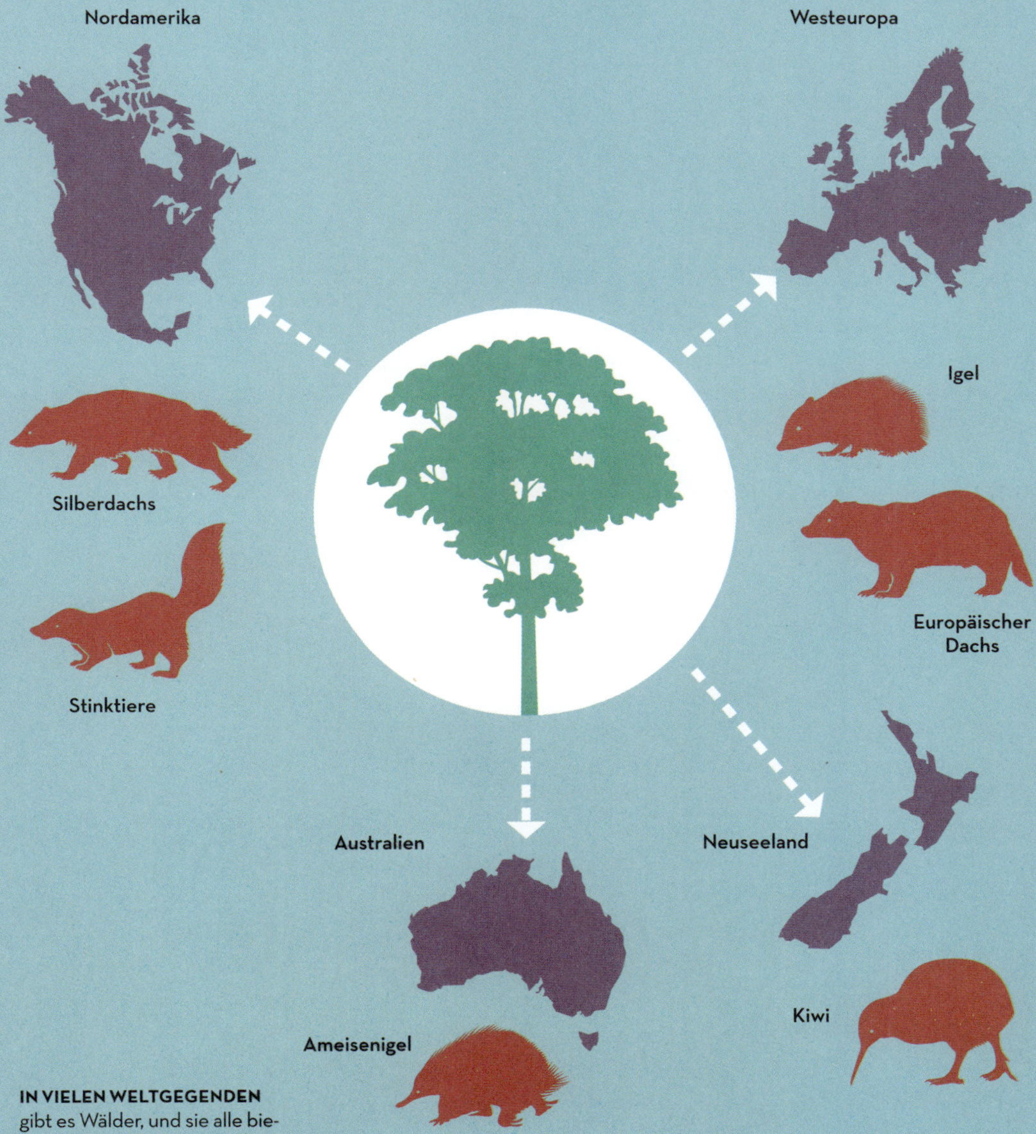

IN VIELEN WELTGEGENDEN gibt es Wälder, und sie alle bieten Nischen für Tiere mit Spürnasen, die im Laub auf dem Boden nach Nahrung suchen. Aufgrund ihrer gemeinsamen Lebensweise hat die natürliche Auslese diesen sehr unterschiedlichen Tieren ähnliche Körperformen und Funktionen verliehen.

STASIS & DRIFT

▶ Die moderne Quastenflosser-Gattung Latimeria wurde nach Marjorie Courtenay-Latimer benannt, einer Kuratorin am naturkundlichen East London Museum in Südafrika. Sie studierte das erste Quastenflosser-Exemplar aus dem Westindischen Ozean und entdeckte dessen Einzigartigkeit und Wert für die Wissenschaft.

Eine Evolution sorgt dafür, dass sich Arten immer besser an ihre Nischen anpassen. Wenn sich diese aber selbstständig ändern, muss sich die Evolution beschleunigen, und das Risiko auszusterben, nimmt zu. Ausmaß und Tempo von Veränderungen auf der Erde variieren. Manche Umgebungen sind stabiler als andere; die Tiefsee gehört zu den stabilsten. Die Tiefen der Ozeane sind geschützt vor Wettereinflüssen, während ihr riesiges Volumen Temperaturschwankungen absorbiert und Schadstoffe verdünnt. Wo sich die Umwelt über lange Zeiträume kaum verändert, gibt es wenig Selektionsdruck für adaptive Veränderungen, und wenn eine Lebensweise in der Tiefsee vor 500 Millionen Jahren gut funktioniert hat, gilt das mit ziemlicher Sicherheit noch heute.

Es ist kein Zufall, dass einige der „lebenden Fossilien" dieser Erde Tiere der Tiefsee sind, auch wenn sich manche davon mehr verändert haben, als auf den ersten Blick scheint. Man nahm an, dass die Quastenflosser, eine Ordnung der Fleischflosser, deren fossile Überlieferung bis vor 400 Millionen Jahren zurückreicht, vor etwa 66 Millionen Jahren ausstarben, und dass sie sich während ihres 334 Millionen Jahre währenden Daseins kaum veränderten. Doch 1938 sorgte die Entdeckung des Komoren-Quastenflossers für Aufsehen unter Paläontologen. Studien haben seitdem gezeigt, dass es unter den ausgestorbenen Quastenflossern weit mehr Variationen gab, als man ursprünglich annahm. Da immer mehr fossile Arten entdeckt wurden, weiß man, wie häufig und vielfältig die Ordnung einst war.

Nicht alle Veränderungen, die im Laufe der Zeit in der Abstammungslinie eines Organismus auftreten, sind auf Anpassung zurückzuführen. Durch das Phänomen der Gendrift können sich Populationen auch ohne Selektionsdruck stark verändern. Genetische Mutationen bringen neue Allele hervor, die das Überleben begünstigen oder erschweren. Manchmal haben sie auch gar keine besondere Auswirkung. Der Zufall entscheidet, ob die neuen Allele an die nächste Generation weitergegeben werden oder nicht, doch wenn sie sich vermehren, können sie einen bedeutenden Langzeiteffekt haben.

Diese Gendrift ist ein wichtiger Faktor bei der Artbildung, wenn sich eine Art in zwei Arten aufspaltet. Wenn zwei Populationen derselben Art voneinander isoliert werden, neigen sie dazu, sich im Laufe der Zeit zunehmend zu unterscheiden. Anpassungen durch natürliche Selektion spielen dabei genauso, wie die Zufallseffekte der Gendrift eine Rolle. Der Effekt wird verstärkt, wenn sich die Kombination der Allele beider Populationen deutlich unterscheidet. Ist eine oder beide Populationen anfangs sehr klein, dann prägt sich die Tendenz zukünftiger Generationen, genetisch stark zu divergieren, noch stärker aus. Man spricht dann vom Gründereffekt. Leichte Variationen in Farbe und Muster

der verschiedenen Nautilusarten lassen sich vielleicht plausibler durch Gendrift erklären als durch natürliche Selektion.

▲ Dieser ausgezeichnet erhaltene fossile Quastenflosser weist offensichtliche anatomische Ähnlichkeiten zu seinem heutigen Verwandten auf und führte wahrscheinlich eine ähnliche Lebensweise. Ob er jedoch die gleiche schöne Färbung aufwies, darüber muss spekuliert werden.

EPIGENETIK

Im 19. Jahrhundert, als Charles Darwin und andere Biologen an der Theorie der Evolution durch natürliche Selektion arbeiteten, war eine andere relativ weit verbreitet. Der Lamarckismus war nach dem französischen Biologen Jean-Baptiste de Lamarck benannt worden, obwohl dessen Prinzipien eigentlich nur einen Bruchteil der Vorstellungen ausmachten, die er über die Evolution vertrat. Die Theorie besagt, dass Organismen während ihres Lebens aktiv neue Eigenschaften je nach Bedarf erwerben können. So wäre es möglich, dass die Vorfahren der Giraffen ihren Hals durch Streckung vergrößert und verstärkt haben, um höhere Blätter zu erreichen. Diese Veränderung hätten sie dann an ihre Nachkommen vererbt. Tatsächlich können durch die Art und Weise, wie ein Körperteil genutzt wird, gewisse Modifikationen daran vorgenommen werden. Menschliche Gewichtheber und andere Sportler sind der Beleg für diese These. Bei Säugetieren können Bewegung bzw. Bewegungsmangel u. a. Muskelgröße, Knochendichte, Herzfrequenz und das Lungenvolumen beeinflussen. Auch bei anderen Tieren gibt es Beispiele für das Verschwinden nicht benötigter Fähigkeiten und Körperteile. Blinde Höhlensalmler etwa leben in dunklen Tümpeln, sind augenlos und weisen keine Körperpigmentierung auf, während andere Populationen der gleichen Art, die im Licht leben, normale Augen und Farbe haben.

GENE können durch Interaktionen zwischen drei Komponenten aktiviert oder deaktiviert werden – der DNA selbst, den Histonproteinen, um die sich die DNA-Stränge wickeln, und verschiedenen Klassen anderer Moleküle, die aus der Nahrung stammen oder als Reaktion auf bestimmte körperliche Belastungen gebildet werden.

Epigenetische Vorgänge werden durch äußere Faktoren wie Moleküle in der Nahrung oder Umweltchemikalien verursacht, die auf bereits gebildete Chromosomen einwirken.

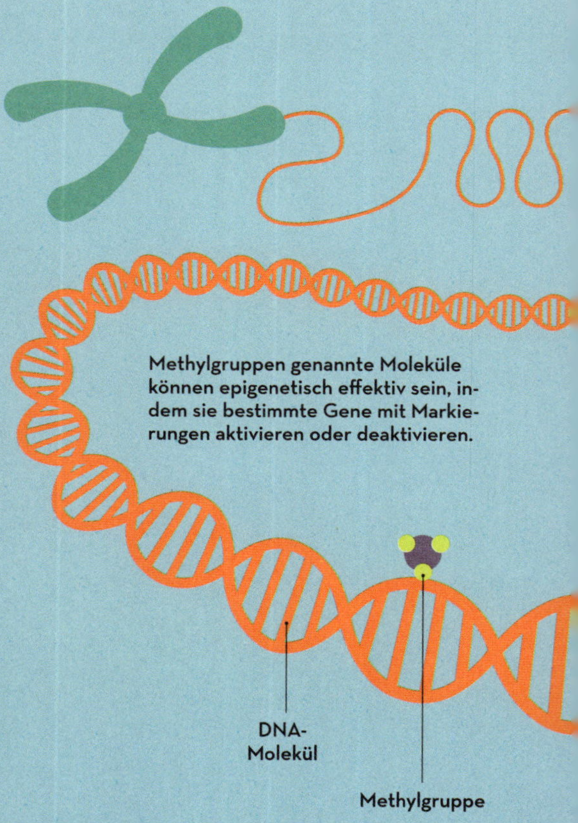

Die meisten Biologen sind jedoch der Ansicht, dass Eigenschaften, die ein Tier zu Lebzeiten erworben hat, nicht genetisch an den Nachwuchs weitergegeben werden können und dass Merkmale wie die Blindheit bei Höhlenfischen stattdessen durch Mutation und natürliche Selektion entstanden sind. Ein nutzloses Augenpaar zu entwickeln und zu erhalten, verschwendet körperliche Ressourcen. Fische mit kleineren als den normalen Augen hätten demnach einen Überlebensvorteil gehabt.

Der Lamarckismus wurde jahrelang abgelehnt und lächerlich gemacht, doch heute gibt es zunehmend Hinweise, dass manche erworbenen Merkmale genetisch vererbt werden können, weil sie durch eine Veränderung der Genexpression entstehen und nicht durch Mutationen an den Genen selbst. Diese können durch Hinzufügung chemischer Markierungen (DNA-Methylierung) „ein- oder ausgeschaltet" werden, und unter bestimmten Voraussetzungen bringen Enzyme die entsprechenden Methylgruppen an den DNA-Strängen an. Normalerweise werden die Markierungen entfernt, wenn der Organismus seine Ei- oder Samenzellen (Gameten) bildet, aber die Forschung hat gezeigt, dass sie manchmal in die Gameten übertragen und so von der nächsten Generation ererbt werden.

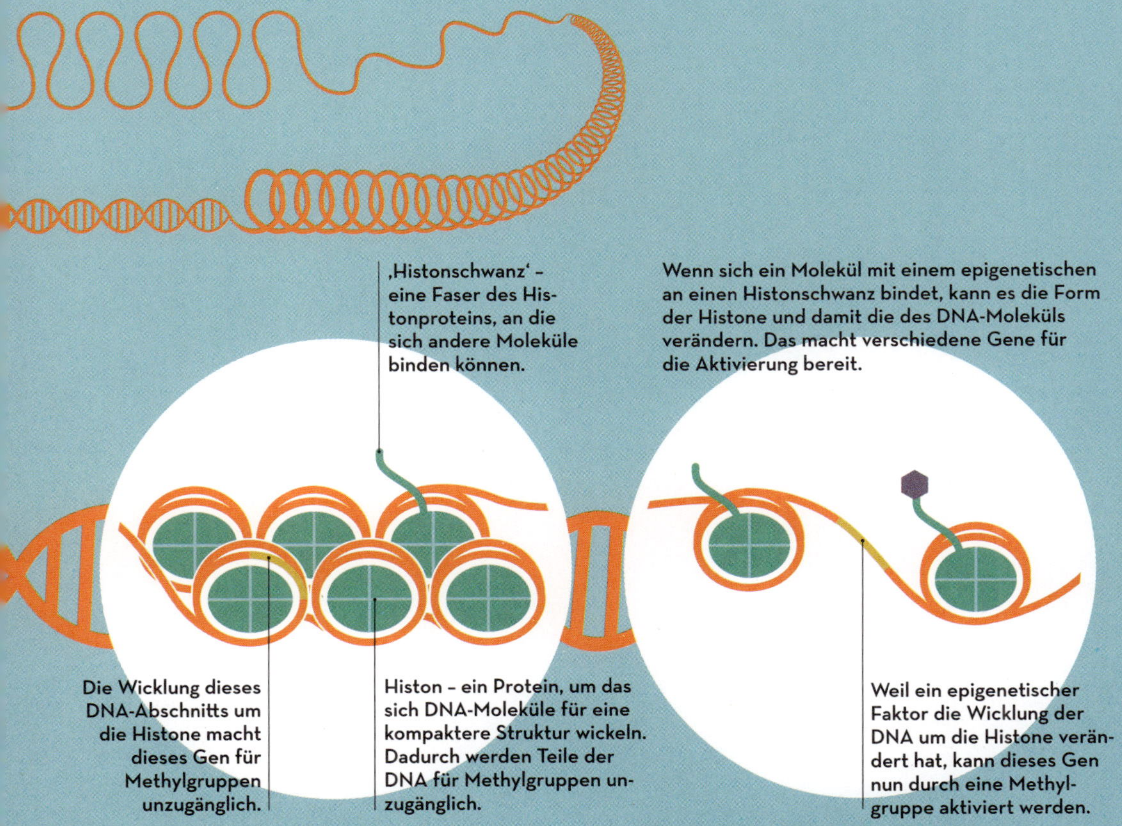

ZEITLICHE GRENZEN

Obwohl die Erforschung noch in den Kinderschuhen steckt, gibt es bereits Daten zur menschlichen Epigenetik. Im Winter 1944 – 1945, gegen Ende des Zweite Weltkriegs, besetzten deutsche Truppen die Niederlande. Sie errichteten Blockaden, die einige Städte von Lebensmitteln und Brennstoff abschnitten. Das führte zu einer schrecklichen Hungersnot, der etwa 20 000 Zivilisten zum Opfer fielen. Babys, die dieser Hungersnot im Mutterleib ausgesetzt waren, entwickelten lebenslange Gesundheitsprobleme. Das ist an sich nicht überraschend, doch als diese Babys heranwuchsen und selbst Nachwuchs bekamen, hatten einige ihrer Kinder die gleichen

DER MENSCHLICHE FORTSCHRITT geht auf Kosten anderer Wirbeltiere, wobei das Artensterben bereits kurz nach der Industrialisierung rapide zunahm. Fast allen anderen Lebensformen ergeht es ähnlich.

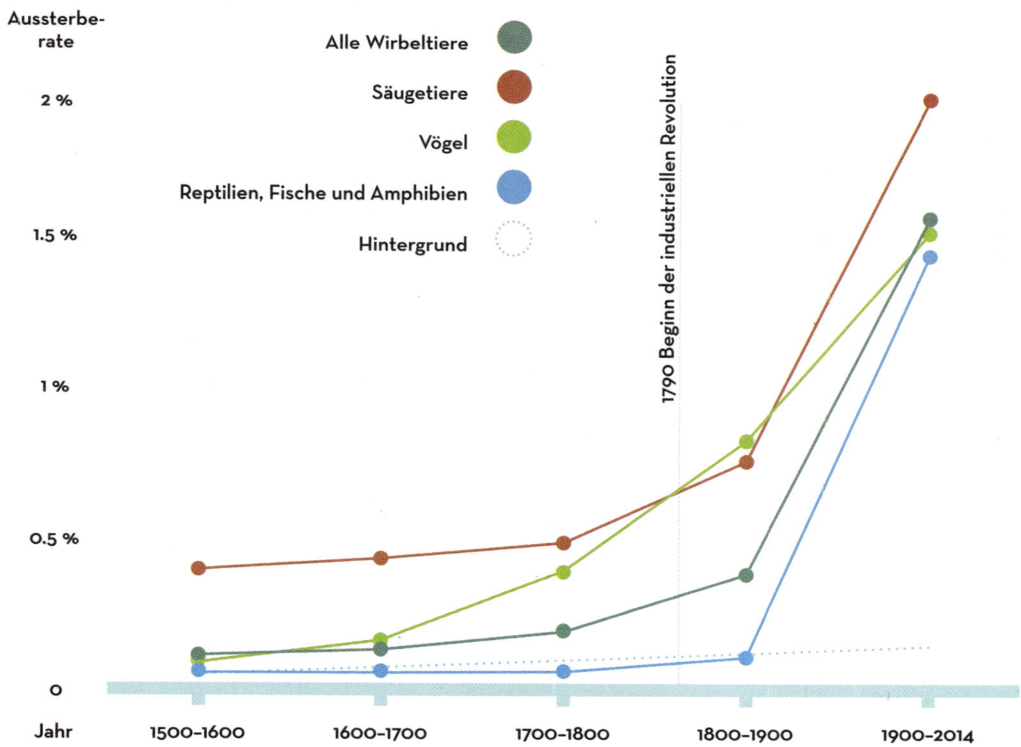

◀ Das Perlboot wird zum Opfer geistloser Begierden – seine Schalen sind ein hübsches Souvenir.

Probleme, obwohl sie in der Gebärmutter nie den gleichen Bedingungen ausgesetzt waren. Wie sich herausstellte, hatte das Erbgut der Enkelkinder das gleiche Muster der DNA-Methylierung wie das ihrer Mütter.

Der globale Einfluss epigenetischer Effekte auf die Evolution bleibt eine der großen Unbekannten für die wissenschaftliche Biologie. Sowohl Epigenetik als auch Gendrift sind wesentlich rätselhafter als die Evolution durch natürliche Selektion. Die Wissenschaft widmet sich beidem, aber die Zeit, in der wir das Leben unseres Planeten erforschen können, läuft uns davon. Ein sechstes, vom Menschen ausgelöstes Massenaussterben ist bereits im Gange, und obgleich die Auswirkungen mancherorts schneller zu spüren sind, ist kein Lebensraum vor den drohenden Schäden sicher, nicht einmal die tiefste See.

Menschliche Aktivität macht die Meere zunehmend lebensfeindlich, und die Tage der alten Nautiliden könnten damit gezählt sein. Das langsam in seinem Kammergehäuse treibende Perlboot, das mehr oder weniger unverändert in einem bis dahin gleichen Lebensraum gelebt hat, ist jetzt wirklich in Gefahr. Ursache sind Umweltverschmutzung, Klimawandel und andere Begleiterscheinungen einer hoch entwickelten und ressourcenhungrigen Welt. Zusätzlich wird es von Jägern ins Visier genommen, die es auf die Schönheit seiner Schale abgesehen haben. Die Nachfrage nach schönen, wenn auch leeren und leblosen Perlbootschalen mag größer sein als der Wunsch, die Geheimnisse der lebenden Tiere zu verstehen und sie und ihren Lebensraum so lange wie möglich zu bewahren. Nur eine rasante Anpassung entweder der Perlboote oder aber ihrer menschlichen Fressfeinde kann sie noch retten. Doch ausgehend von den letzten 500 Millionen Jahren ist eine schnelle Anpassung nicht gerade die Stärke der Art. Es liegt also an uns, etwas zu ändern.

4

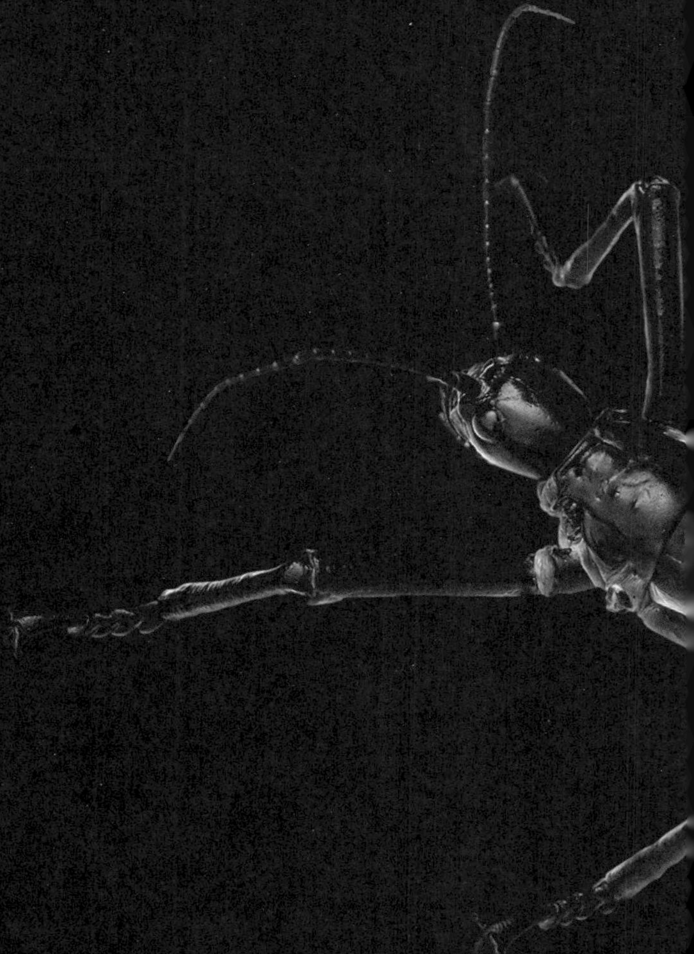

GESPENST-SCHRECKEN

DER BAUMHUMMER

REICH	Animalia
STAMM	Arthropoda
KLASSE	Insecta
ORDNUNG	Phasmatodea
FAMILIE	Phasmatidae
GATTUNG	Dryococelus
ART	*Dryocoelus australis*

Dies ist die wundersame Geschichte von einem großen Insekt und einem winzigen Eiland. Die zerklüftete Felsnadel von Ball's Pyramid ragt steil aus dem Pazifik hervor. Im Profil erinnert dieser vulkanische Brandungspfeiler an einen Baumstumpf oder an den ruinösen Zahn eines urzeitlichen Raubtieres. Nur auf diejenigen, die ihr Können, ihre Kraft und Nerven beim Erklettern der schroffen Felsformation erproben wollen, mag die Insel einladend wirken.

Genau so ein Schlag Menschen, eine Gruppe begeisterter Kletterer, getrieben von ihrer Leidenschaft für kalten, leblosen Fels, war es dann auch, die hier 1964 eine der bemerkenswertesten biologischen Entdeckungen des 20. Jahrhunderts machten.
Die australische Seilschaft scheiterte kurz vor dem Gipfel von Ball's Pyramid, denn raues Wetter und Vorratsmangel zwangen sie nach fünf Tagen zur Umkehr. Obschon sich die Felsnadel als äußerst unwirtlich für Menschen erwies, fiel einem Mitglied der Gruppe ein großes, totes Insekt auf. Erstaunlich war sowohl seine Größe als auch seine bloße Präsenz auf diesem beinahe nackten Felsen, und es wurde fotografiert.

Das tote Insekt war eine Phasmide aus der Ordnung Phasmatodea. Diese Gruppe umfasst mehr als 3000 Arten von Stab- und Gespenstschrecken, von denen viele die Vegetation, in der sie leben, verblüffend genau imitieren. Dieses Exemplar war jedoch nicht etwa spindeldürr wie viele seiner Verwandten, sondern ein stämmiges, schwarz glänzendes Biest, länger als eine menschliche Handfläche und schwerer als eine Waldmaus.

Das Insekt sah dem ausgestorbenen „Baumhummer" *(Dryocoelus australis)* verblüffend ähnlich, einer Gespenstschrecke, die auf der 20 km nordwestlich gelegenen Lord-Howe-Insel gelebt hatte. Die Art war um das Jahr 1920 von auf der Insel eingeschleppten Schiffsratten ausgerottet worden. Die Entdeckung legte nahe, dass Baumhummer einst nicht nur auf der Lord-Howe-Insel lebten, sondern dass sie auch Ball's Pyramid erfolgreich besiedelt hatten. Schließlich wurde eine gezielte Suchaktion gestartet, um lebende Exemplare der rätselhaften Schreckenart zu finden. Die Suche konzentrierte sich auf einen einsamen Myrtenstrauch (*Melaleuca howeana*), eine Art, die auf der Lord-Howe-Insel und den dazugehörigen Eiländern endemisch vorkommt. Dieser Strauch war die einzige größere Pflanze auf Ball's Pyramid. Er hatte sich aus einem Samen entwickelt, der in eine Felsspalte gelangt war, und im Laufe der Jahre dank des aufgefangenen Regenwassers kräftig wuchs. Eine nächtliche Inspektion des Blattwerks offenbarte schließlich eine winzige Population von 24 lebenden, gesunden *D. australis*.

Um 2003 kam eine weitere Expedition auf das Eiland und sammelte jeweils zwei Männchen und Weibchen. Die Absicht war, eine Population in Gefangenschaft zu züchten, um die Art vor dem Aussterben zu bewahren. Gleichzeitig sollten genügend Insekten gezüchtet werden, um sie wieder auf der Lord-Howe-Insel aussetzen zu können. Zuerst galt es jedoch, die dort eingeschleppten Ratten loszuwerden.

Organismen wie der Baumhummer, die als ausgestorben galten und dann wiederentdeckt wurden, bezeichnet man nach der biblischen Geschichte von Lazarus, den Jesus in einer eindrücklichen Demonstration seiner Wunderkräfte von den Toten auferweckte, auch als „Lazarus-Arten". Natürlich waren diese Arten im Gegensatz zu Lazarus nie tot, sondern nur unauffindbar. Die Geschichte von Lazarus wäre aber weit weniger beeindruckend, wenn Jesus ihn nur in seinem Versteck gefunden hätte.
Neben Lazarus-Arten kann es auch entsprechende Gattungen, Familien usw. geben. Das auffälligste Merkmal vieler Lazarus-Taxa ist, dass sie lange Zeit, manchmal Hunderte von Jahren, als verschollen gelten und dann oft in der Nähe des Ortes wiederentdeckt werden, den man für ihre einzige Heimat hielt.

▲ Seite 76–77: Auffallend groß und verschwindend selten – der Baumhummer wurde nur durch eine geografische Besonderheit und eine glückliche Zufallsentdeckung vor dem Aussterben bewahrt.

LAZARUS-TAXA

Kein Ort der Erde ist vor plötzlichen ökologischen Veränderungen gefeit, und das Auftauchen des modernen Menschen erhöht das Risiko einer Katastrophe. Für die Lord-Howe-Insel kam das Unglück in Gestalt der SS *Makambo*. Der Dampfer lief am 15. Juni 1918 am Nordrand der Insel auf Grund. Nach neuntägigen Reparaturen setzte das Schiff seinen Weg fort.

Doch die *SS Makambo* hinterließ ein schreckliches Vermächtnis. Wie bei den meisten Schiffen damals, waren Menschen nicht als einzige Säugetiere an Bord, und während der Dampfer auf Grund lag, gelangten Schiffsratten auf die Insel. Nun sollte die Lord-Howe-Insel ein Schicksal erleiden, wie es schon viele andere Insel-Ökosysteme vor und nach ihr ereilt hat: die Einwanderung eines hoch effizienten und konkurrenzfähigen Raubtiers in ein kleines, begrenztes und seit vielen Jahrtausenden isoliertes Ökosystem.

Die Ratten verhielten sich wie man es von ihnen erwartet. Sie fanden Unterschlupf und Nahrung, vermehrten sich und gediehen. Da es auf der Insel

keine einheimischen Ratten gab und außer einer Fledermausart auch sonst keine Säugetiere, hatten weder die heimischen Vögel noch die wirbellosen Tierarten wirksame Strategien entwickelt, um sich dem tödlichen Zugriff der Ratten zu entziehen. Innerhalb weniger Jahre hatten diese den Lord-Howe-Graufächerschwanz, die Inseldrossel, den Brillenvogel, den Star und den Baumhummer ausgerottet.

Inselökosysteme sind unglaublich anfällig für Ereignisse wie diese, und der Mensch ist direkt für das Aussterben zahlreicher Arten, die endemisch auf kleinen Inseln vorkommen, verantwortlich. Bereits lange vor Ankunft der Ratten hatten Menschen auf der Lord-Howe-Insel eine endemische Taube und ein Sumpfhuhn bis zur Ausrottung gejagt.

Das von den Ratten verursachte Artensterben blieb jedoch nicht unbemerkt, und die Menschen versuchten, den Schaden zu beheben, indem sie einen geschickten Rattenfänger in Gestalt der tasmanischen Maskeneule einführten. Diese lebten sich gut ein, beschränkten sich aber nicht auf die Rattenjagd, sondern stellten auch den noch übrig geblieben und stark bedrohten einheimischen Vögeln nach. Nun gab es gleich zwei effiziente neue Raubtiere auf der Insel neben den ausgewilderten Schweinen, welche die einheimische Flora und Fauna zusätzlich bedrohten.

▼ Die Lord-Howe-Insel – ein bedrängtes Paradies vor der Küste Australiens.

EIN KAMPF UMS ÜBERLEBEN

Glücklicherweise hatte man aus den Ereignissen auf der Lord-Howe-Insel gelernt, bevor es zu spät für einen der einzigartigsten Inselvögel war – die flugunfähige Waldralle. Von einer Handvoll derselben, die 1980 noch lebten, wurden drei Paare gefangen und in Gefangenschaft gezüchtet. Unterdessen entfernte man die ausgewilderten Schweine und Ziegen von der Insel, die den Lebensraum und die Nester des Vogels bedrohten. Dann ließ man die in Gefangenschaft gezüchteten jungen Waldrallen wieder auf der Insel frei, und heute leben etwa 250 von ihnen in freier Wildbahn.

Dank eines 2019 gestarteten Ausrottungsprogramms ist die Lord-Howe-Insel heute fast ratten- und mäusefrei. Auch Mäuse waren versehentlich eingeschleppt worden und hatten sich zur Bedrohung für einheimische Arten entwickelt. Damit wird die Insel wieder zum sicheren Lebensraum für ausgewilderte Baumhummer. Aus den zwei Paaren, die 2003 von Ball's Pyramid zur Erhaltungszucht entnommen worden waren, entstand bis 2020 eine Zehntausende Nachkommen zählende Population.

Von allen Tieren auf der Insel konnten die Baumhummer noch weniger mit der Ankunft der Ratten fertig werden als die heimische Vogelwelt. Sie waren groß genug, um eine gute Mahlzeit abzugeben, aber ohne effektive Tarnung, Flügel oder Waffen. Ihre einzige Verteidigung war die Flucht, und Ratten sind schneller. Dennoch hatten sie es geschafft, sich eine Existenz auf Ball's Pyramid zu sichern, einem zerklüfteten Felsen, der dauerhaft keine überlebensfähige Population von Landvögeln hätte beherbergen können.

Wie die Gespenstschrecken überhaupt dorthin gekommen sind, ist ein Rätsel. Ball's Pyramid war

Flugunfähige Organismen können an den Füßen oder in den Mägen von Zugvögeln mitreisen.

Pflanzenmaterial kann über weite Strecken auf dem Meer treiben. Manche Tiere haben sich über solche „Flöße“ verbreitet.

nie auf dem Landweg mit der Lord-Howe-Insel verbunden, und die Insekten können weder fliegen noch schwimmen. Es muss also eine Art „zufälligen" Transports stattgefunden haben. Darüber, wie lange diese Vorpostenpopulation existiert hatte und wie viel länger sie hätte überdauern können, darf spekuliert werden. Es war einfach ein Glück für die Insekten, zu einer Zeit entdeckt zu werden, als Menschen begonnen hatten, sich ernsthaft um den Naturschutz zu kümmern und erfolgreiche Schutzmaßnahmen zu entwickeln.

Wie Ball's Pyramid birgt auch der Planet noch Geheimnisse, und in den letzten Jahrzehnten wurden dank fleißiger Studien, Forschung und teils auch innovativer Suchmethoden viele andere Lazarus-Taxa entdeckt. So galt z. B. *Hibiscadelphus woodii*, ein Baum, der nur auf den steilen Waldhängen der hawaiianischen Insel Kauai vorkommt, als verloren, nachdem drei der letzten vier bekannten Individuen von einem herabstürzenden Felsbrocken zerstört wurden und das vierte im Jahr 2011 starb.

Die erst 1991 entdeckte Pflanze schien dazu verdammt, eine kurze und traurige Fußnote im Buch des Lebens zu sein. Doch im Jahr 2019 setzten Forscher Drohnen ein, um Bergkämme, die für Menschen unzugänglich sind zu scannen und zu fotografieren. Dabei wurden auf Bildern weitere *H. woodii*-Pflanzen entdeckt. Nun will man mithilfe von Drohnen Stecklinge von den Pflanzen zur Wiederaufzucht entnehmen.

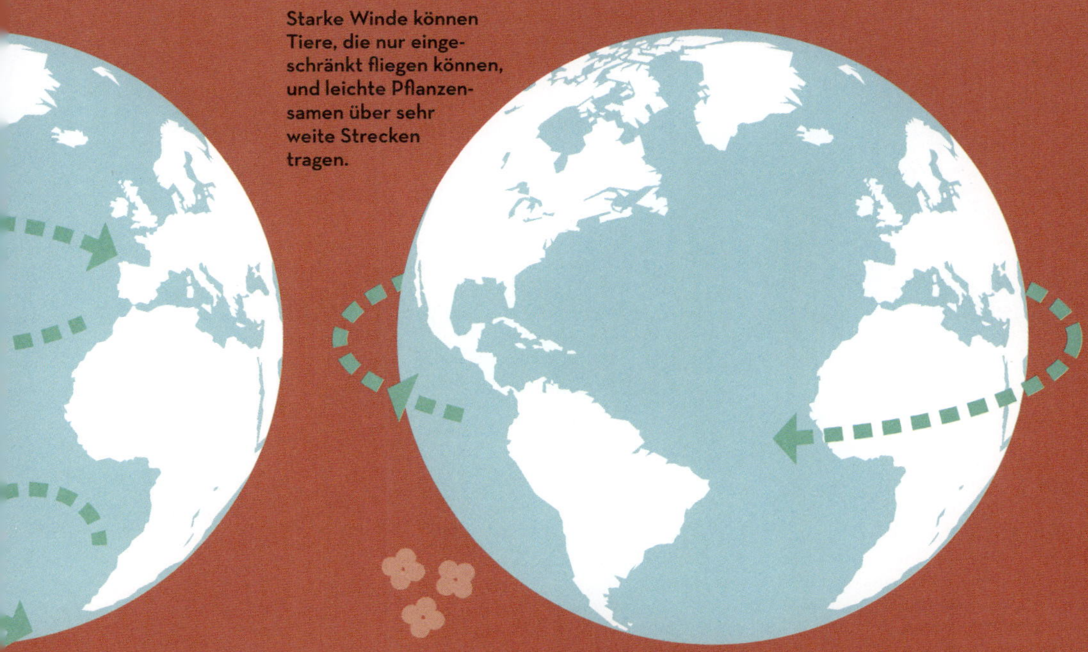

SEEREISEN ZWISCHEN LANDMASSEN sind eine Herausforderung für Tiere, die weder schwimmen noch fliegen können. Doch es gibt für kleinere Arten verschiedene natürliche Weisen, wie sie – sozusagen per Anhalter – an neue Ufer gelangen können.

ISOLATION

Während ihrer langen Isolation auf Ball's Pyramid könnten die Baumhummer durchaus Eigenschaften entwickelt haben, die sie von ihren Verwandten auf der Lord-Howe-Insel unterscheiden. Diese Insel ist groß, üppig und reichhaltig, mit einer vielfältigen Waldvegetation. Der letzte Vorposten der Insekten hingegen war ein felsiger Stumpf. Anpassungen an die unglaublich rauen Lebensbedingungen auf Ball's Pyramid hätten sich bestimmt von den Anpassungen an die Lord-Howe-Insel unterschieden und die Evolution zweifelsohne ihr Werk genauso an der winzigen Population, die sich auf der trostlosen Felsnadel ans Leben klammerte, verrichtet, wie auch an den Abertausenden Exemplaren, die auf dem Inselparadies lebten.

Wären Ratten auf Ball's Pyramid eingeschleppt worden, hätten sie die Subpopulation der Baumhummer vielleicht innerhalb weniger Wochen ausgerottet, auch wenn sie selbst bald darauf der trostlosen Umgebung erlegen wären. Inseln sind oft klein und Eilande sind winzig. Überlebensfähige Populationen von Lebewesen sind dementsprechend klein, und eine kleine Population ist verletzlich.

Die Baumhummer auf Ball's Pyramid stehen in krassem Gegensatz zu den Perlbooten, die einen riesigen und stabilen Lebensraum in den Tiefen des Ozeans bewohnen. Wahrscheinlich waren die Insekten auf ihrer winzigen und unwirtlichen Felsenheimat einem beträchtlichen Selektionsdruck ausgesetzt. Es ist denkbar, dass sie bereits begonnen hatten, sich durch natürliche Selektion sowie Gendrift und mit möglicherweise ausgeprägtem Gründereffekt von ihren Vettern auf der Lord-Howe-Insel zu unterscheiden. Allerdings lässt es sich nicht mehr wirklich bestimmen, ob und inwieweit dies tatsächlich der Fall war. Man weiß nicht genau, wie lange beide Populationen getrennt waren – vielleicht kaum mehr als 80 Jahre, was nur wenigen Generationen entspräche. Allerdings können sich bei Arten relativ schnell besondere Merkmale herausbilden, wenn sie auf kleine Gebiete beschränkt in isolierten Populationen leben.

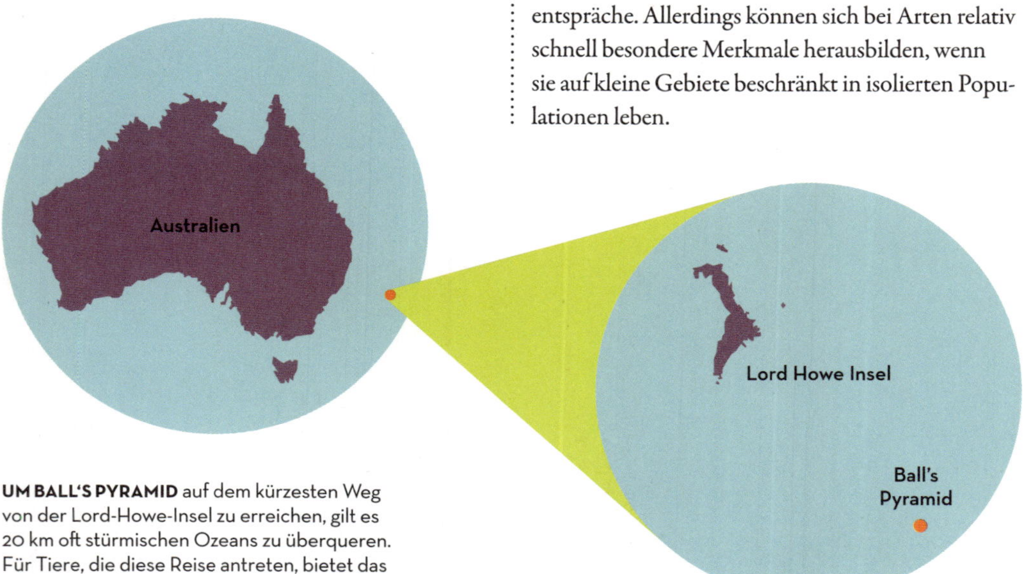

UM BALL'S PYRAMID auf dem kürzesten Weg von der Lord-Howe-Insel zu erreichen, gilt es 20 km oft stürmischen Ozeans zu überqueren. Für Tiere, die diese Reise antreten, bietet das Eiland wenig Komfort.

Ein Ort, der noch lebensfeindlicher wirkt, ist schwer vorstellbar, doch das Leben ist zäh und selbst Ball's Pyramid unterstützt ein Ökosystem, wenn auch en miniature.

INSEL-EFFEKTE

Eines der berühmtesten aller ausgestorbenen Tiere ist der Dodo. Historische Darstellungen zeigen einen plumpen, watschelnden Vogel mit beinahe komisch-hässlichem Antlitz und traurig verkümmerten Flügeln. Überlebenskünstler sehen anders aus. Wenn man diesen tollpatschigen Körper mit einem einfachen auf charmante Weise furchtlosen Gemüt ausstattet, vervollständigt sich das Bild einer Art, die zu trauriger Berühmtheit bestimmt ist. Doch Fossilienfunde zeigen, dass Dodos mindestens 12 000 Jahre lang auf der Insel Mauritius im Indischen Ozean gelebt hatten, bevor dort im frühen 17. Jahrhundert der Mensch landete und im Nu ihr Schicksal besiegelte. Trotz ihrer augenscheinlichen Handicaps hatten sie eine langfristige Überlebensfähigkeit unter Beweis gestellt.

Die alten Gemälde werden den Dodos nicht wirklich gerecht. Das bekannteste, erschaffen von Roelant Savery im Jahr 1626, stellt einen Dodo in den Bildmittelpunkt, der von anderen Inselvögeln umgeben ist. Aufgrund der majestätischen Rundungen weiß man heute, dass es ein gefangenes und überfüttertes Exemplar war, das Modell stand. Augenzeugenberichte von wild lebenden Dodos beschreiben eine stromlinienförmige Kreatur, die zwar flugunfähig war, sich aber zügig auf kräftigen Beinen fortbewegte, wenn auch nicht schnell genug, um den menschlichen Jägern und ihren eingeführten Hunden zu entkommen. Mit über 1 m Größe waren erwachsene Dodos zwar vor den invasiven Arten Schweinen, Ratten und Katzen sicher, doch diese konnten ihre Nester aufspüren und Eier sowie Junge fressen.

Die europäischen Seefahrer, die den Dodo entdeckten, hatten keine Ahnung, um was für eine Art Vogel es sich da handelte. Der Platz des Dodos im evolutionären Stammbaum des Lebens war bis zur Mitte des 19. Jahrhunderts umstritten. Einige frühe Beobachter und Biologen verglichen die Vögel mit Hühnern, andere hielten sie für Verwandte der Rallen, Geier, Gänse, Albatrosse und sogar des Vogel Strauß. 1842 untersuchte ein dänischer Zoologe namens Johannes Reinhardt einen Dodo-Schädel und stellte die Behauptung auf, dass der Vogel tatsächlich eine gigantische Taubenform war. Sechs Jahre später sezierte ein Team englischer Naturforscher einen konservierten Kopf sowie einen Fuß und kam wie Reinhardt zum Schluss, dass dieser Vogel tatsächlich eine Taube war, und wahrscheinlich von einem Wesen abstammte, das eher einer modernen Taube ähnelte. Seine Größe, Flugunfähigkeit und andere Eigenheiten waren höchstwahrscheinlich durch das isolierte Inseldasein entstanden.

▶ Der Dodo, Sinnbild ausgerotteter Arten, war tatsächlich überlebensfähiger, als es Darstellungen wie diese von Roelant Savery aus dem Jahre 1626 vermuten lassen.

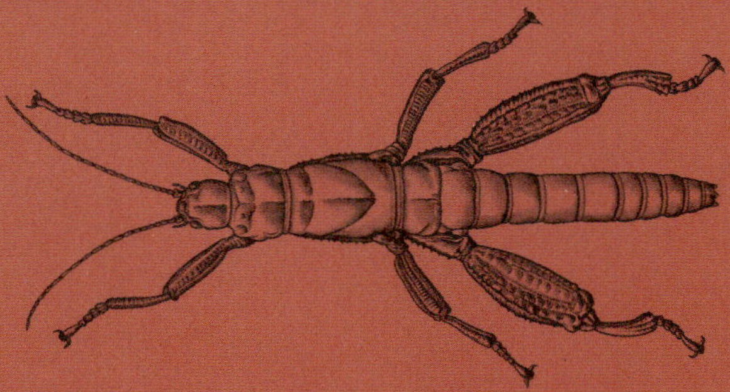

◄ Der männliche Baumhummer hat einen kürzeren und schlankeren Körper als das Weibchen, besitzt aber kräftige Hinterbeine.

RIESEN & ZWERGE

Inselgigantismus ist ein bekanntes Phänomen bei Tieren. Es gibt zahlreiche Beispiele von Tieren, die endemisch auf kleinen Inseln vorkommen und sich deutlich größer entwickelt haben als ihre Pendants auf dem Festland. Auf den atlantischen und mediterranen Inseln gab es übergroße Spitzmäuse und Siebenschläfer, einige Philippineninseln hatten ihre eigene Art extra-großer Ratten, und in der Karibik lebten riesige Hutias, rattenähnliche Nagetiere mit robusten Schädeln. Auf den Hawaii-Inseln tummelten sich einst beängstigend große Enten mit kräftigen Schnäbeln, auf Malta gab es einen Schwan, der menschliche Schulterhöhe erreichen konnte, und auf Kuba lebten riesige Falken und Eulen. Weltweit gibt es zahlreiche weitere Beispiele für ungewöhnlich große Insel-Arten. Dazu gehören Reptilien wie die Riesenschildkröten der Galapagos-Inseln und Seychellen, Amphibien und Wirbellose, zu denen natürlich der Baumhummer der Lord-Howe-Insel gehört. Neben ihrer Übergröße haben die meisten dieser Arten gemein, dass sie ausgestorben sind.

Doch warum haben isolierte Tierpopulationen auf Inseln die Neigung, über Generationen hinweg immer größer zu werden? Es gibt mehrere mögliche Erklärungen. Beutetierarten, wie die meisten Nagetiere, stehen unter dem Selektionsdruck, kleiner zu werden, um sich besser vor Raubtieren verstecken zu können. Die meisten Ökosysteme auf kleinen Inseln haben jedoch nur wenige oder gar keine einheimischen Raubtiere. Wenn dieser Druck wegfällt, überwiegen die Vorteile eines größeren Körperbaus. Stoffwechsel und Wärmeregulierung sind bei größeren Tieren effizienter, und sie kommen daher mit

Der afrikanische Elefant ist das größte Landsäugetier.

verhältnismäßig weniger Ressourcen aus. Größere Individuen behaupten sich auch besser im Wettbewerb um Nahrung und Partner zur Fortpflanzung.

Der Gründereffekt könnte ebenfalls eine Rolle spielen. Er bedeutet eine Einbuße an möglichen genetischen Varianten, und er tritt auf, wenn wenige Individuen aus einer größeren Population eine neue begründen. Denkbar wäre auch, dass die einstmaligen Kolonisatoren der Insel größer waren, und dass ein größerer Körperbau an sich eine erfolgreiche Kolonisierung fördert. Man geht davon aus, dass viele Säugetiere auf Flößen schwimmender Vegetation zu Inseln gelangt sind – ein gefährliches Abenteuer, bei dem die Überlebenschancen für größere Individuen vielleicht besser standen.

Da es auch ein Phänomen gibt, das als „Inselverzwergung" bekannt ist, stellt sich die Lage nicht ganz so eindeutig dar. Hier sind die endemischen Inselformen einiger Tiere sehr viel kleiner als ihre Entsprechungen auf dem Festland. Im Stammbaum der Elefanten und Mammuts gibt es ein paar eindrückliche Beispiele, und Miniaturversionen dieser heute durch drei große Arten vertretenen Tiere waren einst auf vielen Inseln der Welt zu Hause. Die kleinste von ihnen lebte auf Malta und war kaum 1 m groß, sodass der riesige Schwan der Insel ihn überragt haben muss. Einige Exemplare von Inselzwergen wie der Sumatra-Tiger existieren noch, aber genau wie die Inselriesen sind die meisten Zwergarten längst ausgestorben. Der allgemeine Trend bei isolierten Inselpopulationen ist, dass ursprünglich kleinere Arten größer werden, und größere kleiner. Das Größerwerden über Generationen scheint ein viel langsamerer Prozess zu sein als das Schrumpfen. Das leuchtet ein, da Inseln meist ein einfaches und spärlicheres Nahrungsangebot haben als Festlandgebiete. So entsteht ein starker Druck auf große Tiere, kleiner und damit weniger ressourcenhungrig zu werden.

AUF INSELÖKOSYSTEMEN herrscht eine andere Art von Selektionsdruck als auf dem großräumigen Festland. Zu den verblüffenden Auswirkungen gehört der Insel-Gigantismus, bei dem kleinere Arten größer werden als ihre Gegenstücke auf dem Festland, sowie das gegenläufige Phänomen der Inselverzwergung.

Vogel

Versteift durch kurze, kräftige Knochen und starke Federn

Fledermaus

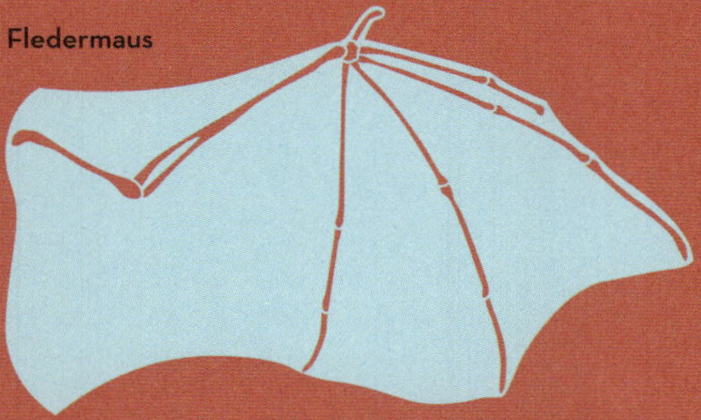

Stabilisiert durch lange, zarte Knochen und eine Hautmembran

Insekt

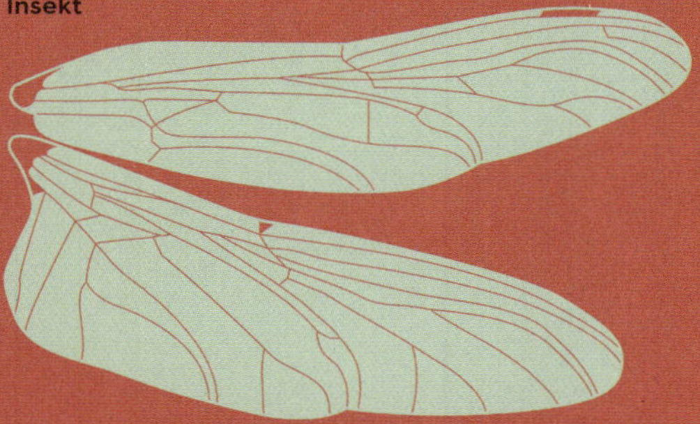

Gestützt durch dünnes Chitin (ein zähes Protein) auf einem Gerüst aus Adern

VÖGEL UND FLEDERMÄUSE stammen beide von flugunfähigen Vorfahren ab. Ihre vorderen Extremitäten haben eine Flügelfunktion entwickelt, doch die Evolution hat diese Gliedmaßen sehr verschiedenartig geformt. Insektenflügel bestehen aus völlig anderen Materialien und funktionieren ganz anders, sind aber nicht weniger effektiv.

PARALLELEVOLUTION

Ob sich das Leben selbst nur einmal entwickelt hat oder mehrmals unabhängig entstanden ist, lässt sich nach heutigem Forschungsstand nicht bestimmen. Fest steht, dass sich viele der nützlichsten Innovationen des Lebens mehrfach und unabhängig voneinander entwickelt haben, und zwar in verschiedensten Abstammungslinien.

So ist weithin bekannt, dass vier verschiedene Tierstämme die Fähigkeit zu fliegen entwickelten. Drei davon sind Wirbeltiere, deren vordere Gliedmaßen sich zu Flügeln umgebildet haben. Bei zweien, den Fledermäusen und Flugsauriern, besteht die Flügeltragfläche aus einer starken Haut, die zwischen den verlängerten Fingern der Vordergliedmaße und den Hinterfüßen aufgespannt ist. Bei den Vögeln haben sich die Schuppen ihrer Reptilien-Vorfahren zu großen Federn umgebildet, die fast nichts wiegen. Da sie überlappend angeordnet sind, bieten sie eine strömungsgünstige Oberfläche. Die vierte Gruppe sind wirbellose Tiere, die Fluginsekten, deren zwei Flügelpaare sehr große und leichte Auswüchse des Außenskeletts (Cuticula) sind. All diese Tiere zeigen verschiedene Lösungen für das gleiche Problem, und bei den verschiedenen Fledermaus-, Vogel- und Insektenarten lassen sich leicht Beispiele für ähnliche Flügelformen und Flugstile finden. Bulldoggfledermäuse, Mauersegler und Libellen haben lange Flügel und einen schnellen, kraftvollen Flug, während Zwergfledermäuse, Eulen und alle Schmetterlinge der Bläulingsfamilie (*Lycaenidae*) breitere, rundere Flügel besitzen, die einen langsameren, aber agileren Flug ermöglichen. Das sind Beispiele der parallelen Evolution bei nicht verwandten Arten, deren Lebensweise, Anatomie und Verhalten jedoch Übereinstimmungen aufweisen.

Endemisch vorkommende Inselarten zeigen oft eine auffällige Parallelevolution zu anderen Festlandarten, mehr noch als zu ihren eigenen evolu-

▲ Die Fossa, ein großer und eindrucksvoller Fressfeind der Lemuren, und Madagaskars Antwort auf die Großkatzen, ist eigentlich ein Cousin des Mungos.

tionären Vettern, je nachdem, welche ökologischen Nischen sie besetzen können. Das größte einheimische Raubtier auf Madagaskar ist die Fossa oder Frettkatze. Diese sieht auffallend katzenähnlich aus, gehört aber zur Familie der Madagassischen Raubtiere (*Eupleridae*), die auf der Insel endemisch vorkommt und sich aus mangustenartigen Vorfahren entwickelt hat. Ebenfalls auf Madagaskar haben sich die verschiedenen Arten des Borstenigels entwickelt. Diese endemische Familie kleiner Säugetiere spiegelt das Aussehen einer Reihe von Festlandsäugern wieder, die hier nicht vorkommen, wie z. B. Spitzmäuse, Otter und Igel. Die Borstenigel besetzen auf der Insel dementsprechend auch vergleichbare ökologische Nischen.

Der Baumhummer ist ein weiteres eindrucksvolles Beispiel für Parallelevolution. Gelegentlich werden auch andere Arten als „Baumhummer" bezeichnet, denn es gibt mehrere Arten ungewöhnlich robuster Stab- und Gespenstschrecken, die vor allem in Neuguinea und Neukaledonien vorkommen. Sie alle sehen sich so ähnlich, dass Biologen ihre Verwandtschaft nicht anzweifelten, doch die Analyse der mitochondrialen DNA verschiedener „Baumhummer"-Arten ergab, dass die Neuguinea und die neukaledonischen Formen sich aus zwei getrennten Linien entwickelt haben. Tatsächlich sind die Neuguinea-„Baumhummer" viel enger mit verschiedenen gewöhnlich aussehenden Stab- und Blattinsekten vom australischen Festland verwandt als mit ihren neukaledonischen Doppelgängern. Die Anpassung beider Gruppen besteht darin, sich tagsüber in Felsspalten zu verstecken, anstatt sich, wie die meisten anderen Stabheuschrecken, tagsüber auf ihre Tarnung zu verlassen. Diese Anpassung hat dazu geführt, dass beide Arten unabhängig voneinander einen robusten Körperbau und die ausgewachsenen Tiere eine schwarze statt eine grüne Färbung entwickelt haben.

ENDEMISCH UND INVASIV

Die Tektonik hält die Landmassen der Erde in ständiger Bewegung. Dabei bilden sich Berge und Grabenbrüche, Küstenlinien werden umgestaltet. Auch Temperatur und Meeresspiegel verändern die Landmassen. Darüber, wie die Erde im Laufe ihrer Geschichte ausgesehen haben könnte, gibt die Verteilung verschiedener Taxa über die Kontinente, die Biogeografie der Welt, Auskunft.

Australiens und Neuguineas spärliche Säugetierfauna besteht hauptsächlich aus Beuteltieren. Das zeigt, dass diese Gegenden von anderen Landmassen isoliert wurden, bevor sich die höheren Säugetiere entwickelten. Im größten Teil der übrigen Welt gibt es kaum Beuteltiere; ein Beleg dafür, dass sie mehrheitlich von denjenigen höheren Säugetieren verdrängt wurden, die sich später entwickelt hatten. Höhere Säugetiere erreichten Australien nach seiner Isolation, entweder auf dem Luftweg wie die Fledermäuse oder per Floß wie die Nager.

Vor 550 – 180 Millionen Jahren prägten die Superkontinente Gondwana im Süden und Laurasia im Norden den Planeten, der sich stark von unserer heutigen Erde unterschied. Die Beuteltiere entwickelten sich auf Laurasia und breiteten sich über Landbrücken nach Süden aus. Die höheren Säugetiere folgten einem ähnlichen Weg, doch als sie Gondwana erreichten, war die Landmasse, aus der später Australien und die Antarktis werden sollte, bereits weggebrochen. Dann brach Gondwana langsam auseinander und bildete Afrika und Südamerika sowie Teile Asiens.

Bis vor Kurzem galt, dass sich die vogelreichen und säugetierfreien neuseeländischen Inseln von Australien abgetrennt hatten, bevor irgendwelche Säugetiere die Reise dorthin antreten konnten. Allerdings wurde nun der fossile Nachweis für ein kleines Säugetier erbracht, das vor 16 – 19 Millionen Jahren auf Neuseeland lebte. Die Anatomie des nach seinem Fundort als „Saint Bathans-Säugetier“ benannten primitiven Lebewesens ist den Vorfahren der Beuteltiere und höheren Säugetiere zuzurechnen. Damit hätte es sich um ein „lebendes Fossil“ gehandelt, das alle ihm ähnlichen Arten lange überlebte, denn die Linien der Beuteltiere und der höheren Säugetiere hatten sich bereits vor etwa 100 Millionen Jahren voneinander abgespalten.

Die Art könnte überlebt haben, weil es keine Konkurrenz durch andere Säugetiere gab, zumindest wurden noch keine entsprechenden Überreste gefunden. Womöglich ist sie noch nicht einmal ausgestorben, und eines Tages wird eine lebende Population von Saint Bathans-Säugetieren, auf einer lange isolierten und unbeachteten Pazifikinsel entdeckt, genau wie es beim Baumhummer der Lord-Howe-Insel der Fall war.

▶ Langstreckenzieher wie die Rauchschwalbe können mühelos große Strecken zurücklegen, doch die meisten Tierarten breiten sich viel langsamer aus.

DER RASTLOSE PLANET

Die Landmassen des Planeten sind noch immer in Bewegung. Für das Leben stellen sich dadurch Herausforderungen und Chancen. Wir Menschen verstehen uns sehr gut darauf, die Welt nach unseren Bedürfnissen umzugestalten. Dabei möchten wir unsere gebaute Umwelt erhalten und haben so ein Interesse an Stabilität. Im Kleinen können wir natürliche Land- und Meeresbewegungen kontrollieren, was wir ja auch machen. Im Großen jedoch ist dies zumindest zurzeit noch ein aussichtsloser Kampf. Ein Beispiel ist die Veränderung von Flussläufen im Laufe der Zeit. Flüsse bilden sich aus Wasser, das in höheren Lagen abregnet und sich dann, der Schwerkraft folgend, auf den Rückweg ins Meer macht. Über verschiedene Boden- und Gesteinsarten bahnt es sich dabei den Weg des geringsten Widerstands. In stark abfallendem Gelände ist die Strömung schneller, die Erosion stärker und kann somit tiefe Täler in den Fels schneiden. In der Ebene hingegen hat sie weniger Kraft, die Flüsse sind in der Regel breiter und fließen langsamer.

Flusserosion reibt Materie ab, und an langsameren Flussabschnitten setzt sich diese als Sediment. So verändern sich Flussläufe im Lauf der Zeit durch Erosion und Sedimentierung, was sich aufs Umland auswirkt. Manchmal kann sich eine Flussschleife so stark verengen, dass sich ihre Enden verbinden und das Wasser nicht mehr der Schleife folgt, sondern stattdessen die Abkürzung nimmt. Irgendwann wird die Schleife dann ganz vom Flusslauf abgeschnitten und bildet ein stehendes Altarmgewässer. Dieses ist zwar für einen Teil der Tiere nicht mehr geeignet, bildet aber einen idealen Lebensraum für eine ganze Reihe anderer Organismen.

Die Strandversetzung beschreibt einen ähnlichen Prozess. Küsten erodieren entlang eines Abschnitts und bilden anderswo wachsende Strände. Um strandnahe Siedlungen vor Küstenerosion zu schützen, werden Barrieren errichtet, neu angelegte Feuchtgebiete an der Küste sollen Fluten abfangen und ganze Strände werden verlegt – für die Menschen oft große und kaum zu bewältigende Herausforderungen.

Vor 225 Milionen Jahren

Vor 200 Milionen Jahren

Vor 150 Milionen Jahren

Vor 65 Milionen Jahren

Die Bewegung der tektonischen Platten verschiebt die großen Landmassen seit jeher wie in einem langsamen Tanz, dessen Schritte sich inzwischen recht genau vorhersagen lassen. In etwa 30 Millionen Jahren wird die Verbindung zwischen Nord- und Südamerika gekappt sein. In ca. 50 Millionen Jahren sind Rotes Meer und Mittelmeer verschwunden, während Afrika mit Asien verschmolzen sein wird. 30 Millionen Jahre später wird sich Australien mit Asien verbinden. Auch Nordamerikas Westküste trifft dann auf Ostasien und bildet einen riesigen Superkontinent. Die Antarktis, nicht länger eisbedeckt, wird auf dem besten Weg sein, sich mit dem ehemaligen südlichen Afrika zu vereinen. Dann, in 105 Millionen Jahren, bricht Nordamerika wieder nach Osten weg, nimmt einen Teil des ehemaligen Nordostasiens mit und macht sich auf den Weg zum westlichen Rand des Superkontinents. Schließlich, in 250 Millionen Jahren, wird fast alles Land der Erde wieder zu einer einzigen Masse vereinigt sein: die Wiedergeburt Pangaeas.

Heute

In 225 Milionen Jahren

IM LAUFE VIELER JAHRTAUSENDE haben tektonische Aktivitäten die Landmassen der Erde rund um den Globus verschoben. Dabei haben sich neue Kontinente und Superkontinente gebildet und wieder getrennt. Die heutige, besonders fragmentierte Anordnung wird schließlich zu einem einzigen Superkontinent zusammenwachsen.

DIE ERBEN DER ERDE

Allen Lebewesen scheint ein Überlebenstrieb innezuwohnen, doch wenn es gilt, sich langfristig einen Platz auf diesem Planeten zu sichern, ist die Fähigkeit, sich an Veränderungen anzupassen, noch wichtiger. Viele der „lebenden Fossilien" dieser Welt haben nicht dank ihrer Anpassungsfähigkeit überlebt, sondern weil sie sich in einer Umgebung entwickelt haben, die sich von Natur aus nur sehr langsam verändert. Anderen langlebigen Linien dagegen ist es durch Widerstandsfähigkeit und Anpassungsfähigkeit gelungen.

Angesichts des weiter um sich greifenden Artensterbens tröstet es uns vielleicht, das Leben auf einer zukünftigen Erde auszumalen, nachdem die Menschheit entweder ausgestorben ist oder ihren Einfluss auf ihre Umwelt drastisch reduziert hat. Leider ist so gut wie sicher, dass die meisten der skurrilen und faszinierenden Insel-Besonderheiten, wie etwa der Baumhummer von der Lord-Howe-Insel, nicht überdauern werden. Arten wie sie wurden in den wenigen vergangenen Jahrhunderten im Eiltempo ausgerottet. Die meisten noch überlebenden Arten sind auf menschlichen Schutz angewiesen, und die Finanzierung des Naturschutzes ist eines der ersten Opfer, wenn eine menschliche Gemeinschaft irgendwie unter Druck gerät. Die starke Spezialisierung dieser Geschöpfe auf einen einzigartigen und geografisch winzigen Lebensraum prädestiniert sie geradezu, in einer evolutionären Sackgasse zu enden.

Den äußerst anpassungsfähigen invasiven Spezies, die so entscheidend zum Untergang endemischer Insel-Arten beigetragen haben, könnte es deutlich besser ergehen. Wird die Erde in Zukunft also nur noch von Ratten, Kaninchen, Mäusen, gelben Spinnerameisen, braunen Nachtbaumnattern und Asiatischen Tigermücken bewohnt? Inmitten einer

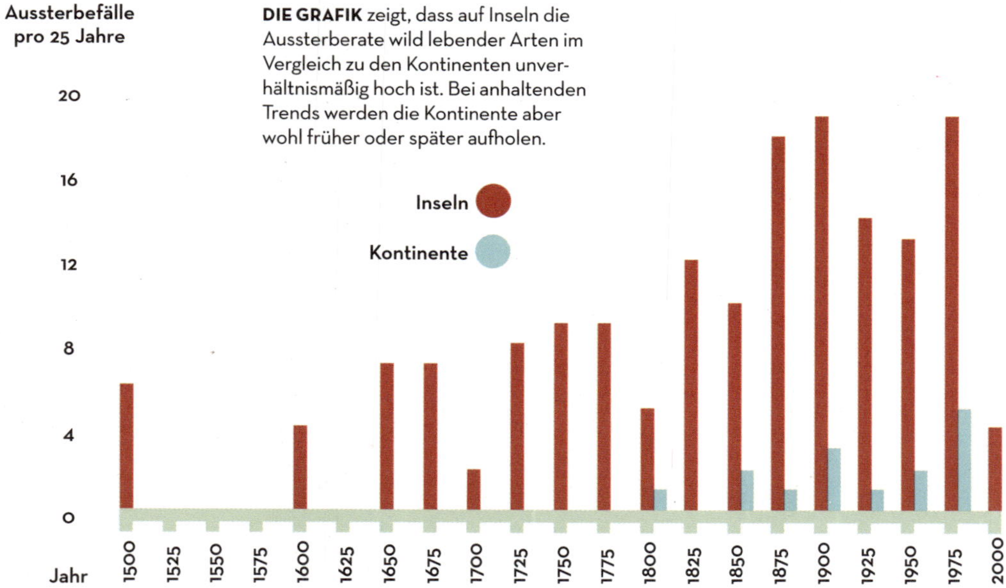

DIE GRAFIK zeigt, dass auf Inseln die Aussterberate wild lebender Arten im Vergleich zu den Kontinenten unverhältnismäßig hoch ist. Bei anhaltenden Trends werden die Kontinente aber wohl früher oder später aufholen.

Flora aus Herkulesstauden, Gelber Mittagsblumen und anderer notorisch invasiver Pflanzen? Vielleicht. Allerdings bringt jedes Massenaussterben vielfältigste Gelegenheiten zur Diversifizierung mit sich, und aus jeder Art können auf dem Wege der Evolution viele neue hervorgehen. Aus einem einzigen Rattenstamm könnte im Laufe der Zeit eine Formenvielfalt entstehen, die der aller heutigen Nagetiere entspricht oder die sie sogar übertrifft. Unter entsprechenden Umweltbedingungen könnte aus einer Tigermückenlinie auf einer isolierten Insel schließlich eine übergroße, flügellose Mückenart hervorgehen, deren Anatomie und Verhalten *Dryococelus australis* verblüffend ähnlich sein würde.

▲ Knallrosa Blüten machen die Mittagsblume zu einer beliebten Gartenpflanze, doch aufgrund ihres invasiven Auftretens gilt sie in weiten Teilen der Welt als „Flora non grata".

5

SCHWÄMME

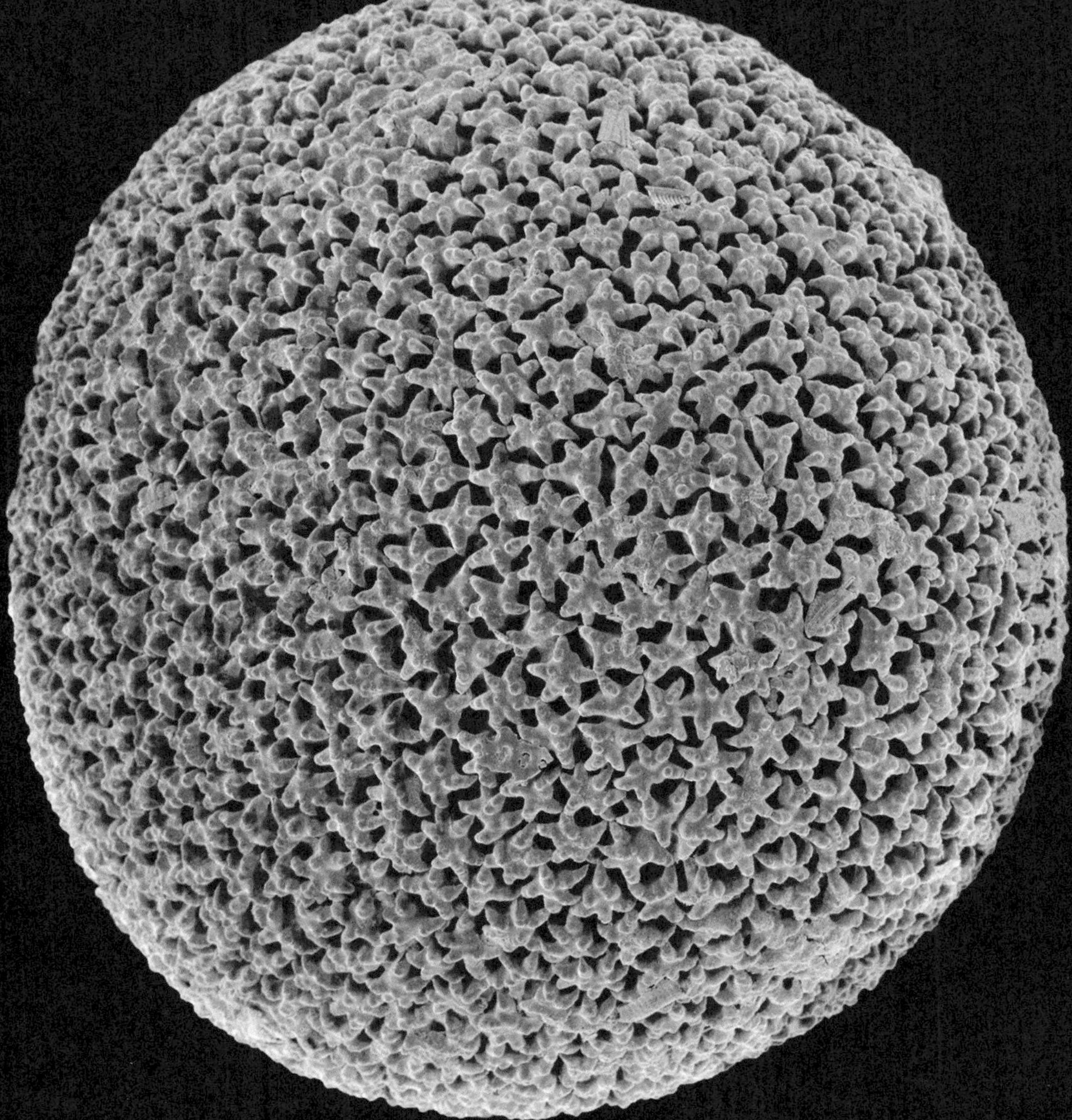

DER SCHWAMM

REICH	Animalia
STAMM	Arthropoda
KLASSE	Hexactinellida
ORDNUNG	Lyssacinosida
FAMILIE	Rossellidae
GATTUNG	Anoxycalyx
ART	*Anoxycalyx (Scolymastra) joubini*

Unter allen Lebewesen sind Schwämme absolute Kuriositäten. Das gilt für ihre Körperform und manchmal auch für ihre Lebenserwartung. Viele Tierarten wachsen nur bis zur Geschlechtsreife und bleiben dann „ausgewachsen" bis zum Tod. Einige Arten, vor allem wirbellose Meerestiere, wachsen jedoch mit zunehmendem Alter uneingeschränkt weiter. Gleicht man die Größe eines solchen Individuums mit der durchschnittlichen Wachstumsrate seiner Art ab, lässt sich daraus ein Alter berechnen. Auch Schwämme wachsen in sehr kalten Gewässern bis zum Tod, wenn auch extrem langsam.

Diese Zeit/Wachstumsraten-Formel wurde auf ein imposantes Exemplar der Glasschwammart *Anoxycalyx (Scolymastra) joubini* angewandt, und dabei ergab sich ein Alter von 23 000 Jahren. Das im antarktischen Rossmeer entdeckte Tier war auf 2 m Größe herangewachsen. Ein solches Alter erschien höchst zweifelhaft, also setzten Forscher die maximale Lebenserwartung der Spezies etwas vorsichtiger auf 15 000 Jahre an. Das ist immer noch eine verblüffende Zahl und dazu eine elend lange Zeit, um sie an derselben Stelle am Meeresboden zu verbringen. Allerdings haben Schwämme weder Gehirn noch Nervensystem, was eine ziemliche Duldsamkeit für Langeweile mit sich bringt.

Schwämme werden zu den Tieren gezählt, doch ihr Körperbau unterscheidet sich radikal von dem der uns vertrauten Tierarten, die sich bewegen können und die an Land das Bild bestimmen. Sie haben weder Organe noch Kreislauf- oder Verdauungssysteme. Stattdessen gelangt das Meerwasser durch Poren in ihr Inneres und fließt frei durch ihren Körper. Die Zellen des Schwamms entziehen dem Wasser Nährstoffe und geben ihre Abfallprodukte wieder direkt ab. Schwämme haben verschieden spezialisierte Zelltypen, die sich jedoch im Körper bewegen und ihre Struktur und Funktion verändern können. Der gesamte Körper wird von Kollagenfasern gestützt, im Verbund mit einer geleeartig-weichen Substanz, die ihrerseits ebenfalls größtenteils aus Kollagen besteht. Eine Ausnahme bilden Glasschwämme wie *Anoxycalyx (Scolymastra) joubini*, bei denen die lebenden Zellen von einem Netz aus feinen Kieselsäuresplittern gehalten werden.

Trotz ihrer relativ einfachen Beschaffenheit können sich Schwämme sexuell fortpflanzen. Die meisten sind Hermaphroditen, die sowohl Spermien als auch Eizellen produzieren. Sie geben ihre Spermazellen ins Wasser ab, und diese schwimmen dann durch die Poren eines benachbarten Schwamms der gleichen Art, um dessen Eizellen zu befruchten. So entsteht eine winzige Larve, kaum mehr als eine Ansammlung von Zellen. Einige dieser Zellen tragen peitschenartige Haare, mit denen sie schlagen und die Larve so fortbewegen. Andere besitzen lichtempfindliche Proteine, die der Larve eine Art eingeschränktes Sehvermögen verleihen. Damit ist sie in der Lage, einen geeigneten Ort zu finden, um sich niederzulassen und als festgewachsener Organismus weiter zu gedeihen.

Es kommt auch zu asexueller Fortpflanzung: Neue Schwämme können aus einem Elternteil „knospen". Auch ein abgeschlagenes Stück Schwamm kann zu einem neuen Individuum heranwachsen, sobald es sich an einer geeigneten Oberfläche festsetzt. Umwelteinflüsse wie Temperaturabfall, ein plötzlicher Zustrom zu salzigen Wassers oder ein Absinken des Meeresspiegels, das die Schwämme der Luft aussetzt, können tödlich sein. Manche Tiere, denen das Ende droht, setzen dann Bündel von undifferenzierten Zellen frei, die sogenannten Brutknospen (Gemmulae). Diese „Überlebenskapseln" können über lange Zeiträume inaktiv bleiben und rauen Bedingungen trotzen. Erst wenn die Gefahr, die den Elternschwamm getötet hat, vorüber ist, beginnen sie zu wachsen.

Es leuchtet ein, warum die meisten Menschen einen Schwamm eher für eine Pflanze als für ein Tier halten. Die meisten der geschätzt mindestens 5000 Schwammarten bewegen sich nicht, und sie wachsen einfach unablässig immer weiter in ihre wässrige Welt hinein. Manche haben einen röhrenförmigen Wuchs mit oder auch ohne Seitenäste, andere sind rund, gekräuselt oder blattartig. Sie haben keine ausgeprägten Körperteile, und so ist es auch kaum verwunderlich, dass Schwämme bis ins ausgehende 18. Jahrhundert den Pflanzen zugeordnet wurden.

▲ Seite 98–99: Bemerkenswert an den Glasschwämmen sind die harten Spicula (Skelett-Nadeln), die den Körper stützen. Unter dem Mikroskop erscheinen sie wunderschön filigran.

WELCHE DOMÄNE?

Auch wenn man genauer hinsieht, erscheinen die Schwämme nicht weniger fremdartig. Sie enthalten eine geleeartige Stützmatrix auf Kollagenbasis, auch Mesohyl oder Mesoglea genannt. Dabei handelt es sich um lebloses, extrazelluläres Material. An ihren Außenflächen haftet eine Doppelschicht lebender Zellen. Einige derselben, welche die Innenseiten der Poren und Kanäle des Schwamms auskleiden, haben jeweils eine peitschenartige Flagelle (Geißel), die dem Schwanz einer Samenzelle ähnelt. Alle Flagellen schlagen im Takt, um einen Wasserstrom zu erzeugen.

Der Schwamm enthält eine Vielzahl anderer, funktionell spezialisierter Zelltypen, darunter Zellen, die winzige Nahrungspartikel aufnehmen, Gameten (Eier und Spermien), Zellen, die stärkehaltige Moleküle zum Aufbau des Mesohyls absondern, reizempfindliche „Muskel"-Zellen, die eine begrenzte Kontraktion und Ausdehnung von Körperteilen ermöglichen, sowie Blasten, nicht endgültig ausdifferenzierte Zellen, die sich in jede dieser funktionell definierten Zellarten verwandeln können. Diese Körperorganisation ähnelt in mancher Hinsicht eher einer Kolonie kooperierender Zellen als einem Einzelorganismus, und das ist sowohl für Pflanzen als auch für Tiere sehr ungewöhnlich.

Dem Wesen der Schwämme kommt man erst bei noch genauerem Hinsehen auf die Schliche. Frühe Naturforscher bemerkten, dass Schwämme die Größe ihrer inneren Kanäle verändern und so Einfluss auf die Fließgeschwindigkeit des durch sie hindurchfließenden Wassers nehmen können. Das war von keiner Pflanze bekannt. Später, als es gelang, die Zellstruktur sichtbar zu machen, wurde die tierische Natur der Schwämme bestätigt. Pflanzliche und tierische Zellen unterscheiden sich in Größe und Aufbau. Pflanzenzellen sind größer und haben andere Organellen sowie starre Wände außerhalb der sie begrenzenden Membranen. Außerdem stellen Schwammzellen Kollagen her – und zwar reichlich. Dieses Protein findet sich in Tierkörpern, kommt aber in Pflanzen nicht natürlich vor. Auch die Art und Weise, wie sich die Keimzellen von Schwämmen entwickeln, ist eher tier- als pflanzentypisch. Folglich werden Schwämme heute von den meisten Biologen als die basalste Tiergruppe angesehen. Das bedeutet, ihr Stammbaum hat sich früher in der Evolutionsgeschichte vom tierischen Lebensbaum abgezweigt als jeder andere und zwar vor mindestens 560 Millionen Jahren. Demnach stammen alle Tiere, die jemals auf der Erde gelebt haben, von schwammartigen Vorfahren ab.

▶ Durch die Poren in der äußeren Schwammoberfläche fließt Meerwasser. Die lebenden Zellen im Inneren können daraus Nährstoffe entnehmen.

KÖNIGREICHE & DOMÄNEN

Frühe Naturforscher hielten alles Leben für entweder pflanzlich oder tierisch. Schwämme und Pilze wurden als Pflanzen eingestuft, dazu allerhand andere Organismen, die sich nicht fortbewegen und von denen wir heute wissen, dass sie keine Pflanzen sind. Ein verständlicher, vielleicht sogar unvermeidlicher Irrtum, schließlich ließen sich die Beobachter nur von einfacher Morphologie und vom (fehlenden) Verhalten leiten. Carl Linnaeus, der schwedische Biologe des 18. Jahrhunderts, unternahm als erster den ernsthaften Versuch, alles bekannte Leben zu kategorisieren. Er beschränkte sich auf ein Pflanzen- (Plantae) und ein Tierreich (Animalia), oder wie er es ausdrückte, das „regnum Vegetabile" und das „regnum Animale". Auch die Existenz von Einzellern war seit dem 17. Jahrhundert bekannt, als sie erstmals durch frühe Mikroskope beobachtet worden waren. Dennoch ordneten die Biologen diese entweder den Pflanzen oder den Tieren zu, anstatt eine eigene Gruppierung anzulegen.

Der deutsche Biologe Ernst Haeckel schlug 1866 das neue 3. Reich der Protista vor. Dieses war für alle Organismen gedacht, die weder eindeutig pflanzlich noch tierisch waren. Als sogenanntes Verlegenheits- oder Papierkorb-Taxon sollte es die Lebewesen aufnehmen, die sich einer einfachen Klassifizierung widersetzten, und das, obwohl Haeckel erkannt haben muss, dass es keinen Grund gab anzunehmen, die Arten seien eng miteinander verwandt. Zu den problematischen Organismen gehörten Bakterien (Cyanobakterien waren als Pflanzen klassifiziert worden), die meisten einzelligen Eukaryoten einschließlich diverser Algen sowie die Schwämme und Schleimpilze. Haeckel modifizierte seinen Vorschlag immer wieder, bis Protista den einzelligen Organismen vorbehalten war.

Nachdem sich die Mikroskopie so weit entwickelt hatte, dass Biologen Prokaryoten von Eukaryoten unterscheiden konnten, wurde ein neues Reich für alle Prokaryoten festgelegt – Monera. Dieses System der vier Reiche wurde 1938 von Herbert F. Copeland vorgeschlagen, und es hielt sich bis in die späten 1960er-Jahre. Die Biologen waren sich jedoch zunehmend des fundamentalen Unterschieds zwischen prokaryotischen und eukaryotischen Zellen bewusst. Diese Unterscheidung führte zur Erkenntnis, dass alle Eukaryoten, ob sie nun aus einer Zelle oder aus vielen bestehen, mehr miteinander gemein haben als mit irgendeinem Prokaryoten – und so wurde das Konzept der Domäne geboren.

Ursprünglich hatte man nur zwei Domänen vorgeschlagen: Prokarya und Eukarya. Die alten Reiche der Plantae, Animalia und Protista waren alle Unterteilungen von Eukarya. Robert Whittaker schlug 1969 vor, die Eukarya um das 4. Reich der Fungi zu ergänzen. Dieser Vorschlag ging auf frühere Biologen, einschließlich Ernst Haeckel, im 19. Jahrhundert zurück. Schließlich wird jedem, der einen Pilz in Händen hält, klar, dass sich dessen Struktur von allen Pflanzenarten unterscheidet. Auch die Mikroskopie bestätigte, dass die Zellstruktur von Pilzen tatsächlich mehr tier- als pflanzenähnlich ist. Schließlich wurde auch die Domäne der Prokarya zweigeteilt. Das geschah, nachdem Biologen erkannt hatten, dass die biochemischen und genetischen Unterschiede zwischen Archaeen und anderen Bakterien auch so fundamental sind wie die Unterschiede zwischen Prokaryoten und Eukaryoten. Diese Einteilung bleibt zwar umstritten, doch sie entspricht der heute vorherrschenden Auffassung. Danach sind die Archaeen näher mit den Eukaryoten verwandt als mit den Bakterien.

ERNST HAECKELS System zur Klassifizierung der Eukaryoten teilt alle Formen in drei Reiche ein. Dieses System war bis Mitte des 20. Jahrhunderts weit verbreitet, als das 4. Reich der Pilze von den Pflanzen getrennt wurde. Innerhalb dieses Systems werden die Schwämme Protista zugeordnet.

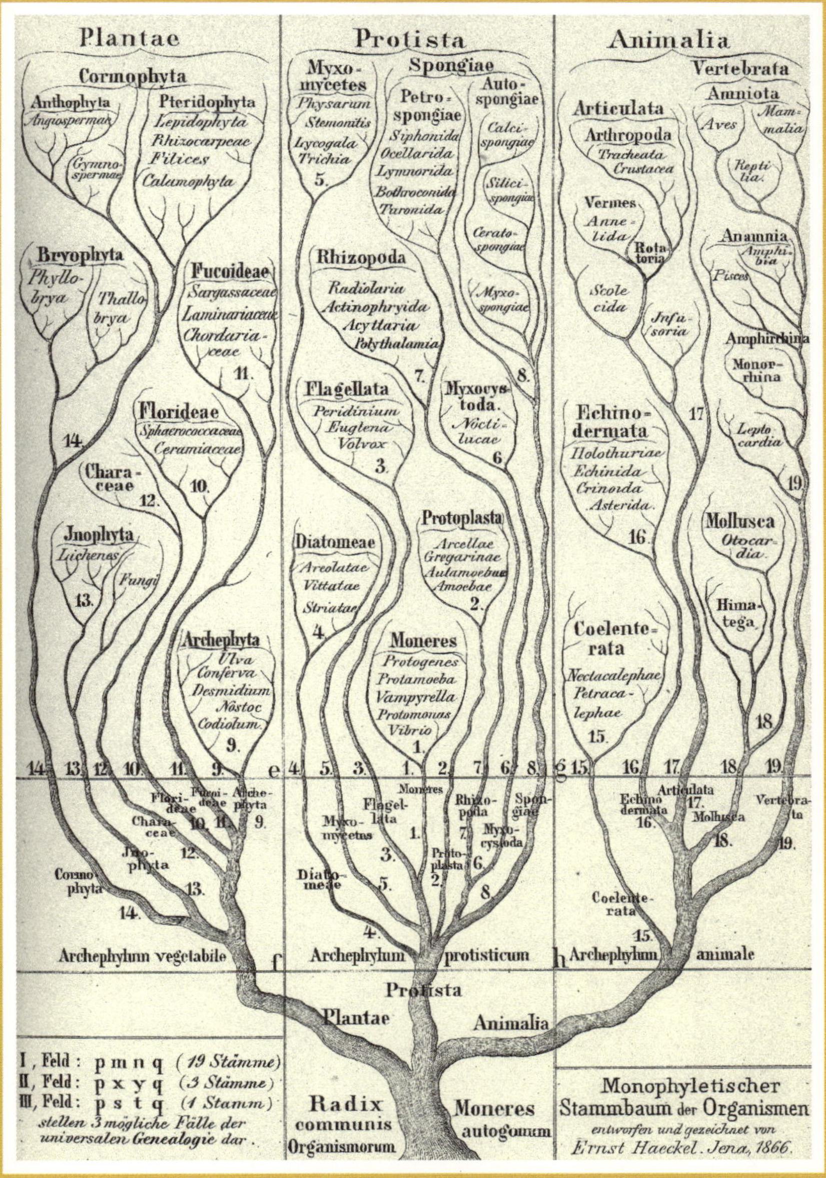

ALLGEMEIN WIRD ANGENOMMEN, dass die ersten Eukaryoten durch eine endosymbiotische Verbindung zwischen Archaeen und Bakterien entstanden sind.
Diese ungewöhnliche Konstellation lässt sich nur schwer im phylogenetischen Baum darstellen, mit dem man versucht, die evolutionären Pfade durch die Zeitläufte abzubilden. Dort vereinen sich die ersten beiden Äste kurz, um dann einen 3. Ast zu bilden.

EIN FÜNFTES REICH

Die moderne Sicht auf die untersten und breitesten Äste des Lebensbaumes zeigt, dass er sich in drei Hauptäste teilt – die Domänen Archaea, Bacteria und Eukarya. Am meisten interessiert uns unsere eigene Domäne Eukarya, die sich in vier oder möglicherweise fünf Reiche unterteilt. Im System der Klassifizierung das ein 5. Reich definiert, kommen zu Pflanzen, Tieren, Pilzen und Protisten (zu denen jetzt nur noch nicht-algenartige einzellige Eukaryoten gehören) noch die Chromista hinzu, eine Gruppe ein- und mehrzelliger Organismen, die Fotosynthese betreiben.

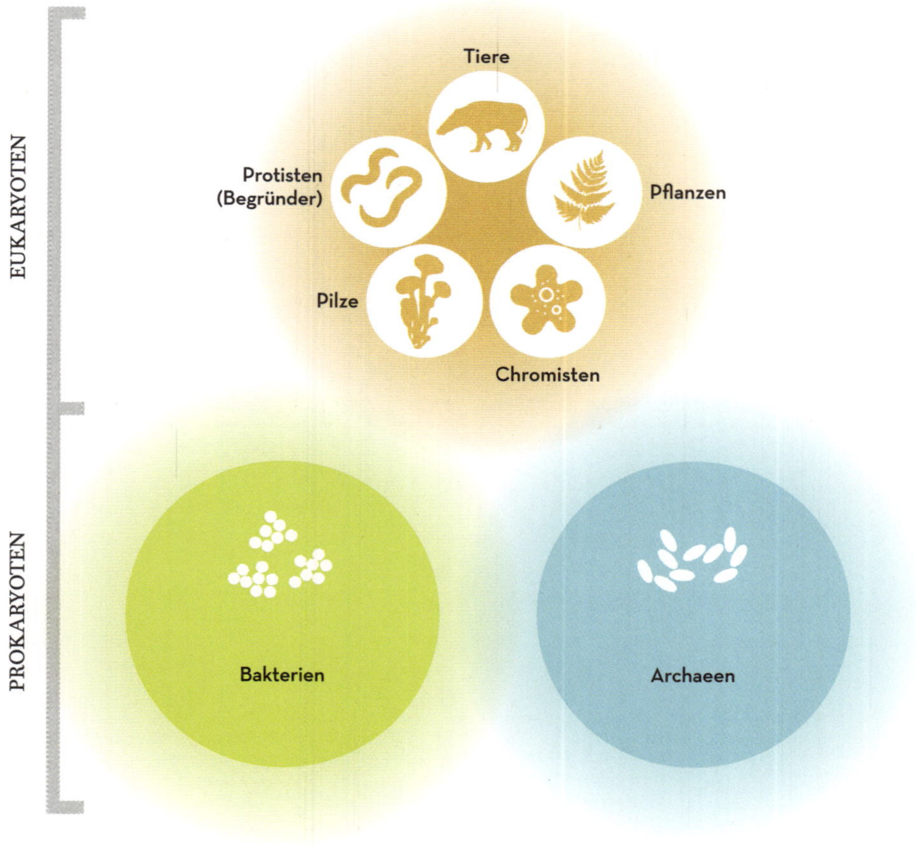

▲ Schwämme leben nicht nur in den Tiefen des Meeres. Hier besiedeln sie die Luftwurzeln von Mangrovenbäumen und bilden Teil eines einzigartigen Ökosystems.

Das Reich Chromista wurde vom Evolutionsbiologen Thomas Cavalier-Smith vorgeschlagen, der einzellige Eukaryoten ausgiebig erforscht hat. Die Alleinstellungsmerkmale der Chromista scheinen auf den ersten Blick recht esoterisch, doch alle haben eine oder beide der folgenden besonderen Eigenschaften gemein: Ihre Chloroplasten enthalten Chlorophyll c statt des für Pflanzen typischen Chlorophyll a, und anders als Pflanzenchloroplasten sind sie von einer zusätzlichen Membran umhüllt. Außerdem haben sie mikroskopisch kleine Härchen (Zilien) mit einer einzigartigen Struktur.

Durch einfache morphologische Bestimmungen mit dem bloßen Auge ließen sich zunächst die wesentlichen Unterschiede zwischen Pflanzen und Tieren erkennen. Mit einem gewissen Unbehagen stellte man dann fest, dass bestimmte Organismen, wie etwa die Schwämme, in keine der beiden Gruppen so richtig passen wollten. Um Lebewesen exakt einzuordnen, muss jedoch unbedingt genau und mit verschiedenen Methoden hingesehen werden, denn ihre äußere Struktur gibt nur begrenzt Aufschluss.

Die Anatomie geht da schon tiefer, und das Mikroskop zeigt noch mehr Details. Die hauptsächlichen Entwicklungslinien werden auf der Grundlage fundamentaler zellbiologischer und biochemischer Unterschiede differenziert. Um das zu verstehen, mussten die Menschen ihre eigenen tierischen Instinkte ignorieren. Anstatt sich nur auf die eigenen, unmittelbaren Sinneseindrücke zu verlassen, galt es neue, distanziertere, intelligente und komplexere Methoden zur Erforschung der Welt zu finden.

REICHE & STÄMME

Es ist heute allgemein anerkannt, dass Eukaryoten-Zellen von Prokaryoten abstammen, die kolonial lebten und Sauerstoff verbrauchten. Die Mitochondrien in den Zellen der Eukaryoten stammen von frei lebenden Bakterien ab. In den einfachsten Tieren, den Schwämmen, leben Zellen im Verband und erfüllen verschiedene Funktionen, die sich jedoch im Laufe ihres Lebens ändern können. Man kann sich den Schwamm als eine Arbeitsgruppe gleichgesinnter, individueller Zellen vorstellen, die kollektiv ein gemeinsames Ziel verfolgen. Jede davon ist bereit, alle anstehenden Aufgaben zu übernehmen.

In der ersten Ebene wird das Tierreich in Stämme oder Phyla (der Plural von Phylum) unterteilt. Der basalste Stamm, der sich als Erster vom Hauptast des „Reichs" abzweigt, gehört Porifera, den Schwämmen. Porifera bedeutet „porentragend" und beschriebt die für alle Schwämme typische Aufnahme von Wasser.

Anhand der fossilen Überlieferung lässt sich ziemlich genau bestimmen, wann sich alle anderen großen Tiergruppen (heute noch existierende und bereits ausgestorbene) vom Stammbaum des Tierreichs abzweigten. Die meisten davon traten nur für erstaunlich kurze Zeit in Erscheinung. Vor etwa 541 Millionen Jahren, ganz am Anfang des Paläozoikums, stand ein Ereignis, das dramatisch als die Kambrische (Arten) Explosion bezeichnet wird, wobei sich nach geologischen Maßstäben selbst Explosionen im Schneckentempo entfalten. Die kambrische dauerte mindestens 13 Millionen Jahre und dauerte damit über die erste Phase des Kambriums an. In der geologischen Zeitrechnung werden Ären in Perioden unterteilt. Die 55,6 Millionen Jahre währende kambrische Periode war die erste von sechs innerhalb der 289 Millionen Jahre währenden Ära des Paläozoikums.

Diese 13 Millionen Jahre entsprechen 162 500 durchschnittlichen Menschenleben oder 867 Lebensspannen des langlebigen *Anoxycalyx (Scolymastra) joubini*-Schwamms. In geologischer Hinsicht war das jedoch wirklich nicht lange, und die meisten heute existierenden Tierstämme entstanden in dieser Zeit. Was diese plötzliche und dramatische Blüte des Lebens in den Ozeanen der Erde auslöste, ist nicht mit Sicherheit bekannt, wobei die uralte und lückenhafte fossile Überlieferung auf ein Massenaussterben am Ende der vorherigen geologischen Ära, des Neoproterozoikums, deutet. Grund war ein vorübergehender Abfall des Sauerstoffgehalts. Ein Massenaussterben hinterlässt Lebensräume, die „unterbesetzt" sind. Diese ermöglichen dem verbliebenen Leben, sich sehr rasch auszubreiten und zu diversifizieren.

▶ Wunderschön illustrierte Bildtafel verschiedener Arten von Schleimpilzen *(Mycetozoen)*, aus Ernst Haeckels Buch „Kunstformen der Natur" von 1904.

KAMBRISCHE KURIOSITÄTEN

Ein Großteil der fossilen Belege für die kambrische Explosion stammt aus Fossilienlagerstätten in den kanadischen Rocky Mountains. In dieser Region tritt der Burgess-Schiefer in sogenannten Aufschlüssen zutage. Diese enthalten eine Vielzahl außergewöhnlich feiner, detaillierter Fossilien aus der Mittelphase des Kambriums, also nach der vorangegangenen Explosion. In einigen Fällen verlief der Versteinerungsprozess so schonend und gemächlich, dass neben den harten Schalen auch die Weichteile von Tieren in Abdrücken erhalten sind.

Im Kambrium gab es eine fast unvorstellbare Artenvielfalt. Als Paläontologen in den 1960er- und 1970er-Jahren Burgess-Fossilien freilegten, fanden sie Tiere, die derart ungewöhnlich waren, dass sie keinem der bisher bekannten Stämme zugeordnet werden konnten. Viele davon waren Gliederfüßer (Arthropoden), ein Stamm, der Insekten, Krebse, Spinnen, Tausendfüßler und andere wirbellose Tiere umfasst. Zu den frühen maritimen Gliederfüßern gehörten die wohlbekannten Trilobiten, die auf jedem ihrer recht gleich geformten und gleich großen Körpersegmente ein Kiemen- und Beinpaar haben. Bei Gliederfüßern (sowohl an Land als auch im Meer), die später entstanden, sind die Segmente verschiedenartiger und spezialisierter ausgeformt. Dabei verschwanden einige Anhängsel, während sich andere z. B. zu Fresswerkzeugen oder „Klammern" für die Paarung umgebildet haben.

Einige der zunächst nicht klassifizierbaren und lange ausgestorbenen Burgess-Besonderheiten gelten heute als primäre Verwandte der Gliederfüßer. Dazu gehört *Opabinia* mit lappig-segmentiertem Körper, rüsselähnlichem Fresswerkzeug und fünf Stielaugen, *Anomalocaris*, ein großes Raubtier mit einem Paar widerhakenbestückter „Fresskrallen" und abgeflachtem Schwanz, ähnlich dem eines Wals, und *Hallucigenia*, ein röhrenförmiges Tier mit paarigen, weichen, tentakelartigen „Beinen" und harten, langen Stacheln auf der Oberseite.

Sie alle ähneln Gliederfüßern. Dennoch haben sie Merkmale, die sich von den heutigen unterscheiden, auch wenn sich die meisten Paläontologen einig sind, dass sie zur Gliederfüßerlinie des Stammbaums gehören. So werden die modernen Arthropoden als „Kronengruppe" des Stammes der Arthropoda definiert, während die ausgestorbenen *Opabinia, Anomalocaris* und *Hallucigenia* als „Stammgruppen" bezeichnet werden, die zu einem früheren Zeitpunkt von der Linie der Gliederfüßer abgezweigt sind.

Neben den Schwämmen und den Gliederfüßern gibt es noch etwa 33 weitere Tierstämme (Phyla). Zu den bekannteren Stämmen gehören die segmentierten Ringelwürmer (Annelida) wie der Regenwurm, Nesseltiere (Cnidaria) wie die Quallen und ihre Verwandten, die im Meer lebenden Stachelhäuter (Echinodermata) wie Seesterne und Seeigel, Weichtiere (Mollusca) wie Schnecken und zweischalige Muscheln, Kopffüßer (Cephalopoda) wie Oktopusse und Tintenfische sowie die Wasserbären (Tardigrada), winzige, wirbellose, achtbeinige Tiere, die in Wasserfilmen auf Pflanzen leben und gegen widrige Umweltbedingungen außergewöhnlich widerstandsfähig sind. Der Stamm der Chordatiere (Cordata) umfasst alle Wirbeltiere und einige andere Gruppen, darunter die Seescheiden. Bei den Pflanzen wird die Stammebene mittlerweile seltener zur Klassifizierung verwendet; man bevorzugt stattdessen informelle Bezeichnungen. Die meisten Taxonomien unterteilen das Reich der Pilze in acht anerkannte Stämme, während das Reich der Protisten etwa 20 Unterteilungen hat, die manchmal als Stämme bezeichnet werden. Innerhalb der beiden Prokaryoten-Domänen der Bakterien und Archaeen sind 29 bzw. fünf Stämme anerkannt.

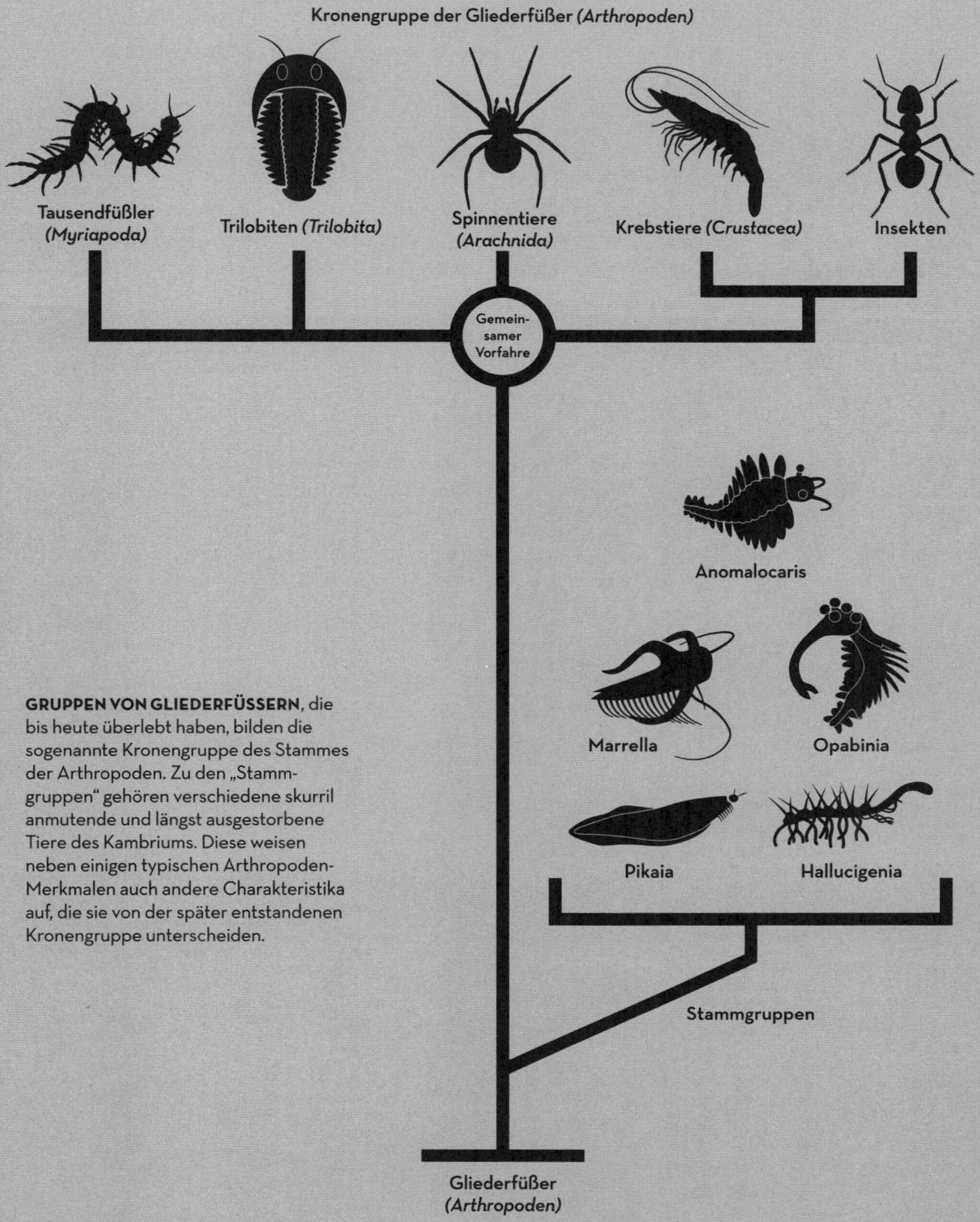

GRUPPEN VON GLIEDERFÜSSERN, die bis heute überlebt haben, bilden die sogenannte Kronengruppe des Stammes der Arthropoden. Zu den „Stammgruppen" gehören verschiedene skurril anmutende und längst ausgestorbene Tiere des Kambriums. Diese weisen neben einigen typischen Arthropoden-Merkmalen auch andere Charakteristika auf, die sie von der später entstandenen Kronengruppe unterscheiden.

PHYLOGENESE

Der Stamm des Lebensbaumes repräsentiert alles Leben auf der Erde. Die zunächst zwei, dann drei Äste, die von seiner Basis abgehen, bezeichnet man als Domänen. Jede derselben verzweigt sich in Reiche, die sich wiederum in Stämme (Phyla) aufteilen. Alle diese Ebenen des Lebens sind eine „Klade", die den jüngsten gemeinsamen Vorfahren einer Gruppe und all seine Abkömmlinge einschließt, egal ob dieser ausgestorben oder nicht.

Oft ist dieser letzte gemeinsame Vorfahre nicht nur ausgestorben, sondern auch unbekannt. Seine Existenz oder die Abzweigung, aus dem eine Gruppierung hervorging, wird quasi durch alle Nachkommen belegt. Eine Klade besteht also aus einem „Gründer-Ast" mit Unterästen sowie allen einzelnen Zweigen, die aus diesen Unterästen hervorgehen. Ob es sich dabei um heute noch lebende oder längst ausgestorbene Zweige handelt, spielt keine Rolle.

Das Studium evolutionärer Beziehungen und ihre Darstellung in Baumform bezeichnet man als Phylogenetik. Ihr Ziel ist es, echte Kladen, auch bekannt als monophyletische Gruppen, zu definieren, um evolutionäre Beziehungen präzise auszudrücken.

Trotz dieser klaren und eindeutigen Zielsetzung trifft die Phylogenetik bisweilen Aussagen, die der traditionellen Klassifizierung auf verblüffende Weise zuwiderlaufen.

Beispielsweise umfasst der Stamm der Chordatiere traditionell fünf Wirbeltierklassen: Fische, Reptilien, Amphibien, Vögel und Säugetiere. Jede dieser Gruppierungen hat klare Alleinstellungsmerkmale, doch wenn man ausgestorbene Taxa hinzufügt und die Phylogenetik anwendet, sind zwei dieser Klassen nicht mehr monophyletisch.

Fische sind die Vorfahren der anderen vier Klassen. Eine monophyletische Gruppierung, die alle Fische und deren gemeinsamen Vorfahren umfasst, müsste demnach auch alle Amphibien, Reptilien, Vögel und Säuger mit einschließen. Da sie Vorfahren der Vögel und Säugetiere sind, gibt es bei den Reptilien ein ähnliches Problem. Für sich genommen bilden die Reptilien und ihr gemeinsamer Vorfahre eine paraphyletische Gruppierung. Sie ist unvollständig, weil einige Nachkommen des gemeinsamen Vorfahren von ihr ausgeschlossen

DIE ANATOMIE eines einfachen Chordatieres. Aus Lebewesen wie diesem haben sich alle Wirbeltiere entwickelt.

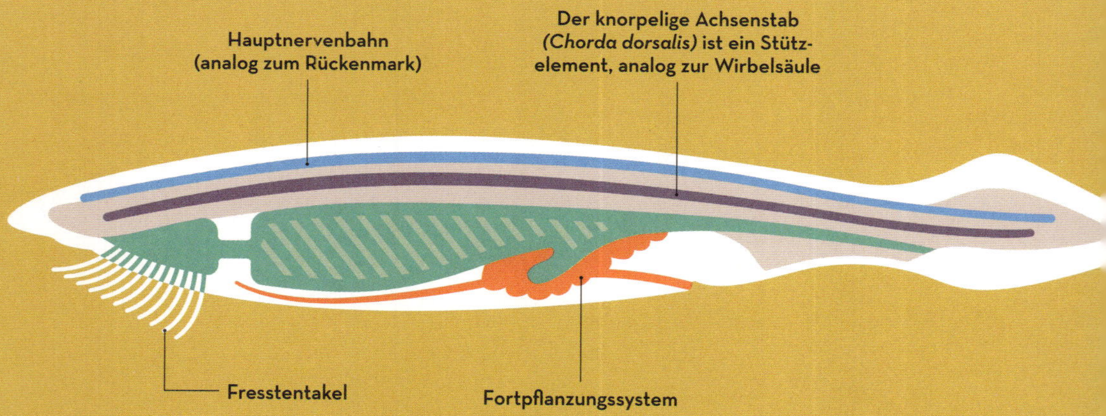

▲ Moderne Reptilien, dazu gehören Echsen, dieses Chamäleon sowie Krokodile, Schildkröten und andere, bilden nach heutigem Kenntnisstand keine monophyletische Gruppe.

sind. Eine andere unvollständige Gruppierung wäre eine, die nur Säugetiere und Vögel umfasst, aber mit den Reptilien (und deren gemeinsamen Vorfahren) wiederum den eigenen gemeinsamen Vorfahren ausschließt. Das nennt man dann eine sogenannte polyphyletische Gruppe.

Die Fossilien aus der Burgess-Lagerstätte zeigen, dass man die Phylogenetik, so klar sie im Konzept auch erscheinen mag, gar nicht so einfach anwenden kann, und dass ausgestorbene Taxa in den phylogenetischen Baum einbezogen werden müssen. Tatsächlich kommt es evtl. vor, dass ein Ast komplett ausgestorben ist, während von ihm abstammende Zweige noch immer quicklebendig sind.

ÜBERRASCHENDE ERKENNTNISSE

Zahlreiche Genetiker arbeiten heute unermüdlich daran, die phylogenetischen Stammbäume aller möglichen Lebewesen zu bestimmen. Da sie am lebenden Objekt forschen, können sie relativ einfach Zellproben erlangen und aus Zellkernen bzw. Mitochondrien DNA-Moleküle oder auch RNA extrahieren. Dann gleichen sie einander entsprechende DNA-Abschnitte jeweils zweier Arten miteinander ab und suchen nach Unterschieden in den Sequenzen der Basenpaare. Aus dem Vergleich dieser Unterschiede und dank des Wissens um die durchschnittliche Mutationsrate des jeweiligen DNA-Typs sowie des Fortpflanzungstempos der Organismen können die Forscher bestimmen, wann der letzte gemeinsame Vorfahre beider Arten lebte.

Durch diese Arbeit können die evolutionären Beziehungen verschiedener Taxa ermittelt werden, und was aufgrund fossiler Überlieferung, Biografie und Anatomie bereits vermutet wurde, lässt sich mit Beweisen untermauern. Manchmal sind die Ergebnisse jedoch geradezu verblüffend, und die vergleichende Untersuchung der DNA zweier Taxa kann zu völlig neuen Ergebnissen kommen.

So wurde seit dem Aufkommen der DNA-Sequenzierung der Stammbaum der höheren Säugetiere radikal umgestaltet. Neuere Ergebnisse aus den späten 1990er- und frühen 2000er-Jahren deuten auf die Existenz einer fantastisch vielgestaltigen Klade von Säugetieren afrikanischen Ursprungs hin, die nie zuvor miteinander in Zusammenhang gebracht worden waren. Die Klade Afrotheria umfasst Elefanten und Rundschwanzseekühe, Erdferkel, Elefantenspitzmäuse, Schlieferarten, Goldmulle und die eigentümlichen Tenreks auf Madagaskar. Die Vorstellung, dass der Elefant dem Goldmull näher steht als dem Nashorn, und dass die Seekuh dem Erdferkel mehr ähnelt als dem Schweinswal, verblüfft den Durchschnittsmenschen fast so wie die Erkenntnis, dass der Mensch dem Pilz näher verwandt ist als der Pilz der Kartoffel.

Die Phylogenetik hat auch die mögliche Existenz eines ganz neuen Tierstamms enthüllt – und zwar der Acoelomorpha. Diese Tiere ähneln den Plattwürmern (Platyhelminthes), einem Stamm kantig aussehender Meerestiere mit weichem Körper, doch das Genom der Acoelomorpha zeigt, dass sie völlig andersartig sind, und dass die Evolution beider Tierstämme vor Hunderten von Millionen Jahren auseinanderging. Ob diese Gruppierung den Status eines Stammes oder Unterstammes rechtfertigt, bleibt umstritten, aber der phylogenetische Baum an sich macht die Ausweisung taxonomischer Stufen eher bedeutungslos.

Jenseits der Tierwelt haben die phylogenetischen Studien von Pflanzen die Details ihres Stammbaums zwar noch nicht eindeutig klären können, doch die grobe Abfolge ihrer Evolution stellt sich so dar, wie im ersten Kapitel beschrieben wurde.

Die Phylogenese zeigt, dass das Reich der Protista polyphyletisch ist, da die Organismen, die derzeit darin eingeordnet werden, von mehr als einer Linie abstammen. Während weitergeforscht wird, wäre ein ernsthaftes Aufmischen des Lebensstammbaums auf Ebene der Reiche überfällig. Doch die Menschen haben – vielleicht verständlicherweise – weit mehr in das taxonomische Studium ihrer tierischen Genossen investiert als in andere Taxa.

▲ Die Acoelomorphen sind sehr einfache Meerestiere, denen die meisten der für andere Stämme typischen Körpersysteme fehlen. Diese hier tummeln sich auf der Oberfläche einer Blasenkoralle (Stamm Cnidaria).

DIE UNFASSBARKEIT DER ARTEN

Biologen fast aller Couleurs fühlen sich immer weniger den starren Regeln der traditionellen Taxonomie verpflichtet. Stattdessen wenden sie sich mithilfe phylogenetischer Methoden dem System der Kladistik zu. Zwar können Kladen noch immer mit Namen versehen werden, aber es wird bereits jetzt schon schwierig, ihnen Ränge zuzuweisen, da die Phylogenetik eine ganze Reihe potenzieller Zwischenstufen offenbart, die überall zwischen den verschiedenen formalen Rängen sitzen können. Ein Ausschnitt aus einem phylogenetischen Baum nimmt mehr Raum auf der Lehrbuchseite ein, doch kann er einen viel unmittelbareren und klareren Eindruck von evolutionären Beziehungen vermitteln als eine Liste mit Rängen und Namen. Voraussetzung ist, dass sich Wissenschaftler und Studenten mit der Funktionsweise phylogenetischer Bäume vollständig vertraut machen.

Wenn es jedoch um Arten geht, wird es schwierig, völlig neue Wege zu beschreiten. Es ist praktisch, einen Begriff für eine Population von Lebewesen zu haben, die sich ähneln und sich untereinander fortpflanzen können. Der Bergiff „Spezies" wird noch immer gut verstanden und wahrscheinlich noch eine Weile in Gebrauch sein, selbst wenn sich abzeichnet, dass er an seine Grenzen stößt.

Biologen haben immer wieder auf verschiedene Weise versucht, zu konzeptualisieren, was eine Art ist und wo die Grenze zwischen diesen gezogen werden sollte. Im Jahr 1942 beschrieb der Zoologe Ernst Mayr Arten als „Gruppen sich tatsächlich oder potenziell untereinander kreuzender natürlicher Populationen, die hinsichtlich der Fortpflanzung von anderen solchen Gruppen isoliert sind." Diese Definition wurde als biologisches Artkonzept (BSC) bekannt. Die am weitesten verbreitete Alternative ist das phylogenetische Artkonzept, das auf Vererbung und Evolution basiert – beides Aspekte, die im biologischen Artkonzept fehlen. Diesem Konzept zufolge

ist eine Art Gruppe individueller Organismen, die einen gemeinsamen Vorfahren haben und sich in vielen Merkmalen ähneln – von anatomischer und physiologischer Charakteristika bis hin zum Verhalten.

Es wurden auch eine Reihe anderer Artkonzepte vorgestellt, die Elemente des biologischen oder des phylogenetischen Artkonzeptes oder beider betonen. Beispielsweise definiert das evolutionäre Artkonzept (Wiley, 1981) eine Art als „(Abstammungs-)Linie von Organismen einer Vorfahren-Nachfahren-Population die ihre Identität gegenüber anderen solchen Linien (durch Raum und Zeit) beibehält und ihre eigenen evolutionären Tendenzen und ihr eigenes historisches Schicksal hat." Diese Definition umfasst auch Arten, die sich asexuell fortpflanzen, was beim biologischen Artkonzept nicht der Fall ist. Ihre Genauigkeit hängt jedoch von einem klaren, kontinuierlichen Fossilbericht ab, den es in vielen Fällen nicht gibt.

Unterdessen besagt das phänetische (morphologische) Artkonzept nach Ridley (1993) schlicht, dass „eine Art eine Gruppe von Organismen ist, die einander ähnlich sind und sich von anderen Gruppen unterscheiden". Auf den ersten Blick klingt das höchst unwissenschaftlich, aber es zeigt, dass der Begriff der Art an sich mehr mit menschlicher Voreingenommenheit zu tun hat als mit objektiver Wissenschaft. Tatsächlich sind sich die meisten Artkonzepte darüber einig, ob eine bestimmte Population als Art angesehen werden sollte oder nicht, und das „beste" Konzept hängt vom Zweck und den Umständen ab, wie auf Seite 199 beschrieben wird.

◄ Der Philippinenadler ist ein Beispiel für einen Organismus, der sich so sehr von allen anderen unterscheidet, dass ihn alle Artkonzepte als eigene Spezies ausweisen würden.

GEFALLENE STÄMME

Viele außergewöhnliche und ausgestorbene Tiere, von denen man ursprünglich annahm, dass sie ganze Stämme repräsentieren, werden heute nur noch als Stammgruppen eines der über 30 derzeit existierenden Stämme angesehen. Gibt es also Beweise für das Aussterben ganzer Stämme? Selbst ohne die konzeptionellen Probleme, die sich ergeben, wenn man versucht zu definieren, was ein Stamm ist, gestaltet es sich als schwierig, derart tief in die fossile Überlieferung zurückzugreifen. Dank moderner Analysetechniken können Paläontologen jedoch selbst aus den ältesten Überresten erstaunlich detaillierte Anatomien rekonstruieren.

Ein möglicher Kandidat für einen ausgestorbenen Stamm sind die Trilobozoa, eine Gruppe von Meerestieren, deren etwa 580 Millionen Jahre alte Fossilien auf die Zeit vor dem Kambrium zurückgehen. Ihr Name bedeutet „dreilappig" und leitet sich von ihrer dreistrahligen (triradialen) Symmetrie ab, die im Gegensatz zur zweiseitigen (bilateralen) der meisten anderen Tiere steht. In anderer Hinsicht ähnelten diese rundlichen Tiere am ehesten den Nesseltieren. Gelegentlich werden sie als Gruppe des Stammes Cnidaria und nicht als eigenständiger angesehen. Eine der bekanntesten fossilen Arten ist *Tribrachidium heraldicum*, ein sehr kleines Tier mit einem Durchmesser von bis zu 5 cm und einer hübsch gewundenen Erscheinung. Man nahm an, dass es sich um ein weiches Tier handelte, das auf dem Meeresboden lebte und sich oft an Untergründen festmachte, die mit den Mikroorganismen bedeckt waren, von denen es sich ernährte.

Auch die ausgestorbenen Archaeocyathiden bildeten möglicherweise einen Stamm. Sie sind uns aus 525 Millionen Jahre alten Fossilienlagerstätten bekannt. Wie die Korallen bauten diese kambrischen Organismen Riffe im Flachmeer und bildeten ein Gerüst aus Kalziumkarbonat um ihre Körper.

▲ Fossil eines Mitglieds der *Trilobozoa*, einer ungewöhnlichen Gruppe von Meerestieren, die vor mehr als 500 Millionen Jahren von der Erde verschwand.

Diese mineralischen „Skelette" waren meist schalenförmig und hatten bisweilen auffallend komplexe Strukturen. Ebenfalls im Kambrium lebten die Hyolithida, ein Taxon kleiner Meerestiere mit konischen Schalen, die jedoch den Mollusken ähnelten und vielleicht besser als eine Stammgruppe innerhalb des Stammes der Mollusca einzuordnen wären.

Ob es sich bei diesen Beispielen wirklich um Stämme handelt, wird man wahrscheinlich nie mit

Sicherheit sagen können, aber es ist klar, dass sie sich von allem, was heute lebt, stark unterschieden. Hätten sie überlebt, so würden sich ihre Nachkommen so eindrucksvoll diversifizieren können wie jeder der heute existierenden Stämme und die Zusammensetzung tierischen Lebens auf der Erde wäre vielleicht ganz anders ausgefallen.

EIN SCHNITT durch das Kalzit-Skelett eines Archaeocyathiden. Der Innenraum war durch Trennwände in eine Reihe von Kammern unterteilt, von denen man annimmt, dass sie die Weichteile des Tieres enthielten. Über Poren in den Wänden des Skeletts pumpte es möglicherweise Wasser durch seinen Körper und entlang des zentralen Hohlraums.

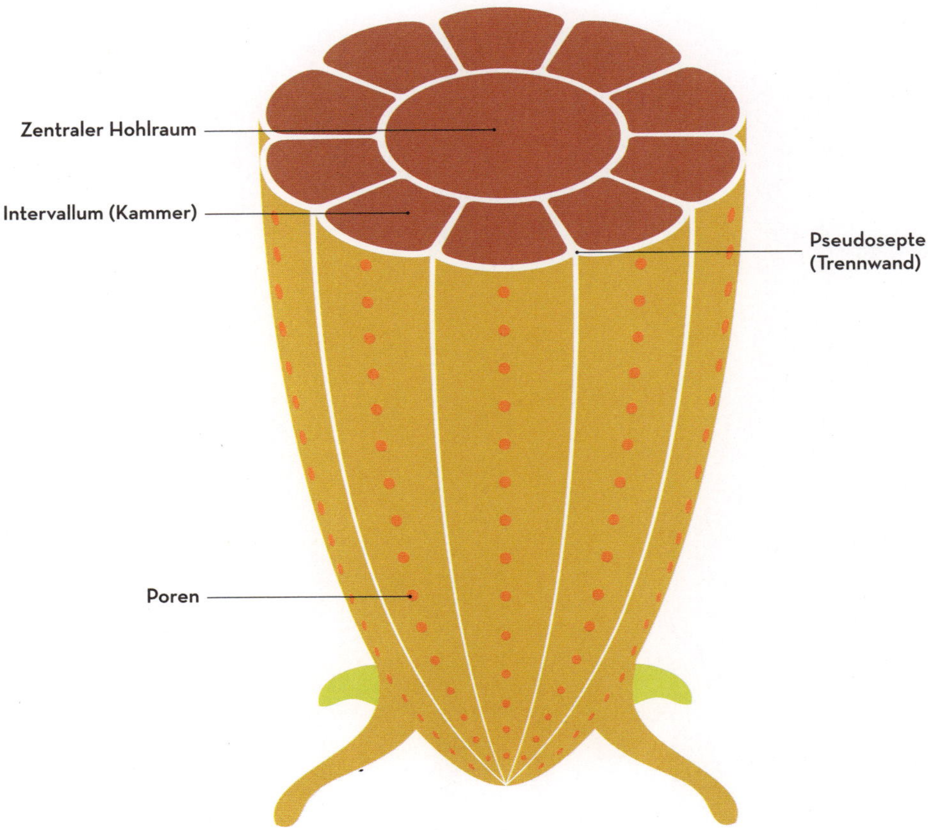

6

DER MENSCH

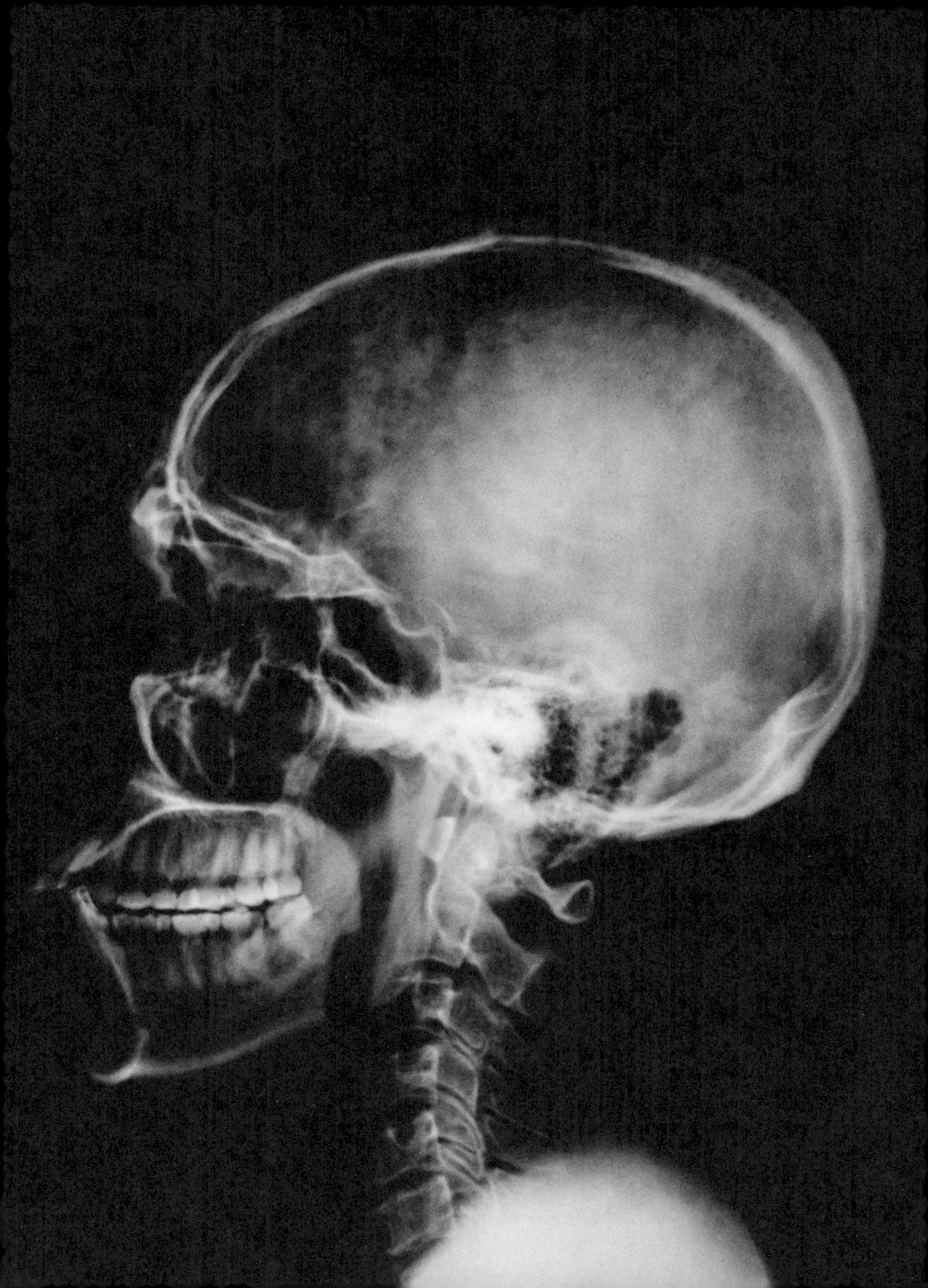

DER MENSCH

REICH	Animalia
STAMM	Chordata
KLASSE	Mammalia
ORDNUNG	Primates
FAMILIE	Hominidae
GATTUNG	Homo
ART	*Homo sapiens*

Ob Sie im Wald stehen oder 30 m über einem Korallenriff schweben, wohin der Blick auch fällt, herrscht Vielfalt. Die Bäume des Waldes beherbergen ganze Ränge von Leben – von kletternden Pflanzen und Tieren bis hin zu Laubfressern und Sammlern sowie Jägern, die alle Ebenen des Astwerks durchstreifen. Am Riff flitzen exotische und bunte Tiere durch das Wasser oder klettern über die Korallen, während im Hintergrund große Schatten patrouillieren. Keine bestimmte Lebensform dominiert diese Umgebungen, doch tritt man einen Schritt zurück und betrachtet die Erde in ihrer Gesamtheit, sind die Spuren der einflussreichsten Art des Planeten unübersehbar: der Mensch.

Während dieser Text entsteht, zählt die menschliche Bevölkerung der Erde fast acht Milliarden Individuen, Tendenz steigend. Für ein frei lebendes großes Säugetier ist das eine unglaubliche Zahl. Danach kommt die Krabbenfresser-Robbe mit geschätzten 15 Millionen Individuen. Damit macht die Population des Krabbenfressers etwa 0,2 % der menschlichen Weltbevölkerung aus, oder anders ausgedrückt, auf jeden Krabbenfresser der Erde kommen 520 Menschen.

Es gibt andere große, nicht-menschliche Säugetiere, die noch zahlreicher sind als Krabbenfresser-Robben, doch die werden in Gefangenschaft gezüchtet. Dazu gehören 1,2 Milliarden domestizierte Schafe, jeweils fast eine Milliarde Rinder und Ziegen, etwa 0,75 Milliarden Schweine, etwas mehr als 100 Millionen domestizierte Pferde, Esel und Maultiere (Equidae) und ca. 35 Millionen Kamele. Zählt man den Menschen und sein großes Gefolge domestizierter Säugetiere zusammen, kommt man auf etwa 12,6 Milliarden Lebewesen.

So überrascht es auch nicht, dass der häufigste Vogel der Erde ebenfalls domestiziert ist: Im Jahr 2020 lebten schätzungsweise 19 Milliarden Hühner auf dem Planeten. Der zahlreichste Wildvogel hingegen ist ein kleiner Webervogel, der südlich der Sahara in Afrika beheimatete Blutschnabelweber. Dieser bringt es nach einer erfolgreichen Brutsaison „gerade einmal" auf 1,5 Milliarden Individuen.

Doch vor nicht allzu langer Zeit gab es einen noch viel häufigeren Wildvogel – die nordamerikanische Wandertaube. Ihre Population mag einst bis zu 5 Milliarden Individuen gezählt haben. Im 18. Jahrhundert wurde von Schwärmen berichtet, die sich meilenweit ausdehnten und stundenlang den Himmel verdunkelten. Doch bereits zu Beginn des 20. Jahrhunderts war die Wandertaube von nur einer einzigen, mörderischen Raubtierart vollständig ausgelöscht worden: dem Menschen.

Die Geschichte der Wandertaube ist eine der dramatischsten Tausender vom Menschen verursachter Ausrottungen, und sie zeigt den außerordentlichen Einfluss desselben auf das Leben der Erde. Wie alle anderen Arten auch, benötigen wir für unser Überleben Ressourcen. Allerdings haben alleine wir die Fähigkeit, riesige Mengen verschiedenster Rohstoffe auszubeuten, was uns auf einmalige Weise prosperieren ließ und zwar auf Kosten fast aller anderen Lebewesen. Der überwältigende Erfolg der menschlichen Bevölkerung führt nun zum 6. Massenaussterben auf dieser Erde. Wir Menschen haben zwar gelernt, die enormen Folgekosten unserer Lebensweise einzuschätzen, doch wenn es darum geht, wirkungsvoll dagegen anzugehen, sind wir scheinbar hilflos.

▲ Seite 120 – 121: Ein Röntgenbild zeigt den verhältnismäßig großen Hirnschädel des Menschen – der Schlüssel zum beispiellosen, weltbeherrschenden Erfolg dieser Spezies.

IM DICKICHT DER STAMMBÄUME

Menschen sind Primaten – Zugehörige einer eigenständigen Säugetierordnung, die hauptsächlich in den bewaldeten tropischen und subtropischen Teilen der Welt vorkommt. Zu den Primaten gehören die Lemuren und Loris, Galagos und Pottos sowie andere pelzige Baumkletterer Afrikas und Südasiens.

Die bekanntesten Primaten sind Affen, sie kommen auch auf dem amerikanischen Kontinent vor. Affen haben lange Gliedmaßen sowie kräftige Hände und Füße. Dadurch sind sie gut an ein Leben auf Bäumen angepasst, in denen sie klettern und Blätter und Früchte zum Essen pflücken. Intelligenz war von jeher ein Schlüsselmerkmal in der Evolution der Affen. Sie sind meist sehr sozial, teilen ihr Wissen darüber, welche Früchte wo und wann reif werden, arbeiten zusammen und profitieren von der gemeinsamen Wache vor Raubtieren.

Die Menschenartigen sind schwanzlose Affen, zu denen auch die Gibbons gehören – kleine, flinke Tiere, die sich durch Schwinghangeln (Brachiation) fortbewegen. Die sogenannten Großen Menschenaffen sind größer, langlebiger und klüger als ihre kleineren Verwandten, wobei sich Schimpansen und Gorillas in den Regenwäldern Afrikas und die Orang-Utans in Südostasien entwickelten. Es gibt

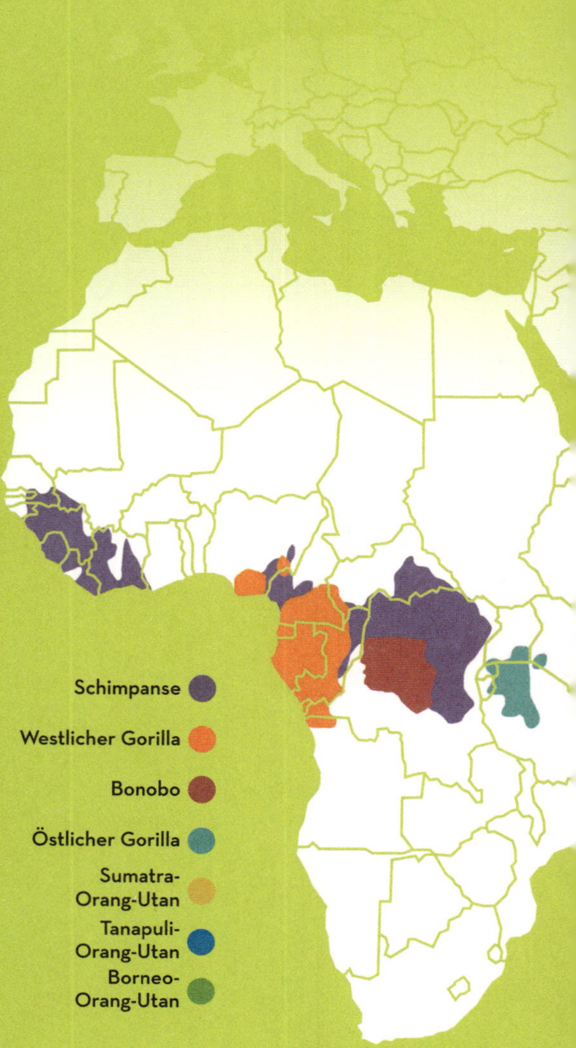

mehrere anerkannte Arten von Menschenaffen, und DNA-Studien haben ergeben, dass einige eng lebende Populationen unterschiedliche Arten sind.

Auch die Menschen gehören zu den Menschenaffen, die alle einen längst ausgestorbenen Vorfahren teilen. Zuerst spalteten sich vor etwa 13 Millionen Jahren die Orang-Utans von der gemeinsamen Linie ab. Die Gorillas trennten sich dann vor etwa acht Millionen, die Linien der Schimpansen und der Menschen vor gerade einmal sechs Millionen Jahren. Vor höchstens drei Millionen Jahren teilte sich dann der Schimpansenzweig in Schimpansen und Bonobos.

Seit dem letzten gemeinsamen Vorfahren (LGV) von Schimpansen und Menschen sind viele menschenähnliche Spezies aufgetaucht und wieder ausgestorben. Die bekannte Darstellung der menschlichen Evolution als lineare Entwicklung vom buckligen Affen zum aufrecht gehenden modernen Menschen wurde zum Muster zahlloser Karikaturen vom „Aufstieg" des Menschen. Zutreffender allerdings wäre ein wucherndes Gestrüpp von Zweigen, deren Spitzen alle dürr und tot sind – bis auf eine.

Der LGV war aber nicht nur eine Art moderner Schimpanse. Schimpansen und Menschen haben sich aus demselben Vorfahren entwickelt, und beide Abstammungslinien waren über denselben Zeitraum hinweg evolutionären Veränderungen unterworfen. Allerdings war der LGV, genau wie die modernen Schimpansen, ein Tier des Waldes, während sich der Mensch aus einer Teilpopulation von Nachkommen entwickelte, die auszogen, offenere Landschaften zu erobern.

DIESE KARTE zeigt die Verbreitungsgebiete der großen Menschenaffen, die sich aus einem gemeinsamen Vorfahren entwickelt haben, der vor mehr als 13 Millionen Jahren lebte. Mit der krassen Ausnahme des Menschen handelt es sich um hoch spezialisierte Tiere, die nur in den äquatorialen Wäldern vorkommen. Alle Arten sind ernsthaft vom Aussterben bedroht.

DIE REKONSTRUKTION DER MENSCHLICHEN URGESCHICHTE

Der LGV entwickelte sich auf dem afrikanischen Kontinent, als es dort und weiter nördlich und östlich viele große Menschenaffenarten gab. Der Versuch herauszufinden, ob einer dieser fossilen Affen ein echter LGV gewesen sein könnte, und wenn ja welcher, führt zur Spekulation. Schließlich werden nur verschwindend wenige tote Tiere überhaupt fossiliert, und hinzu kommt, dass die feuchten und sauren Waldböden einer erfolgreichen Fossilisation von vornherein entgegenwirken. Es kann gut sein, dass noch gar keine echten LGV-Überreste gefunden wurden, obwohl es mit *Nakalipithecus* und *Ouranopithecus* Anwärter gibt, die in Afrika und Südeuropa gefunden wurden. Ersterer könnte allerdings auch ein gemeinsamer Vorfahre von Gorillas, Menschen und Schimpansen gewesen sein.

Das Studium von Fossilien ist eine schwierige und frustrierende Angelegenheit, und es ist von vornherein selten, fast immer unvollständig, beschädigt oder beides, und hinzu kommt der schiere Aufwand, mit dem Suche, Freilegen und Präparation einhergehen. Und dann besteht da noch die Aufgabe, die Funde richtig zu interpretieren. Zu bestimmen, welches anatomische Detail welcher allgemeinen Tierart überhaupt vorliegt, kann sich als fast unmöglich erweisen. Die ersten Fossilien des bizarren, längst ausgestorbenen Gliederfüßers *Anomalocaris* (oder „ungewöhnliche Garnele“) waren voneinan-

der abgetrennte Körperteile, bestehend aus einem Maul, einem Teil des Fressapparats und dem Großteil eines Körpers. Ursprünglich wurden sie drei verschiedenen Tieren zugeordnet: das runde, gezackte Maul einer Qualle, das gelenkige Fresswerkzeug einer Garnele und der gelappte Körper eines Schwammes. Erst die spätere Entdeckung vollständigerer Fossilien brachte ans Licht, dass es sich um ein riesiges, schnell schwimmendes Raubtier handelte, das weder einer Qualle noch einer Garnele oder einem Schwamm ähnlich sah.

Die Erforschung menschlicher Fossilien wird noch immer davon überschattet, dass sie einst einer vorsätzlichen Fälschung aufgesessen war. Der „Piltdown-Man“ war um 1912 im Abraum einer Kiesgrube in Sussex gefunden worden. Es handelte sich um Zähne und Schädelfragmente eines modernen Menschen und den Kiefer eines Orang-Utans. Wissenschaftler entlarvten den Piltdown-Menschen 1953 als Betrug, aber das Vermächtnis des unbekannten Spaßvogels war ein anhaltendes Misstrauen gegenüber menschenähnlichen Fossilienfunden. Eine gesunde Skepsis ist ja auch gar nicht so unangebracht, wenn es um wissenschaftliche Untersuchungen geht.

Zu den berühmtesten aller vormenschlichen Fossilien gehören die Überreste eines jungen weiblichen Tieres, das vor etwa 3,2 Millionen Jahren in Äthiopien lebte. Ein Team, unter der Leitung von Donald Johanson vom Cleveland Museum of Natural History, barg 1974 etwa 40 % ihrer Knochen aus dem Boden. Dazu gehörten Schädelfragmente, ein Großteil ihres Kiefers und ihrer Arme sowie einige Rippen und Wirbel einschließlich des Kreuzbeins, eines „Brocken“ verschmolzener Wirbel am unteren Ende der Wirbelsäule, dazu eine Hälfte ihres Beckens mit dem entsprechenden Oberschenkelknochen sowie ein Stück des gegenüberliegenden Unterschenkels. Diese Knochenteile, die Art und Weise wie sie zusammenpassten, und die Winkel, die sie dabei bildeten, lieferten genügend Informationen für eine Reihe von Thesen. Lucy war weiblich, etwa zwölf Jahre alt und 1,1 m groß. Ähnlich wie die Schimpansen und Gorillas hatte sie ein flaches Gesicht mit breitem Kiefer und einem breiten Brustkorb. Sie bewegte sich auf ihren Füßen und konnte bequem aufrecht stehen.

◀ Rekonstruktionen einiger ausgestorbener Verwandter des modernen Menschen. Vorne rechts ein männlicher und weiblicher *Australopithecus afarensis*, dahinter ein Neandertaler mit Speer *(Homo neanderthalensis)*.

LUCY & IHRE VETTERN

Lucys Art wurde *Australopithecus afarensis* benannt (*australo* von *australis*, dem lateinischen Wort für Süden, *pithecus* vom griechischen Wort für Affe und *afarensis* als Bezugnahme auf die Region Afar, wo sie gefunden wurde). Lucy war jedoch nicht das erste *Australopithecus*-Fossil, das gefunden wurde. Einen 1924 in Südafrika entdeckten fossilen Schädel hatte man der Art *Australopithecus africanus* zugeordnet. Damals fielen seine menschenähnlichen Merkmale auf, wie die Anzahl der Zähne und die Position des großen Hinterhauptlochs *(Foramen magnum)* an der Schädelbasis, durch das das Rückenmark austritt, das auf einen Zweibeiner schließen ließ.

Allerdings konnte man sich erst mit der Entdeckung von Lucy einen kompletten, lebenden *Australopithecus* wirklich vorstellen. Auf künstlerischen Interpretationen ist sie meistens als aufrechter Schimpanse dargestellt, die zweite oder dritte von links im klassischen „Evolution-des-Menschen"-Cartoon (s. S. 141).

Lucy und ihre Verwandten waren aber nicht unbedingt direkte Vorfahren des Menschen. In den letzten beiden Jahrhunderten wurden viele andere menschenähnliche Fossilien gefunden. Zusammen bilden sie eine Gruppe, die von Taxonomen als „Australopithecinen" bezeichnet wird. Die Gattung

IM LAUFE DER ZEIT hat sich die Schädelform bei den Vorfahren des Menschen erheblich verändert. Das Cranium ist größer und glatter geworden und die Überaugenwülste weniger ausgeprägt. Der Geburtsvorgang begrenzt die Kopfgröße von Säuglingen, daher werden menschliche Säuglinge im Vergleich zu anderen großen Menschenaffen in weniger entwickeltem Zustand geboren.

Sahelanthropus tchadensis
Vor 7 Millionen Jahren

Australopithecus afarensis
Vor 3,5 Millionen Jahren

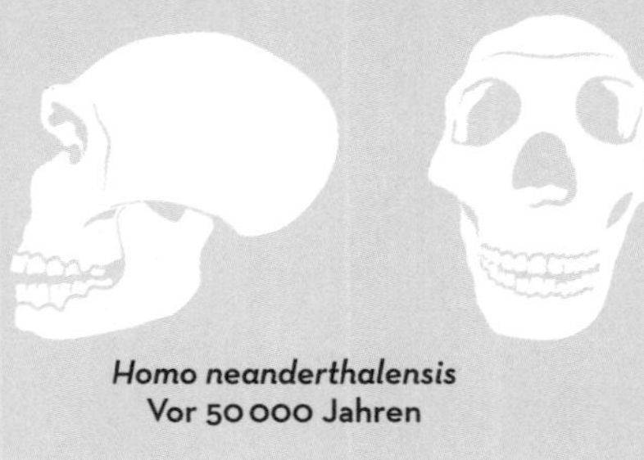

Homo neanderthalensis
Vor 50 000 Jahren

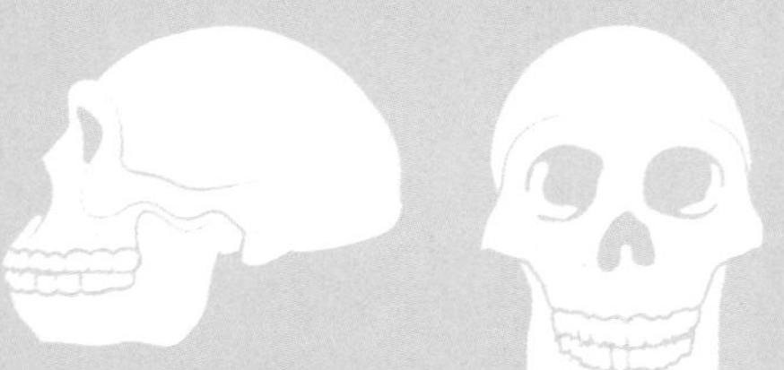

Homo erectus
Vor 1,5 Millionen Jahren

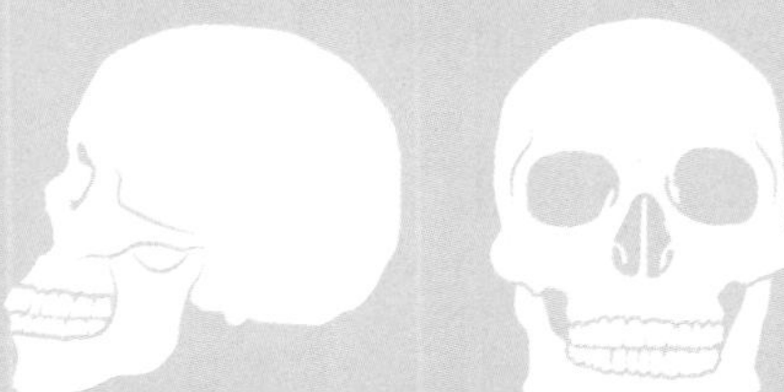

Homo sapiens
Heute

▲ In vielen Teilen Afrikas und Eurasiens wurden bedeutende Fossilien verschiedener Arten von Frühmenschen gefunden.

Australopithecus existierte vor 4,2 – 1,9 Millionen Jahren. Ursprünglich aus dem östlichen Afrika stammend, hatte sie sich weit über den Kontinent verbreitet.

Mindestens fünf verschiedene Arten mit verschiedenem Körperbau entwickelten sich. Die schlanken und leichtgewichtigen wie Lucy ordnete man den „grazilen Australopithecinen" zu, während stämmigere Formen mit großen, kräftigen Kiefern wie *Australopithecus boisei* (heute meist als *Paranthropus boisei* bekannt) als „robuste Australopithecinen" eingestuft werden. Sie alle gingen auf zwei Beinen, was eine entscheidende Entwicklung in der menschlichen Evolution darstellte. Eine bequem ausbalancierte Fortbewegung auf zwei Beinen (Bipedie) befreit die Vordergliedmaßen für andere Aktivitäten. Während sich das Tier fortbewegt, kann es beispielsweise einen Nahrungsvorrat tragen, die Hand eines Säuglings oder auch eine Waffe halten.

In Afrika und rings um das Mittelmeer lebten während des Pliozäns und des frühen Pleistozäns vor 3,6 – 1,8 Millionen Jahren zahlreiche verschiedene zweibeinige Affen zeitgleich. Neben *Australopithecus* und *Paranthropus* gab es noch *Ardipithecus, Orrorin, Sahelanthropus* und *Graecopithecus*. Ihre Gehirne waren nicht viel größer als die moderner Schimpansen, aber viele benutzten einfache Steinwerkzeuge, und einige waren möglicherweise zur Sprache fähig. So lässt die Schädelstruktur des *Ardipithecus* auf eine nuancierte Kontrolle des Stimmapparats schließen. Gegen Ende dieser Zeitspanne tauchen die ersten Angehörigen der Gattung *Homo* in der Fossilüberlieferung auf, zu der auch der moderne Mensch gehört. Statt eine einheitliche Entwicklungslinie zu zeigen, deutet der Fossilbericht jedoch auf zahlreiche verschiedene mögliche Vorfahren dieser ersten Menschen hin.

DAS ERSCHEINEN DES MENSCHEN

Die Spezies *Homo habilis* („geschickter Mensch") lebte während der Steinzeit vor etwa 2,1–1,5 Millionen Jahren. Seine Fossilien wurden an verschiedenen Orten Ostafrikas gefunden, wo er neben *Australopithecus*-Arten sowie späteren Homo-Arten, darunter auch *Homo erectus,* lebte. Doch es ist unter Paläontologen umstritten, ob *Homo habilis* wirklich zur Gattung Homo gehört oder doch besser als eine weitere Art von *Australopithecus* angesehen werden sollte. Auch wenn er allgemein als Frühmensch gilt, wird er aufgrund seiner anatomischen Merkmale irgendwo zwischen Lucy und *H. erectus* eingeordnet.

H. habilis hat eine um ca 45 % größere Schädelkapazität als *Australopithecus afarensis,* und der größte Teil dieses Gehirns bestand aus Großhirn – der „grauen Substanz", die abstraktes Denken ermöglicht. Neben diesem größeren und runderen Schädel hatte er auch einen kleineren und weniger vorragenden Kiefer als *Australopithecus,* was ihm menschlichere Gesichtszüge verlieh. Form und Abnutzungsmuster der Zähne deuten auf eine abwechslungsreiche Diät hin, die sowohl Fleisch als auch eine Vielzahl pflanzlichen Materials umfasste. Die äußerst harten Nüsse, die die robusten Australopithecinen mit ihren massiven Kiefern zerbissen, gehörten wahrscheinlich nicht dazu.

Mit etwas mehr als 1,3 m Körpergröße war *H. habilis* zierlicherer als durchschnittliche moderne Menschen, doch seine Körperproportionen waren recht ähnlich. Insbesondere seine verhältnismäßig langen Beine machten ihn zu einem energieeffizienten, zweibeinigen Geher und Läufer. Er stellte zahlreiche Steinwerkzeuge her, insbesondere Klingen, mit denen er wahrscheinlich Fleisch von großen Tierkadavern abhackte. Fossilienfundstätten, die mit dieser Spezies in Verbindung gebracht werden, enthalten Tierknochen mit den Schnittspuren solcher Werkzeuge. Einzelne *H. habilis* wurden wohl von Raubtieren wie Säbelzahnkatzen gejagt. Es ist jedoch gut möglich, dass sie sich in Gruppen zusammenschlossen, um kleineren Fleischfressern die erlegte Beute abzunehmen.

Es lässt sich darüber streiten, ob es sinnvoll ist, anhand weniger Knochen und Steine derart detaillierte Spekulationen über das Verhalten dieser Spezies anzustellen. Doch angesichts der Indizien sowie dessen, was sich vom modernen Menschen und seinen Fähigkeiten ableiten lässt, waren diese frühen Menschen wohl erfinderisch, lebten in engen sozialen Gruppen und lernten voneinander. Die letzten beiden Faktoren, kombiniert mit der Befreiung der Hände dank Bipedie, hätten einen enormen Selektionsdruck auf *H. habilis*-Populationen ausgeübt. Es wäre darauf angekommen, schlauer, geschickter und sozial kompetenter zu werden.

▶ Rekonstruktion von *Homo habilis*, ein Steinwerkzeug herstellend. Diese Werkzeuge eröffneten dem „geschickten Menschen" neue Möglichkeiten der Jagd und Nahrungssuche.

GEOGRAFISCHE FAKTOREN

Größere, komplexere Gehirne und geschicktere Finger gehören zu den Merkmalen, die *Homo erectus* vom früheren *Homo habilis* unterscheiden. Die ältesten Fossilien von *H. erectus* sind 1,9 Millionen Jahre alt, doch *H. erectus* beschränkte sich nicht auf seinen ursprünglichen Lebensraum. In West- und Osteuropa sowie im ganzen südlichen Asien finden sich Fossilien. Viele davon wurden ursprünglich einer anderen Art zugeordnet, doch die moderne Paläontologie hält sie alle für *H. erectus*, wenn auch in einigen Fällen für unterschiedlich genug, um sie in Unterarten einzuteilen.

Zu diesen gehören *Homo erectus ergaster* aus Afrika (die älteste bekannte Form), *Homo erectus georgicus* aus Georgien in Europa und *Homo erectus soloensis* (Solo-Mensch) vom Solo-Fluss in Java. Eine weite geografische Ausbreitung ist ein Zeichen für eine erfolgreiche generalistische Art. Auch das mehr als eine Million Jahre andauernde Dasein von *H. erectus* spricht für seinen großen Erfolg. *Homo sapiens* hat bisher nur ein Viertel solang überlebt.

H. erectus könnte sich durchaus aus einer Population von *H. habilis* entwickelt haben, doch er hat seinen Vorfahren zumindest nicht schlagartig ersetzt. Die beiden Arten teilten sich diesen Planeten für etwa ½ Million Jahre, zusammen mit verschiedenen Australopithecinen, die ebenfalls während dieser Zeit lebten. Allerdings war *H. erectus* in Bezug auf Gehirnleistung, Geschicklichkeit und soziale Organisation wesentlich weiterentwickelt, was ihm eine größere Verbreitung und ein besseres Gedeihen ermöglichte, als allen vorgehenden Australopithecinen oder Menschen. Diese frühen Menschen benutzten hoch entwickelte Steinwerkzeuge zum Hämmern, Hacken und Schneiden. Verbrannte Tierknochen, die an ihren Wohnstätten gefunden wurden, deuten darauf hin, dass sie Feuer kontrolliert zum Garen von Nahrung einsetzten. Aus ihrer späteren Geschichte gibt es Hinweise, dass sie Vorräte in Höhlen anlegten, und eine 500 000 Jahre alte Muschelschale mit geometrisch eingeritzten Mustern legt nahe, dass sie auch künstlerisch tätig waren. Gleichzeitig lässt ihre geografische Verbreitung darauf schließen, dass sie Flöße benutzten, um offene Gewässer zu überqueren.

H. erectus war auch ein Jäger. Seine Arm- und Schulterstruktur unterschied sich deutlich von *H. habilis*. Dieser hatte schimpansenähnliche Vordergliedmaßen und war wahrscheinlich ein geschickter Kletterer. Im Gegensatz dazu war *Homo erectus* zwar genau wie der moderne Mensch weniger gut im Klettern, aber er konnte Objekte mit hoher Geschwindigkeit werfen, und unter seinen Steinwerkzeugen befanden sich auch Waffen, die zum Schleudern geeignet waren. Seine Fähigkeit, Gruppen intelligent zu organisieren und Angriffe zu planen, half *H. erectus* zusätzlich bei der Jagd auf andere Tiere. So etwas hatte es in der natürlichen Welt noch nie gegeben. Hier liegt auch die Wurzel des modernen menschlichen Dünkels, über der restlichen Natur zu stehen.

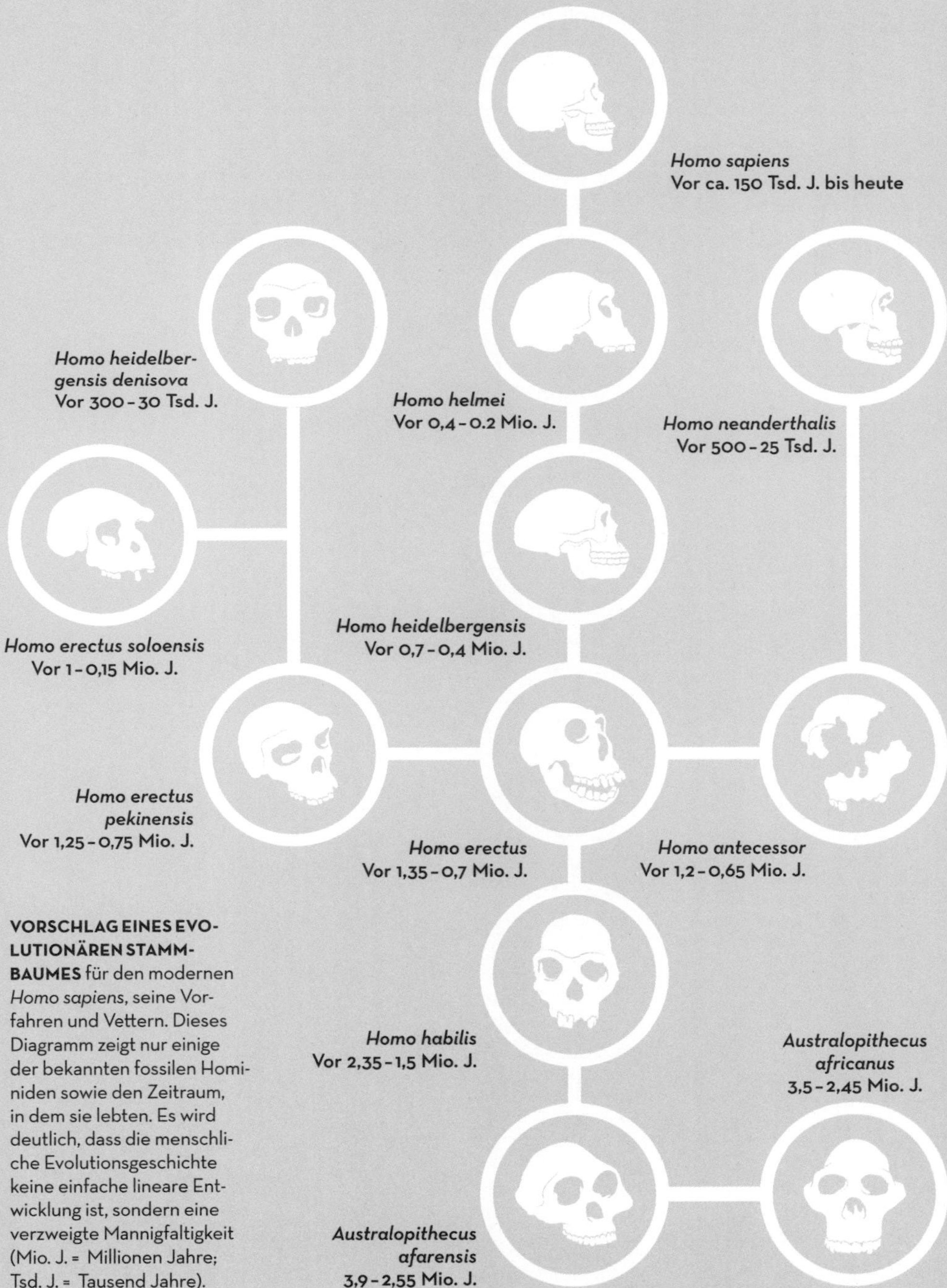

VORSCHLAG EINES EVOLUTIONÄREN STAMMBAUMES für den modernen *Homo sapiens*, seine Vorfahren und Vettern. Dieses Diagramm zeigt nur einige der bekannten fossilen Hominiden sowie den Zeitraum, in dem sie lebten. Es wird deutlich, dass die menschliche Evolutionsgeschichte keine einfache lineare Entwicklung ist, sondern eine verzweigte Mannigfaltigkeit (Mio. J. = Millionen Jahre; Tsd. J. = Tausend Jahre).

DIE MACHT DER GESELLSCHAFT

Die lange Existenz und weite Verbreitung des *Homo erectus* schienen keine dramatischen Auswirkungen auf die Wildtierbestände zu haben. Es war der erste Mensch, der als Jäger und Sammler lebte, und beides waren angesichts der vielen großen Raubtiere gefährliche Beschäftigungen. Ihre Lebensweise wird nachhaltig gewesen sein, denn das Töten und Sammeln von mehr verderblicher Nahrung als verbraucht werden kann, ist eine enorme Energieverschwendung. Eine fleischreiche Ernährung hatte auch wirbellose Tiere enthalten, denn *H. erectus* verschmähte auch keine Insekten und Weichtiere. Protein ver-

Der afrikanische Ursprung und das folgende Ausbreitungsgebiet des *Homo erectus* nach fossilen Funden.

sorgte das wachsende und sehr energiebedürftige *Homo*-Gehirn. Gleichzeitig wurden ihre Hände kräftiger und geschickter, wozu die Entwicklung eines kleinen Knochenfortsatzes *(Processus styloideus)* am Handgelenk beitrug. Dieser verlieh der Hand die Fähigkeit, sich im Handgelenk zu „verriegeln" und so mehr Druck durch die Finger auszuüben.

HOMO ERECTUS stammte aus Afrika, aber seine Fossilienfunde sind viel weiter verbreitet. Die Datierung dieser Fossilien liefert ein Bild seiner Migration in neue Regionen.

Diese Menschen lebten wahrscheinlich in Familiengruppen und größeren Sozialverbänden und gingen entlang von Wasserläufen, aber auch im offenen Gelände und in Wäldern auf Nahrungssuche. Sie verbrachten ihre Zeit mit dem Sammeln und Zubereiten von Nahrung, aber Entspannung gehörte wohl auch dazu. Heute leben einige moderne menschliche Gemeinschaften immer noch den traditionellen Lebensstil der Jäger und Sammler. Ihre Daseinssicherung ist weniger zeitaufwendig als die Arbeit moderner Bauern und städtischer Lohnarbeiter.

Homo erectus hatte also reichlich Zeit, um soziale Bindungen aufzubauen und zu pflegen. Der Schädel eines älteren Mannes deutet darauf hin, dass sich diese Menschen um die alternden, kranken und sterbenden Mitglieder ihrer Gruppe kümmerten. Ein Kieferschaden lässt vermuten, dass der Mann bereits lange vor seinem Tod die meisten Zähne verloren und Hilfe bei seiner Ernährung benötigt hatte.

Als sich das Dasein von *H. erectus* dem Ende zuneigte, und nachdem die letzte Australopithecus-Art ausgestorben war, trat *Homo heidelbergensis* auf den Plan. Dieser Mensch hat sich wahrscheinlich aus *H. erectus* entwickelt, die beiden haben aber auch koexistiert. Im Wesentlichen handelt es sich also um einen neuen Zweig, der sich von einem älteren abgespalten hatte, welcher weiterhin gedieh. *H. heidelbergensis* war in Bezug auf die Gehirngröße und anderen Parametern dem modernen Menschen sehr ähnlich. Er hatte zwar immer noch ausgeprägte Augenwülste und einen kräftigen Kiefer, aber sein Gesicht sah eindeutig menschlich aus. Er verbreitete sich von vor etwa 700 000 – 200 000 Jahren durch Afrika und Europa, einschließlich der kälteren Klimazonen, die *H. erectus* nicht besiedelt hatte, und es war der erste Mensch, von dem bekannt ist, dass er Kleidung trug und dauerhafte Behausungen nutzte.

GIBT ES UNTERARTEN DES MENSCHEN?

Die Fossilüberlieferung dieser Primatengruppe ist noch längst nicht völlig erforscht, doch es zeigt sich bereits deutlich, dass sich die menschlichen Nachfahren des LGV in ein kompliziertes Gestrüpp verschiedener Formen verzweigt haben, von denen in diesem Kapitel nur einige wenige detailliert beschrieben werden. Nur eine davon hat bis heute überlebt, und dennoch war jeder dieser entstandenen Typen über viele lange Jahrtausende hinweg erfolgreich. Meist lebten sie ein stetiges und unauffälliges Dasein und entwickelten dabei Kulturen, die sich über ihre Kinder und Kindeskinder hinaus in eine ewige Zukunft erstreckten. So zumindest muss es ihnen vorgekommen sein.

Die meisten modernen *Homo sapiens* empfinden das in Bezug auf ihre eigene Spezies genauso, dabei gibt es uns erst seit weniger als 250 000 Jahren. Wenn man unsere Zukunftsaussichten mit kalter Objektivität betrachtet, scheinen unsere Chancen, so lange zu überleben wie einige unserer bekannteren Vorfahren, im Moment eher schlecht zu stehen.

Warum alle anderen Linien bis auf eine ausstarben, darüber muss spekuliert werden, doch bisher ist noch jede Spezies, die jemals gelebt hat, ausgestorben. Eine Art, die mehr als eine Million Jahre besteht, schlägt sich wacker. Konkurrenz durch ähnliche Arten ist oft die Hauptursache für ein Aussterben, und zwischen all den zweibeinigen afrikanischen und eurasischen Affen kam es sicherlich zum Wettbewerb um Ressourcen. Die Paläontologen sind sich nicht einig, was mit *Homo heidelbergensis* geschah. Allerdings deuten fossile Belege darauf hin, dass die beiden modernsten Formen des Menschen, *Homo sapiens* und *Homo neanderthalensis* (der Neandertaler), von dieser weit verbreiteten Art abstammen. *H. sapiens* ging vermutlich aus den südlichen, afrikanischen Populationen hervor und *H. neanderthalensis* aus den nördlichen, europäischen.

Eine dritte Menschenform, bekannt als die Denisova-Menschen, für die es bisher keine einheitliche wissenschaftliche Bezeichnung gibt, entstand aus dem weiter östlich lebenden *H. heidelbergensis*. Dabei ist jedoch unklar, inwieweit sie sich von den Neandertalern unterschieden. Sehr wahrscheinlich handelte es sich bei beiden um dieselbe Art.

Noch eine weitere Art, *Homo florensiensis*, hat sich möglicherweise aus dem *Homo erectus* oder aus einer noch früheren *Homo*-Art entwickelt und lebte bis vor mindestens 50 000 Jahren isoliert auf der indonesischen Tropeninsel Flores. Wie viele auf Inseln isolierte Tierformen hatte *H. florensiensis* oder der „Mensch von Flores“ eine Reihe unge-

wöhnlicher, unverwechselbarer Merkmale. Am bemerkenswertesten sind seine winzige Statur von etwas mehr als 1 m, die ihm den Spitznamen „Hobbit" eingebracht hat, und sein ziemlich kleines Gehirn.

▲ Der ausgestorbene Neandertaler *(Homo neanderthalensis)* wäre vielleicht zutreffender als Unterart des *Homo sapiens* einzustufen. Seine Gene leben im modernen Menschen fort.

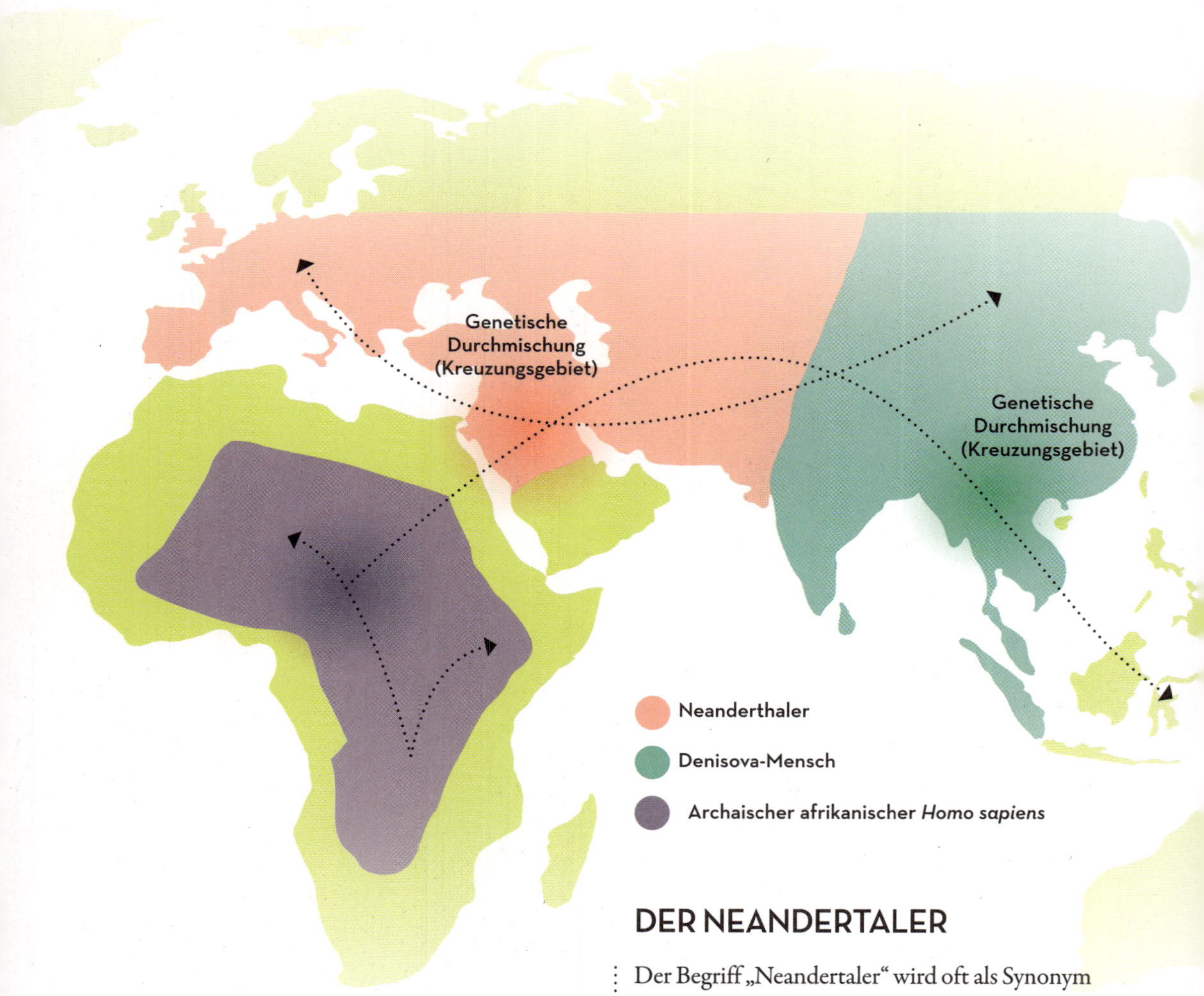

URSPRÜNGLICHE AUSBREITUNG des frühen *Homo sapiens* und seine Wanderung durch Regionen, die von Neandertalern und Denisova-Menschen bewohnt wurden und wo es zu Kreuzungen kam. Die Migration nach Amerika erfolgte später, wahrscheinlich über die Bering-Landbrücke, die damals das ferne Nordostasien mit Alaska verband.

DER NEANDERTALER

Der Begriff „Neandertaler" wird oft als Synonym für dumpfe, sture und geistig schwerfällige Menschen verwendet oder für solche mit unausgegorenen Überzeugungen und Vorurteilen. Das Bild vom Neandertaler als einer minderwertigen und grobschlächtigen Art ist jedoch unzutreffend. *H. neanderthalensis* und die extrem ähnlichen Denisova-Menschen waren das physische Gegenteil des zierlichen, aber mit nur einem kleinen Gehirn ausgestatteten *H. florensiensis*. Sie waren Menschen mit großen Gehirnen und Körpern, die an das Leben im kalten Norden angepasst waren. Obwohl er von modernen *H. sapiens* als Dummkopf und evolutionäre Sackgasse charakterisiert wird, war der Neandertaler gesellschaftlich genauso fortgeschritten wie *Homo sapiens,* und die beiden sind sich so ähnlich, dass sie manchmal als Unterarten und nicht als eigenständige Arten eingestuft werden.

Tatsächlich enthält das Genom moderner Europäer einen kleinen, aber nicht zu verleugnenden Anteil Neandertaler-Gene. Folglich kam es zu Kreuzungen beider Populationen. Diese trafen aufeinander, nachdem *H. sapiens* von seiner angestammten Heimat südlich der afrikanischen Sahara nach Norden und Osten ausgewandert war. Gleichzeitig besteht die DNA des Denisova-Menschen in modernen asiatischen Populationen weiter. Bei Menschen europäischer Abstammung enthält das Genom zwischen 1 und 4 % Neandertaler-Gene, während bis zu 6 % der DNA einiger asiatischer Genome vom Denisova-Menschen stammt. In den Chromosomen moderner *H. sapiens*-Populationen, deren Vorfahren Afrika nie verließen, sind Neandertaler- und Denisova-Gene kaum oder gar nicht vorhanden.

2013 wurde die DNA des Neandertalers im Neandertaler-Genom-Projekt zum ersten Mal vollständig sequenziert. Die Forscher arbeiteten mit DNA aus Neandertalerknochen, die an verschiedenen Orten Europas gefunden worden waren. Aus dem nun entschlüsselten Neandertaler-Genom ergab sich, dass etwa 20 % aller Neandertaler-Gene komplett im modernen *H. sapiens* erhalten sind. Wie zu erwarten war, scheinen sich diese überlebenden Gene generell positiv auszuwirken. Sie tragen zu Variationen in der Haut- und Haarphysiologie bei, die besser zu einer sonnenärmeren Umgebung passen. So kann Haut mit geringerem Melaningehalt Sonnenlicht effizienter zur Erzeugung von Vitamin D nutzen. Außerdem scheinen die Gene auch die Resistenz gegen bestimmte Krankheiten zu verbessern.

Das genaue Schicksal der Neandertaler und Denisova-Menschen ist ungewiss, doch es wird angenommen, dass sie relativ selten waren und in kleinen, isolierten Gruppen lebten. Mangelnder Kontakt unter diesen Gruppen führte wahrscheinlich zur Inzuchtdepression, wobei sich schädliche Mutationen in den Genomen ansammelten. Nach allem, was wir über das Verhalten des modernen Menschen wissen, wäre es nahe liegend, dass *Homo sapiens* während seiner Ausbreitung nach Norden und Osten in Konkurrenz zu den nahen Verwandten geriet und diese gewaltsam aus dem Weg räumte. Allerdings deutet wenig in der archäologischen Überlieferung darauf hin, dass Gewalt zwischen den beiden Menschenformen an der Tagesordnung war. Nachweise für das Töten und den Verzehr nicht menschlicher Tiere hingegen gibt es reichlich.

Wir wissen jedoch, dass der Neandertaler bis vor etwa 39 000 Jahren größtenteils ausgestorben war, wobei sich einige wenige Restpopulationen vielleicht noch ein paar 1000 Jahre länger hielten. Ihre Gene leben jedoch im modernen Menschen weiter, und mit dem Aufkommen des globalen Reisens und der damit verbundenen genetischen Durchmischung wird es in einigen Generationen wahrscheinlich Neandertaler- und Denisova-Menschen-DNA überall auf dem Planeten und in fast jedem Menschen geben.

▲ Eine Gruppe von San-Leuten aus der Kalahari-Region im südlichen Afrika. Die San sind ein Beispiel für moderne Jäger- und Sammlergesellschaften.

DER MODERNE MENSCH

Von der Familie der Hominiden sind heute nur noch die Populationen der Menschenaffen sowie eine Menschenart übrig, wenn diese auch fast acht Milliarden Individuen zählt. Der *Homo sapiens* hat keine Unterarten. Sein relativ kurzes Dasein als Spezies, ein oder zwei genetische Flaschenhälse in seiner frühen Ahnengeschichte und reichlich genetische Vermischungen dank des globalen Reiseverkehrs, haben dafür gesorgt, dass keine Population lange genug isoliert war, um sich ausreichend zu differenzieren.

Unterschiede in der Hautpigmentierung, Statur und in den Gesichtszügen sind Beispiele für klinale Variationen, kontinuierliche Veränderungen körperlicher Merkmale aufgrund von Umweltbedingungen. Klinale Variationen können auch bei anderen Tierarten beobachtet werden. Beispielsweise neigen manche Säugetierarten dazu, in kalten Klimazonen größer zu werden mit kleineren Ohren, stämmigeren Beinen und längerem Fell als in wärmeren Gegenden.

So ist der sibirische Tiger groß und langhaarig, der in Äquatornähe lebende bengalische Tiger dagegen kleiner und kurzhaarig. Dennoch werden beide normalerweise als dieselbe Unterart eingestuft: *Panthera tigris tigris*.

Dass Variationen des Aussehens oberflächlich sind, hat Menschen nicht davon abgehalten, andere aufgrund solcher Unterschiede fürchterlich zu diskriminieren. Wissenschaftler haben mit unwissenschaftlichen Absichten immer wieder schlampig gesammelte und falsch interpretierte Daten dazu missbraucht, um Ausgrenzung zu rechtfertigen.

Die Evolution beeinflusst weiterhin die menschliche Spezies. Beispielsweise sinkt derzeit der IQ in den Industrieländern, obwohl er bis Mitte der 1970er-Jahre stetig angestiegen war. Werden also die Menschen weniger intelligent oder verändert sich die Intelligenz und erfordert neue Methoden der Messung? Und wenn eine Umweltkatastrophe große Teile der Menschheit auslöscht, welche Eigenschaften werden dann die Überlebenschancen der Überlebenden verbessern? Könnten sich ihre Nachkommen erfolgreich an einen fast menschenleeren Planeten anpassen? Die meisten Menschen würden sich dieses Szenario lieber ersparen. Die Alternative besteht jedoch darin, die Artenvielfalt zu retten und den ökologischen Kollaps abzuwenden, doch das geht nicht ohne eine Änderung menschlichen Verhaltens. Was auch immer geschieht – eines ist klar, unsere anpassungsfähige Spezies steht vor ihrer bisher größten Herausforderung.

KARIKATUREN, wie die von der Evolution des Menschen, zeigen, wie schimpansenähnliche Merkmale schrittweise durch menschliche ersetzt werden. Fossilien wiederlegen dies. So hatten die Australopithecinen eine vollständig bipedische Körperhaltung, doch ihre Gehirngröße war weitgehend unverändert geblieben.

7

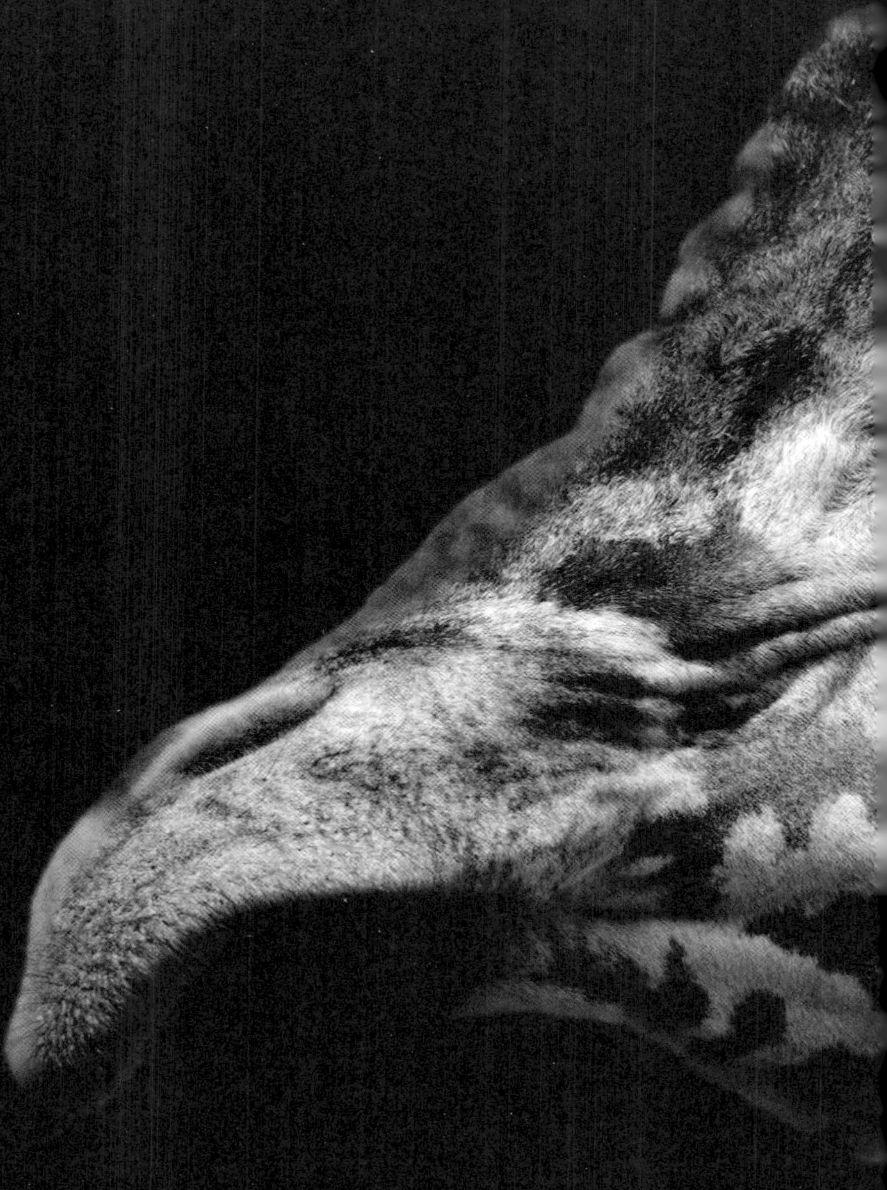

DIE GIRAFFE

DIE GIRAFFE

REICH	Animalia
STAMM	Chordata
KLASSE	Mammalia
ORDNUNG	Artiodactyla
FAMILIE	Giraffidae
GATTUNG	Giraffa
ART	*Giraffa camelopardalis* (und andere)

Die Giraffe überragt die anderen Pflanzenfresser der afrikanischen Savanne mit Kopf und Schulter sowie um eine enorme Halseslänge. Für die Besucher der großen Wildparks im östlichen und südlichen Afrika ist dieses einzigartige Tier eine der Hauptattraktionen. Doch während das bemerkenswerte Säugetier für sich alleine zu stehen scheint, sind sich die Taxonomen immer noch nicht einig, wie viele verschiedene Giraffenarten es genau gibt. Auch die Griechen und Römer taten sich schwer damit, dieses unverwechselbare Geschöpf einzuordnen. Sie hielten es für eine bizarre Kreuzung zwischen Leopard (wegen des gefleckten Fells) und Kamel (wegen des langen Halses). Diese Vorstellung hat sich in ihrem wissenschaftlichen Artnamen *camelopardalis* überliefert.

Giraffen unterscheiden sich äußerlich ein wenig, je nachdem, wo sie genau in Afrika leben. Ihr Fell kann ordentlich und geometrisch gezeichnet sein oder auch etwas lockerer gemustert, ihre Unterschenkel gefleckt oder einfarbig. Dennoch erkennt man jeder diese Varianten problemlos als „Giraffen". Tatsächlich würden das schöne Fleckenmuster, die feine, saubere Mähne, die riesigen, seelenvollen Augen (mit den längsten Wimpern, die man sich vorstellen kann), die weiche, biegsame Schnauze und der lange, mit Quasten besetzte Schwanz die Giraffe auch dann noch unverkennbar machen, wenn sie nicht auch noch das höchstgewachsene Lebewesen der Erde wäre.

Eine erwachsener Giraffenbulle kann bis zu 5,5 m hoch werden und über 1200 kg wiegen. Auch ihren langen Beinen verdankt die Giraffe ihre Höhe. Ihr Körper mit den tiefen Rippenbögen ist dagegen auffallend kurz. Diese anatomischen Besonderheiten verleihen ihr einen bizarren und recht komischen Schaukelgang, besonders im Sprint. So bringt sie es auf mehr als 60 km/h. Auch wenn Giraffen stets vor Löwen auf der Hut sein müssen, schützt sie diese Geschwindigkeit, zusammen mit ihrer Höhe, vor fast allen Raubtieren.

Anatomen überraschen Laien gerne damit, dass der Hals der Giraffe die gleiche Anzahl von Halswirbeln enthält wie der menschliche Hals, sie sind nur viel größer und länger. Sie ist auch das Paradebeispiel für einen der am häufigsten zitierten Beweise für die Evolution: den *Nervus laryngeus recurrens*.

Der *N. laryngeus recurrentis* ist ein Ast des 10. Hirnnervs *(Nervus vagus)*, und zweigt von diesem Hauptnerv des Körpers ab, kurz nachdem er aus dem Gehirn austritt. Bei allen Wirbeltieren mit vier Gliedmaßen (Tetrapoden) nimmt er einen charakteristischen Verlauf, der vor allem bei Lebewesen mit einem langem Hals, wie z. B. der Giraffe, ungewöhnlich ist.

Während der Embryonalentwicklung wächst der *Nervus laryngeus recurrens* (rückläufiger Kehlkopfnerv) in einer Schleife um die vom Herzen ausgehende Hauptschlagader (Aorta) herum auf sein Ziel zu, den Kehlkopf im oberen Halsbereich. Im Frühstadium der Nervbildung liegt alles sehr eng beieinander, doch wenn der Embryo und insbesondere sein Hals weiterwächst, wird der Nerv aufgrund seiner Bahn um die Aorta beträchtlich ausgedehnt. Bei den Giraffen ist die Dehnung extrem, wobei einzelne Nervenzellen auf mehr als 5 m Länge gestreckt werden.

Verfechter der Evolutionstheorie verweisen darauf, dass jeder, der eine Giraffe absichtsvoll und intelligent entwerfen wollte, den offensichtlichen, direkten und weniger riskanten Weg für den Nerv gewählt hätte, anstatt ihn unnötigerweise vom Gehirn aus den Hals hinunter, um die Aorta des Tieres herum und dann wieder den Hals hinauf zum Kopf zu schicken.

▲ Seite 142–143: Auch wenn sie eines der unverwechselbarsten Säugetiere der Erde ist, könnte es bis zu neun verschiedene Giraffenarten geben.

STÄMME & DAS REICH DER TIERE

Dank ihrer bemerkenswerten und unverwechselbaren Anatomie kann eine Giraffe das Geäst höherer Savannenbäume nach Blättern und Zweigen durchstöbern als weniger hochgewachsene Savannenbewohner. Männliche Giraffen setzen ihre Hälse auch im Kampf um Weibchen ein. Bei diesen Wettbewerben drücken sie ihre Hälse zusammen, um das Gewicht und die Kraft des anderen auszuloten. Bei hitzigeren Gefechten schwingen sie sogar ihre Hälse, um sich gegenseitig kräftige Schläge zu versetzen.

Die natürliche Auslese mag einen längeren Hals begünstigt haben, aber damit diese Anatomie auch funktioniert, waren weitere Anpassungen nötig. Diese wurden mit zunehmender Halslänge immer weiter verfeinert. Insbesondere das Kreislaufsystem weist erhebliche Unterschiede zu anderen Säugetieren auf. Um Blut bis ins Gehirn zu pumpen muss die Giraffe einen sehr hohen Blutdruck erzeugen und dazu hat sie ein großes, dickwandiges und stark schlagendes Herz.

Manchmal muss eine Giraffe jedoch ihren Kopf zu Boden senken und dann wieder anheben. Das ergäbe einen katastrophalen Blutstrom, erst zum Kopf hin und dann wieder weg, wäre da nicht das Rete mirabile, oder Wundernetz. Dieses Geflecht von Blutgefäßen im oberen Halsbereich nimmt das überschüssige Blut beim Absenken des Kopfes auf und gibt es wieder an den Kopf ab wenn sich das Tier aufrichtet. Auch die Unterschenkel haben eine besonders dicke, unnachgiebige Haut, die vor Blutstau in den Venen schützt.

Wie alle Wiederkäuer würgen Giraffen verdaute Nahrung teilweise wieder ins Maul hinauf, um es wiederzukäuen. Dieser Nahrungstransport vom Magen zum Mund erfordert eine kräftige Speiseröhrenmuskulatur.

Weitere ungewöhnliche Merkmale der Giraffe, einige davon teilt sie mit ihrem Cousin dem Okapi, sind eine pferdeähnliche Mähne, ein Paar stumpfer, hautbedeckter Hörner (Ossikone), lange, bewegliche Lippen und eine lange, dunkelblaue Zunge, mit der sie an Ästen zupft. Giraffen haben auch ein charakteristisches Fellmuster aus braunen Tupfen oder Flächen auf einem helleren Hintergrund. Dieses Muster dient zur Tarnung, könnte aber auch dabei helfen Wärme abzugeben, da unter den dunkleren Flecken reichlich Blutgefäße und Schweißdrüsen vorhanden sind.

▶ Die kraftvolle Speiseröhrenmuskulatur der Giraffe hilft, entgegen der Schwerkraft Wasser zu schlucken, wenn sie den Kopf zum Trinken senkt.

GIRAFFEN-EVOLUTION

Die Giraffe und das Okapi sind die letzten Vertreter einer ehemals großen Familie. Die frühesten Giraffenartigen erschienen vor etwa 25 Millionen Jahren und stammten nicht aus Afrika, sondern aus Eurasien. Fossile Giraffenartige sind zahlreich, und mindestens 20 verschiedene Gattungen sind bekannt. In der Regel waren sie groß mit schrägen, giraffenähnlichen Rücken, und die meisten hatten einen relativ langen Hals, auch wenn es keine der ausgestorbenen Gattungen diesbezüglich mit heutigen Giraffen aufnehmen konnte.

Einige frühe Arten hatten wesentlich größere Hörner als die Ossikone der modernen Giraffe. Die Rindergiraffengattung *Sivatherium* trug z. B. große, abgeflachte und verzweigte Ossikone, die eher einem Hirschgeweih ähnelten. Diese waren allerdings dauerhaft, anstatt jedes Jahr abgeworfen zu werden und neu zu wachsen. Die größte Art war *Sivatherium giganteum* aus Asien. Obwohl sie einen kürzeren Hals als die modernen Giraffen hatte, erwiesen sich Nacken und Schultern dieses riesigen Tieres vergleichsweise als sehr robust und kräftig, um den schweren, behörnten Kopf zu tragen. Sie war wahrscheinlich im Durchschnitt schwerer als eine moderne Giraffe und wäre sicherlich eines der imposantesten großen Säugetiere in ihrer Nachbarschaft gewesen, als sie vor etwa einer Million Jahren die Ausläufer des Himalaya durchstreifte.

Ein Blick auf die Hälse der frühesten Giraffenartigen zeigt, dass die Halswirbel im unteren Teil des Nackens bereits relativ lang waren. Einige Linien entwickelten jedoch mit der Zeit kürzere Hälse, einschließlich derjenigen, aus denen das moderne Okapi hervorging. Erst vor zwei Millionen Jahren traten sehr langhalsige Giraffenartige mit verlängerten oberen und unteren Halswirbeln auf. Die früheste Zugehörige der modernen *Giraffa*-Gattung war die in Asien beheimatete *Giraffa sivalensis* mit schlankem Hals. Dabei sind noch sechs andere ausgestorbene Giraffenarten aus fossilen Überresten bekannt.

In mancher Hinsicht ähneln sich die Stammbäume der Giraffen und Menschen. Beide gehören zu einer einst sehr vielfältigen Gattung, von der es heute jeweils nur noch einen Überlebenden zu geben scheint. Das Erscheinungsbild des menschlichen Überlebenden *Homo sapiens* variiert quer durch sein Verbreitungsgebiet, und das gilt auch für die Giraffe. Natürlich mögen uns Variationen zwischen den Menschen auf der ganzen Welt ausgeprägter und dramatischer erscheinen als die zwischen den verschiedenen afrikanischen Giraffenpopulationen, andererseits gilt die menschliche Spezies als monotypisch (ohne weitere Unterarten), was von der Giraffe gerade nicht behauptet werden kann.

Wir sind natürlich voreingenommen, wenn wir andere Menschen betrachten und neigen dazu, Unterschieden zwischen unseresgleichen mehr Bedeutung beizumessen, als vielleicht angebracht wäre. Doch wer weiß, vielleicht haben Giraffen ja vergleichbare Vorbehalte, wenn sie anderen Giraffen begegnen.

EIN MÖGLICHER STAMMBAUM veranschaulicht einige der Abstammungslinien, die der Giraffenfamilie zugrunde liegen. Der früheste gemeinsame Vorfahre war klein und hirschähnlich, zeigte aber bereits Anzeichen einer Halsverlängerung. Interessanterweise ist der Hals des Okapis jedoch proportional kürzer als der von Canthumeryx, seinem, wie derzeit angenommen wird, jüngsten gemeinsamen Vorfahren mit den modernen Giraffen.

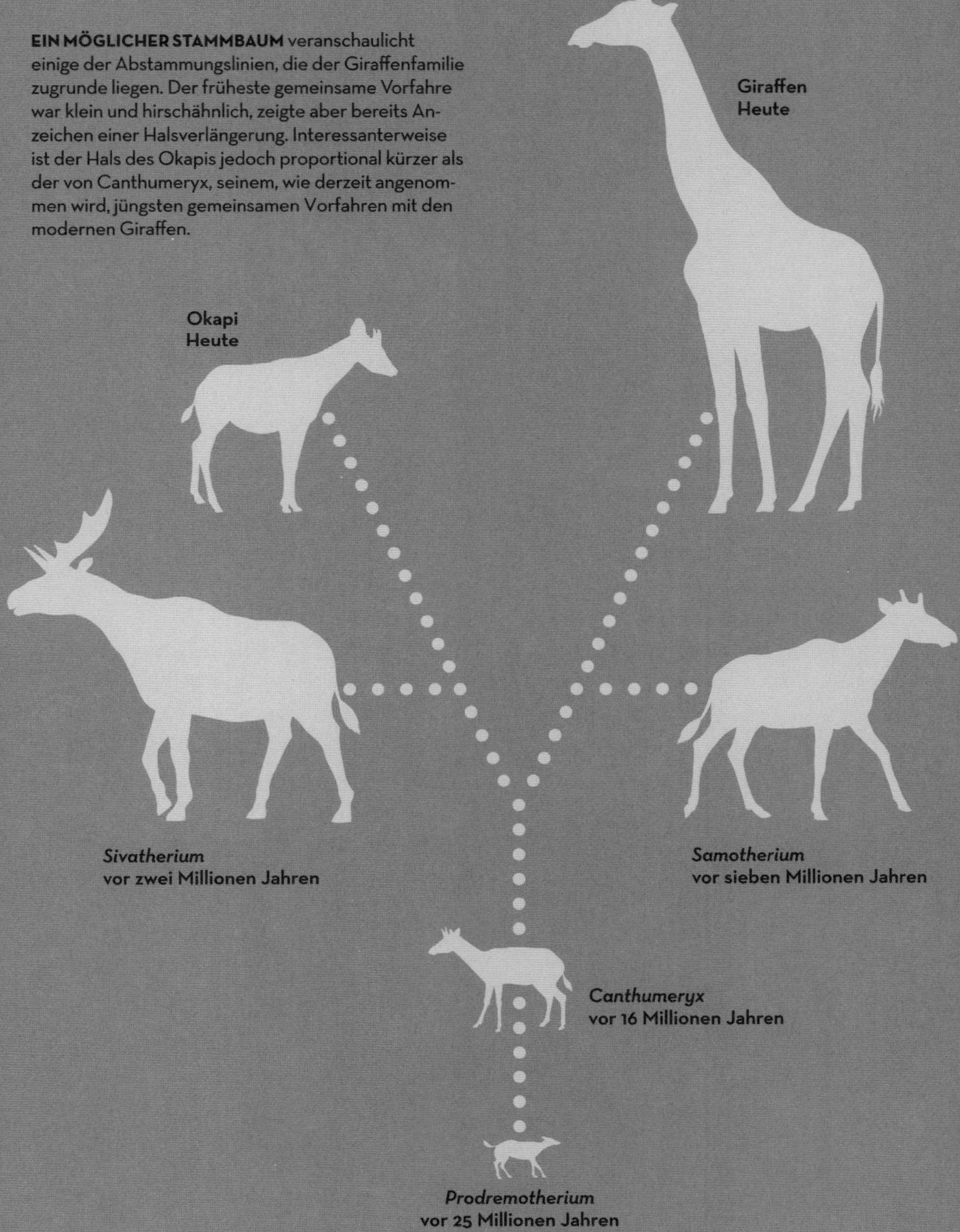

EIN FRAGMENTIERTES VERBREITUNGSGEBIET

Die heutigen Giraffen sind ungleichmäßig über ganz Afrika verteilt. Vor allem im Süden und Osten gibt es mehrere eigenständige Populationen, aber auch in Teilen West- und Zentralafrikas. Die meisten davon sind durch weite Landstriche getrennt, in denen keine Giraffen leben. Die verschiedenen Populationen haben jeweils eigene Merkmale, anhand derer sie identifiziert werden können. Dazu gehören das Muster und die Farbe der Flecken, ob diese bis zu den Unterschenkeln reichen oder nicht, sowie die Größe des zentralen Knochenhöckers, der bei ausgewachsenen Tieren, insbesondere bei Männchen, zwischen den Ossikonen liegt. Diese Unterschiede sind sowohl auffällig als auch konsistent und werden durch regional bedingte Variationen der Giraffen-DNA untermauert.

Diverse andere Arten sind wesentlich weiter verbreitet als die Giraffen, unterscheiden sich aber innerhalb ihres Verbreitungsgebietes deutlich weniger. Löwen kommen z. B. in Afrika vor, und es gibt sie auch in Asien. Dennoch werden sie meist nur in zwei Unterarten unterteilt, die nordafrikanischen und asiatischen Löwen *(Panthera leo leo)* und die des östlichen und südlichen Afrikas *(Panthera leo melanochaita)*. Im Gegensatz zu den Giraffen unterscheiden sie sich äußerlich kaum, doch ihre DNA weist konsistente Unterschiede auf.

Im 18. Jahrhundert hatten die Giraffen ein wesentlich größeres Verbreitungsgebiet. Noch früher umfasste es wahrscheinlich nahezu lückenlos mindestens die Hälfte des afrikanischen Kontinents. Doch selbst damals wird es lokal umweltbedingte Hindernisse gegeben haben, die die Populationen trennte. Beispielsweise bevorzugen moderne Giraffen eher trockene und offene Lebensräume und meiden den dichten Regenwald.

Solche geografischen Barrieren können Populationen trennen, selbst wenn sie recht klein sind, und in der resultierenden reproduktiven Isolation können natürliche Selektion und Gendrift ihr Werk verrichten.

Heute sind die Giraffen deutlich seltener, und ihr Verbreitungsgebiet ist stark fragmentiert. Landerschließung für Siedlungen und Landwirtschaft zerstückelt und verkleinert ihre Lebensräume weiter und bewirkt damit den langfristigen Rückgang der Art. Infolgedessen hält die reproduktive Isolation an. Unterschiede zwischen schrumpfenden Einzelpopulationen werden sich wahrscheinlich verstärkt ausbilden, denn ihre jeweilige genetische Vielfalt nimmt ab.

◄ Der Löwe, ein weiteres klassisches Säugetier der afrikanischen Savanne, ist ebenfalls nicht afrikanischen Ursprungs. Seine Gattung (Panthera) stammt ursprünglich aus Zentralasien.

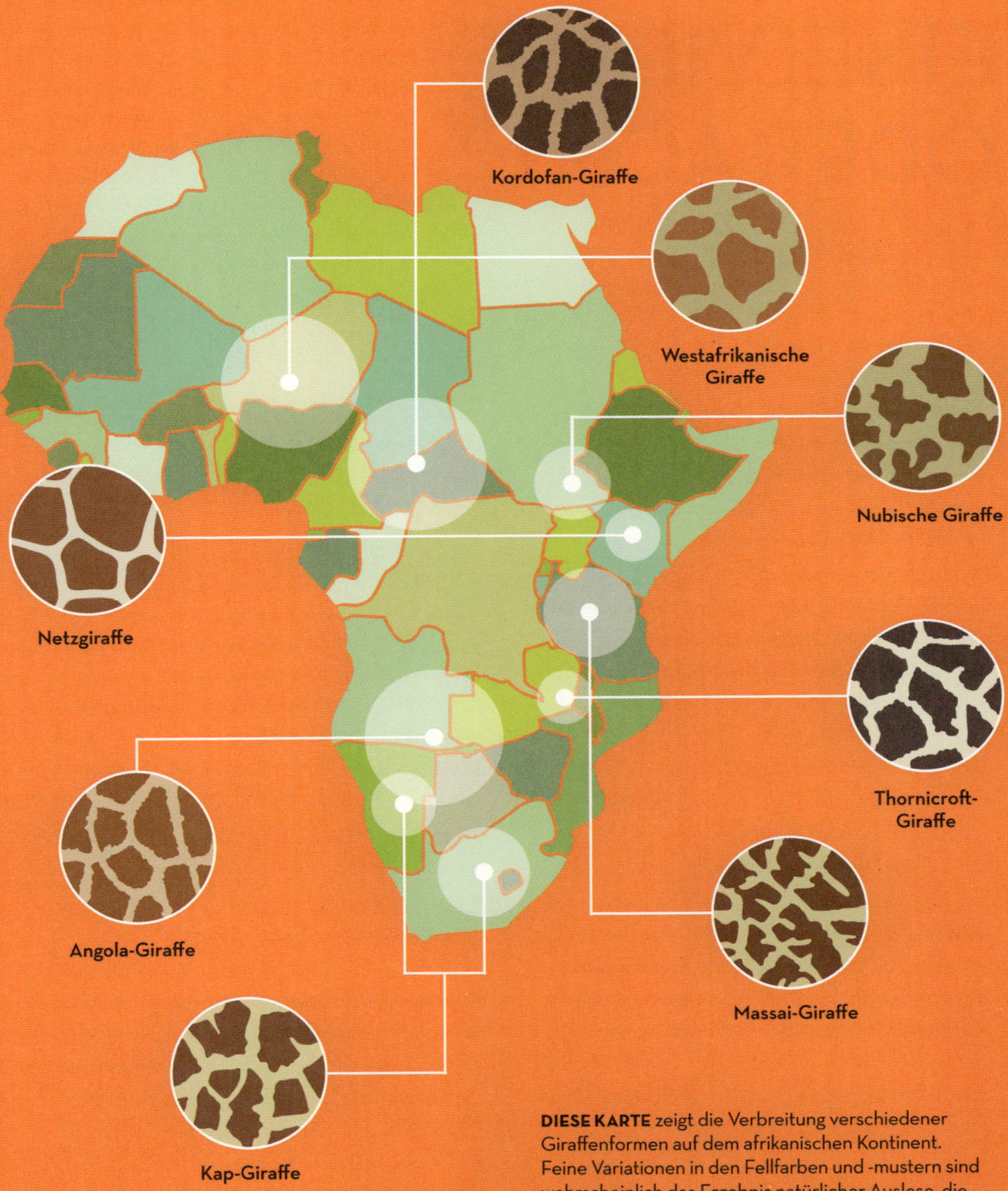

DIESE KARTE zeigt die Verbreitung verschiedener Giraffenformen auf dem afrikanischen Kontinent. Feine Variationen in den Fellfarben und -mustern sind wahrscheinlich das Ergebnis natürlicher Auslese, die in verschiedenen Umgebungen ein bestimmtes Erscheinungsbild begünstigt. Hinzu kommen die zufälligen Folgen der Gendrift. Bei der Partnerwahl werden tendenziell ähnlich aussehende Individuen bevorzugt.

EINE, VIER ODER ACHT?

Im Jahr 2007 wurden die DNA-Unterschiede zwischen den verschiedenen Giraffenpopulationen in der Fachzeitschrift *BMC Biology* veröffentlicht, nachdem ein Team unter David Brown von der Universität in Kalifornien eine Untersuchung durchgeführt hatte. Durch den Vergleich mitochondrialer DNA definierten die Forscher sechs genetisch unterschiedliche Gruppen, die sich auch dann nicht gewohnheitsmäßig kreuzten, wenn sich ihre Verbreitungsgebiete überschnitten.

Dies deutet darauf hin, dass Giraffen in Bezug auf ihre Sexualpartner wählerisch sind, und solche bevorzugen, die ein ähnliches Fellmuster wie sie selbst haben. Eine fast zeitgleiche Studie unter der Leitung von Alexandre Hassanin, die 2007 in *Comptes Rendus Biologies* veröffentlicht wurde, verwendete einen größeren und breiter gefächerten Probenumfang. Sie berücksichtigte sowohl eine Untersuchung der Morphologie als auch der mitochondrialen DNA und kam zu dem Schluss, dass es in den verschiedenen Teilen Afrikas derzeit acht verschiedene Giraffenformen gibt:

Kordofan-Giraffe (*Giraffa camelopardalis) antiquorum*), mit Vorkommen in Zentralafrika.
Nubische Giraffe (*G. (c.) camelopardalis*), mit Vorkommen im Sudan, in Äthiopien, Kenia und Uganda. Dazu gehört auch die „Rothschild-Giraffe" (*G. (c.) rothschildi*), obwohl einige Behörden – einschließlich der IUCN – diese als eine 9. eigenständige Form anerkennen.
Westafrikanische Giraffe (*G. (c.) peralta*), mit Vorkommen im südwestlichen Niger.
Angola-Giraffe (*G. (c.) angolensis*), mit Vorkommen in Namibia, dem südlichen Sambia und Botswana bis ins westliche Simbabwe.
Kap-Giraffe (*G. (c.) giraffa*), mit Vorkommen in Südafrika und Nachbarländern.
Massai-Giraffe (*G. (c.) tippelskirchi*), mit Vorkommen in Zentral- und Südkenia sowie Tansania.
Thornicroft-Giraffe (*G. (c.) thornicrofti*), mit Vorkommen im Luangwa-Tal, Sambia.
Netzgiraffe (*G. (c.) reticulata*), mit Vorkommen in Kenia, Äthiopien und Somalia.

Zwar besteht ein breiter Konsens darüber, dass acht verschiedene Giraffenformen existieren, doch gewisse Überschneidungen und Ähnlichkeiten zwischen diesen ermöglichen verschiedene Taxonomien. Infolgedessen gibt es unter Biologen keine Übereinkunft, wie viele Giraffenarten es heute auf der Welt gibt. Je nachdem, wen man fragt, lautet die Antwort eine, vier, acht oder neun.

1

4

2

Giraffenformen:
1 Angola-Giraffe
2 Kap-Giraffe
3 Thornicroft-Giraffe
4 Nubische Giraffe
5 Massai-Giraffe
6 Netzgiraffe
7 Kordofan-Giraffe
8 Westafrikanische Giraffe

7

5

3

8

6

VERSCHIEDENHEITSGRADE

Wie das Beispiel der Giraffen zeigt, können Taxonomen oft auf mehrere Populationen eines Lebewesens stoßen, die eindeutig eng verwandt sind und somit als Teil derselben Art gelten könnten, die sich gleichzeitig aber auch in mancher Hinsicht unterscheiden. Ihr Verwandtschaftsgrad lässt sich auf verschiedene Weise untersuchen. Genetische Untersuchungen sind heute das Mittel der Wahl, doch vergleichende Anatomie, Verhaltensforschung, Biografie und andere Disziplinen können ebenfalls wichtige Erkenntnisse liefern. Trotzdem gibt es noch immer keine einfache und allgemeingültige Methode, um endgültige Festlegungen zu treffen, ganz egal, wie viele Daten auch gesammelt werden. Die herkömmliche Klassifizierung erfordert eine saubere und klare Abgrenzung der Kategorien, doch das Leben dieser Erde tickt anders, und letztlich handelt es sich immer um die Frage der Einschätzung.

Bei den Giraffen vertreten einige Wissenschaftler die Auffassung, dass es acht verschiedene, monotypische Arten gibt. Dazu gehören auch die bekannten Biologen Colin Groves und Peter Grubb, die viele Arbeiten zur Klassifizierung von Säugetieren veröffentlicht und das umfangreiche Buch *Ungulate Taxonomy* (Taxonomie der Huftiere, 2011) verfasst haben.

Die Stiftung zum Schutz der Giraffen (Giraffe Conservation Foundation) u. a. vertreten jedoch eine in vier Arten unterteilte Anordnung der acht verschiedenen Giraffenformen, wobei drei der Arten in Unterarten unterteilt werden. Sie sehen die Kordofan-, die Nubische und die Westafrikanische Giraffe als nahe Verwandte an. Beide haben eng aneinanderliegende, geradlinige Flecken und meist ungefleckte Unterschenkel. Daher fassen sie diese zu einer einzigen Art zusammen, die Nördlichen Giraffe, oder *Giraffa (camelopardalis) camelopardalis*.

Die Südliche Giraffe *(Giraffa (camelopardalis) giraffa)* vereinigt die Angola- und die Kap-Giraffe. Beide haben ein Fellmuster aus großen, eher runden Flecken, die sich bis zu den Unterschenkeln erstrecken. Dies gilt als eines der Anzeichen, dass sie am nächsten miteinander verwandt sind.

Die sich am nächsten verwandten Massai- und Thornicroft-Giraffen werden zu einer dritten Art zusammengefasst, der Massai-Giraffe *(Giraffa (camelopardalis) tippelskirchi)*. Beide haben ein Fellmuster aus kleinen, unregelmäßigen, fast sternförmigen Flecken, die gelegentlich bis zu den Unterschenkeln reichen.

Die letzte und markanteste Form ist die Netzgiraffe. Ihre Zeichnung besteht aus großen, eng aneinanderliegenden geometrischen Formen. Diese sind durch ein Netz schmaler, weißlicher Linien getrennt, das an ein Bruchsteinpflaster erinnert. Darüber, dass sich die Netzgiraffe genetisch von allen anderen Formen unterscheidet, herrscht Einigkeit.

Es ist also fast unumstritten, dass es acht verschiedene Giraffenformen gibt. Dabei erkennen einige Experten acht verschiedene Arten an, während andere vier davon bestimmen, die in Unterarten aufgeteilt sind. Es gibt jedoch auch noch eine dritte Denkschule. Die Weltnaturschutzunion (IUCN) u. a. schlagen vor, dass alle Giraffenformen Unterarten ein und derselben Art sind: *G. camelopardalis*.

DREI MÖGLICHE KLASSIFIKATIONEN für die übrig gebliebenen Vertreter der Gattung *Giraffa*. Alle drei sind sich einig, dass es acht verschiedene Formen von Giraffen gibt, aber darüber, ob alle, einige oder keine davon als eigenständige Arten klassifiziert werden sollten, herrscht Uneinigkeit. Es gibt keine objektiven Kriterien, nach denen sich diese Debatte beilegen ließe.

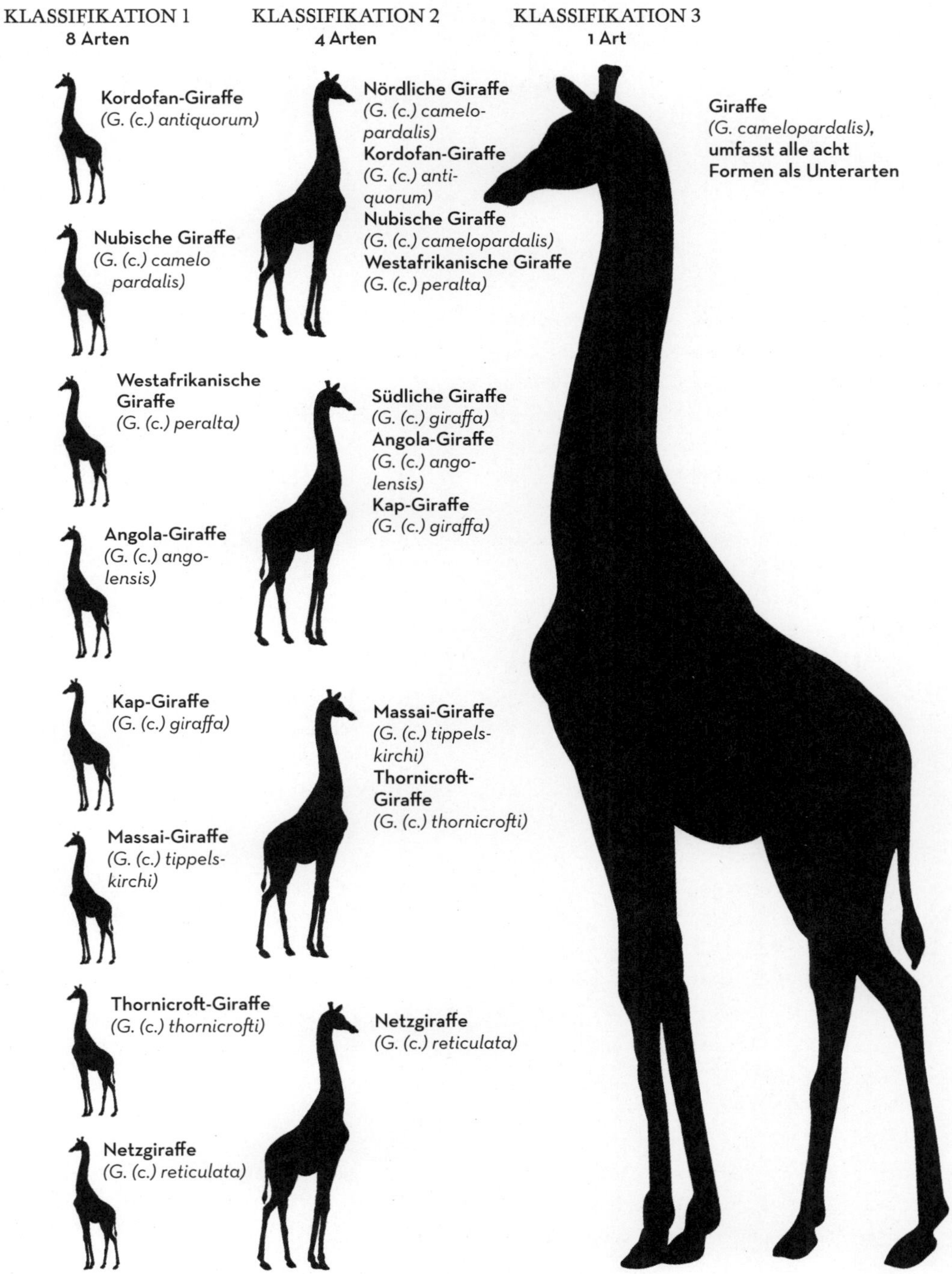
KLASSIFIKATION 1
8 Arten
Kordofan-Giraffe
(G. (c.) antiquorum)
Nubische Giraffe
(G. (c.) camelo pardalis)
Westafrikanische Giraffe
(G. (c.) peralta)
Angola-Giraffe
(G. (c.) ango- lensis)
Kap-Giraffe
(G. (c.) giraffa)
Massai-Giraffe
(G. (c.) tippels- kirchi)
Thornicroft-Giraffe
(G. (c.) thornicrofti)
Netzgiraffe
(G. (c.) reticulata)
KLASSIFIKATION 2
4 Arten
Nördliche Giraffe
(G. (c.) camelo- pardalis)
Kordofan-Giraffe
(G. (c.) anti- quorum)
Nubische Giraffe
(G. (c.) camelopardalis)
Westafrikanische Giraffe
(G. (c.) peralta)
Südliche Giraffe
(G. (c.) giraffa)
Angola-Giraffe
(G. (c.) ango- lensis)
Kap-Giraffe
(G. (c.) giraffa)
Massai-Giraffe
(G. (c.) tippels- kirchi)
Thornicroft- Giraffe
(G. (c.) thornicrofti)
Netzgiraffe
(G. (c.) reticulata)
KLASSIFIKATION 3
1 Art
Giraffe
(G. camelopardalis), umfasst alle acht Formen als Unterarten

„SPLITTER“ & „LUMPER“

Wenn Taxonomen auf zwei eng verwandte Organismen treffen, stehen sie grundsätzlich vor der Wahl, beide Populationen aufgrund von Unterschieden aufzuspalten (engl.: splitting) und verschiedenen Arten zuzuordnen oder aber beide Populationen aufgrund verbindender Elemente etwa als Unterarten derselben Art zusammzufassen (engl.: lumping). Dementsprechend werden sie als Splitter oder Lumper bezeichnet.

Auf den ersten Blick mag es sich um eine einfache Entscheidung handeln. Sie könnte aufgrund von Unterschieden zwischen beiden Genomen erfolgen oder in Abhängigkeit davon, vor wie vielen Millionen Jahren sich Abstammungslinien getrennt haben und wie viele Generationen seither geboren wurden und gestorben sind. Auch Unterschiede in Anatomie und Verhalten können zur Entscheidungsfindung herangezogen werden.

Das Leben entwickelt sich jedoch prinzipiell auf ungeordnete Weise, und kein objektiver Maßstab wird dieser Bestimmungsaufgabe gerecht: Abstammungslinien trennen sich unsauber, Mutationsraten sind nicht absolut kalkulierbar, und die anatomischen Variationen innerhalb einer Art können enorm sein. Daher ist es unmöglich, Arten mit absoluter Genauigkeit und auf universell gültige Weise zu bestimmen. Genauso unmöglich lässt sich der exakte Moment der Artbildung festlegen.

Ob nun aufgesplittet oder zusammengelegt wird, hängt aber nicht nur von allen vorhergehenden Faktoren ab, sondern auch von menschlichen Vorurteilen und Prioritäten. Für Vogelbeobachter, die gerne alle verschiedenen Arten auflisten, die sie je gesehen haben, ist die Aufspaltung in verschiedene Arten attraktiver, denn dadurch wird ihre Liste länger. Auch den Naturschützern kommt das Aufsplitten entgegen; schließlich hat ein Appell zur Rettung einer Art deutlich mehr Gewicht als das Bitten um die Rettung einer Unterart.

Das Zusammenfassen von Arten erzeugt die entgegengesetzte emotionale Reaktion. Wenn z. B. zwei eng verwandte Organismen zusammengefasst werden, nachdem einer von ihnen ausgestorben ist, erscheint der Verlust weniger schlimm, denn die Art lebt ja weiter. „Lumping“ und „splitting“ können daher Entscheidungen über Erhaltungszuchtprogramme für gefährdete Tiere beeinflussen.

Doch nicht nur Arten, sondern auch höhere taxonomische Rangstufen können aufgespalten oder zusammengelegt werden. Mit der zunehmenden Verbreitung von DNA-Studien kommt dies immer häufiger vor. Es ist jedoch die Aufspaltung und Zusammenlegung auf der Ebene der Art, die den größten Einfluss auf das menschliche Verhalten hat.

ÄHNLICHE, ABER AUCH VERSCHIEDENE Formen einer Art können zur Klassifizierung zusammengelegt oder aufgespalten werden. Obwohl dies an den Tatsachen nichts ändert, kann die Artenvielfalt dadurch verringert bzw. erhöht werden.

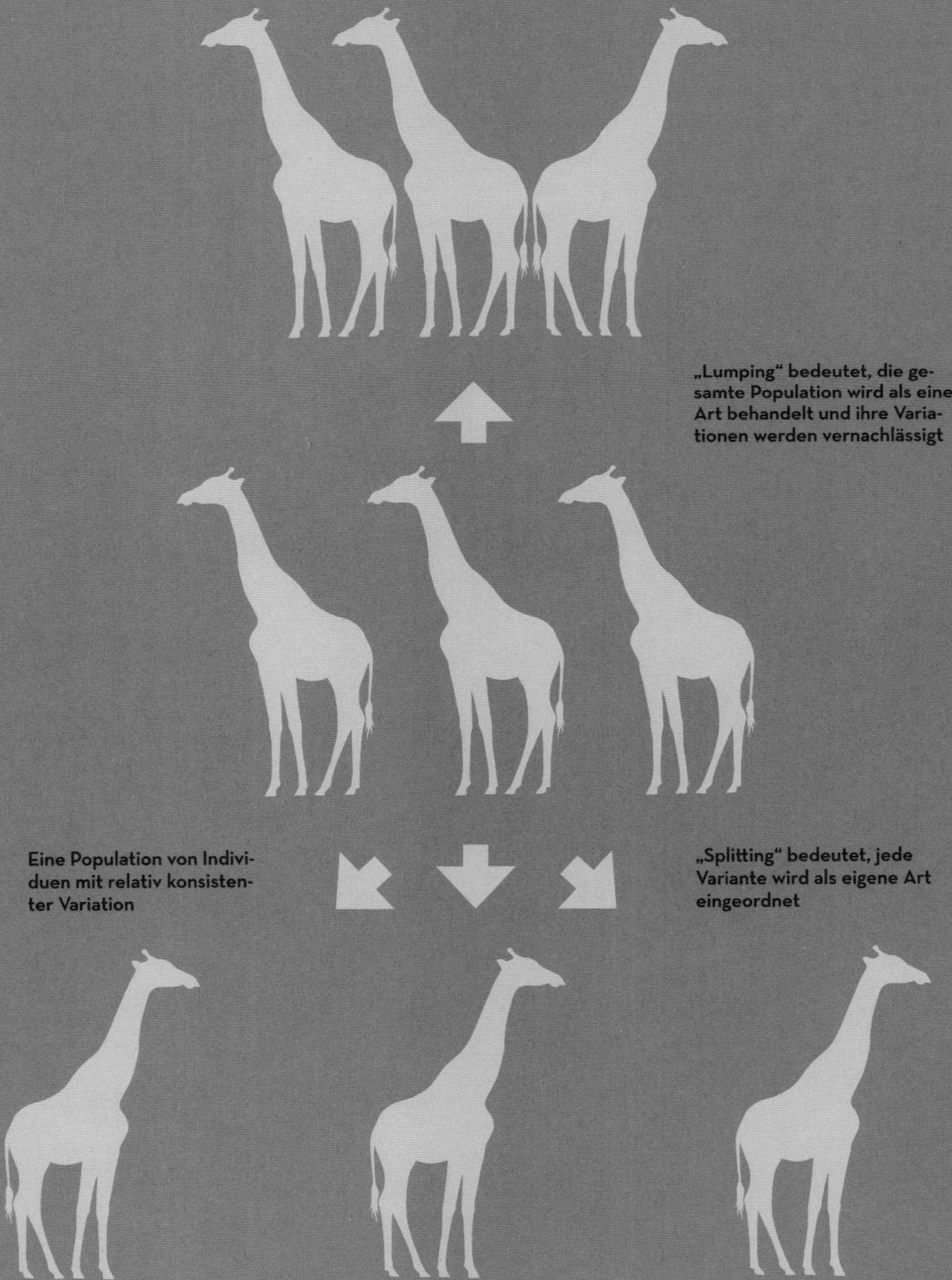
„Lumping“ bedeutet, die gesamte Population wird als eine Art behandelt und ihre Variationen werden vernachlässigt
Eine Population von Individuen mit relativ konsistenter Variation
„Splitting“ bedeutet, jede Variante wird als eigene Art eingeordnet

GENETISCHE FLASCHENHÄLSE

Während dieses Kapitel entsteht, liegt die Gesamtpopulation wild lebender Giraffen bei etwa 70 000 Individuen. Das Resultat eines anhaltenden Rückgangs, der sich in den letzten Jahren beschleunigt hat. Während der ersten 20 Jahre des 21. Jahrhunderts sank die Zahl der Giraffen um fast 40 %. Aufgrund dieser Rückgänge stuft die IUCN – die nur eine Giraffenart anerkennt – sie als gefährdet ein.

Allerdings weist die IUCN auch jeder Unterart einen Schutzstatus zu, einschließlich der Rothschild-Giraffe als eigene Unterart der Nubischen Giraffe, und sie hat sowohl die Kordofan- als auch die Nubische Giraffe als vom Aussterben bedroht eingestuft. Mit weniger als 1500 bzw. 500 Individuen haben diese beiden Formen den stärksten Rückgang erlitten. Die Massai- und die Netzgiraffe haben ebenfalls kleine und rückläufige Populationen und werden beide als stark gefährdet eingestuft. Dies

▼ Das Konzept „Art“ hat eine bedeutende gesellschaftliche Wirkung. Deshalb hat die Ausweisung neuer Arten durch „splitting“ Konsequenzen, die über eine biologische Einordnung hinausgehen.

gilt auch für die Westafrikanische Giraffe, die eine winzige Population von höchstens 600 Individuen hat. Dies mag angesichts dessen, dass die Nubische Giraffe eine ähnliche Population hat und als vom Aussterben bedroht gilt, zunächst verwirren, doch der optimistische Status, der dieser speziellen Giraffenunterart verliehen wurde, bildet konzertierte und erfolgreiche Schutzbemühungen ab.

Mitte der 1990er-Jahre gab es weniger als 50 Westafrikanische Giraffen, bedingt durch Wilderei und eine lang anhaltende Dürre, die von den 60er- bis in die 90er-Jahre des 20. Jahrhunderts andauerte. Früher war die Unterart in Westafrika von Nigeria bis zum Senegal weit verbreitet gewesen, doch jetzt gab es nur noch eine winzige Restpopulation im Niger, und ein Aussterben schien sehr wahrscheinlich.

Die nigrische Regierung verhinderte entschlossen, dass eine der einzigen großen Säugetierarten ihres Landes ausstirbt. Sie etablierte und verstärkte daher mehrere Schutzgebiete entlang der jährlichen Wanderroute der Tiere. Dazu gehörte insbesondere das Dosso Biotop- und Artenschutzgebiet, wohin die Giraffen in der Regenzeit ziehen. Die Herde

wuchs allmählich, und im Jahr 2018 wurde eine Gruppe von acht Giraffen in ein anderes Schutzgebiet im Niger, das Biosphärenreservat Gadabedji, verbracht, um eine neue Population zu gründen und einen Puffer gegen zukünftige Dürren und andere Krisen zu schaffen. Während die Westafrikanische Giraffe also immer noch vom Aussterben bedroht ist und eine kleinere Population hat als einige andere Giraffenarten, sind ihre Zukunftsperspektiven weit besser als noch gegen Ende des 20. Jahrhunderts.

MITEINANDER VERWANDTE Tiere teilen meist die gleichen Allele. Wenn sich nahe Verwandte kreuzen, ist es wahrscheinlicher, dass schädliche Allele beibehalten und ausgedrückt werden.

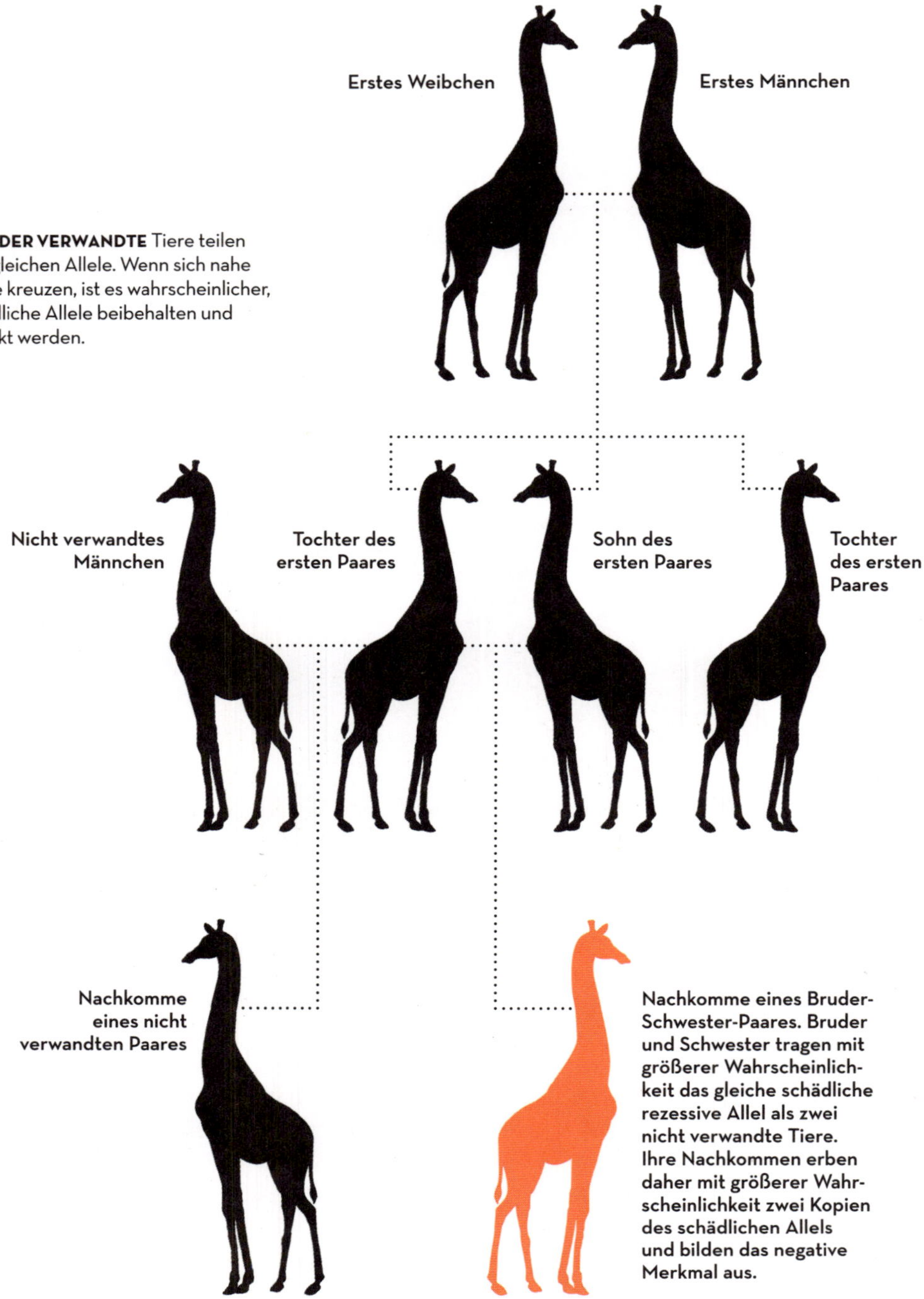

DIE GEFAHREN DER INZUCHT

Die Rettung einer Art oder Unterart vor dem Aussterben ist eine dramatische Geschichte und eine Inspiration für Naturschützer in aller Welt. Wenn in einer solchen Situation eine Population auf ein sehr niedriges Niveau fällt, besteht jedoch eine besondere Gefahr: Ihre genetische Vielfalt reduziert sich, schädliche genetische Mutationen können sich dadurch anhäufen, und die Population wird ganzheitlich geschwächt. Dieses Phänomen ist als Inzuchtdepression bekannt. Nicht jede drastisch reduzierte Population leidet an einer Inzuchtdepression, denn möglicherweise waren von vornherein keine schädlichen Mutationen vorhanden. Doch alle werden sie unter der verringerten genetischen Vielfalt leiden.

Um dies zu veranschaulichen, stellen Sie sich vor, dass ein bestimmtes Gen sechs verschiedene Variationen (Allele) hat. Jedes Individuum in der Population kann zwei dieser Allele haben, die unterschiedlich oder gleich sein können.

Die Chancen, dass alle sechs Allele in einer Population von gerade einmal 40 Individuen über mehrere Generationen hinweg erhalten bleiben, sind gering. Eines oder zwei davon werden wahrscheinlich verloren gehen. Rechnet man dies auf das gesamte Genom der Spezies mit Tausenden verschiedener Gene hoch, kann man leicht erkennen, wie eine auf wenige Individuen reduzierte Population viele ihrer Allele für immer verlieren wird.

Obwohl die Anzahl der Individuen dieser Art wieder auf ein viel höheres Niveau ansteigen kann, wird die genetische Vielfalt der Population immer noch viel ärmer sein als gut wäre, denn die einzigen Allele im Umlauf stammen von einer Handvoll Vorfahren. Neue Allele können nur durch zufällige Mutationen in das Genom der Population gelangen. Doch das ist ein extrem langsamer Prozess, und es gibt auch keine Garantie, dass einmal verlorene Allele jemals wieder zustande kommen werden.

So mögen sich die Bestände der Westafrikanischen Giraffe wieder erholen, doch der Blick auf ihr Genom zeigt einen Mangel an Vielfalt im Vergleich zu einer Unterart wie der Massai-Giraffe, die nicht kurz vor der Ausrottung stand. Dieses Phänomen ist als „genetischer Flaschenhals“ bekannt und bedeutet für die Westafrikanische Giraffe, dass sie dauerhaft anfälliger für sich ändernde Umweltbedingungen bleiben könnte. Da ihre Population weniger vielfältig ist, passt sie sich langsamer durch natürliche Selektion an. Möglicherweise zeigt sie sich auch weniger resistent gegen Krankheiten, denn Resistenz hat ihren Ursprung oft in genetischen Launen der Natur.

FLASCHENHALS-MODELLE

EIN GENETISCHER FLASCHENHALS wird wahrscheinlich das Vorkommen mancher Allele im Genpool stark reduzieren oder sie ganz daraus entfernen. Eine Population kann sich zwar erholen und zu ihrer früheren Größe zurückkehren, aber aufgrund verlorener Allele wird sie nun ein anderes und möglicherweise viel reduzierteres genetisches Gleichgewicht aufweisen als zuvor.

Die Folgen eines genetischen Flaschenhalses reichen weit in die Zukunft. Das Computerspiel „Niche – A Genetics Survival Game" veranschaulicht dies auf vereinfachte, aber sehr elegante und fesselnde Weise. Ziel dieses 2017 von Stray Fawn Studios veröffentlichten Spiels ist es, eine Population katzenähnlicher Tiere („Nischlinge") in spezifischen Lebensräumen zu etablieren. Jeder Lebensraum hat seine eigenen besonderen Ressourcen und Gefahren. Tiere müssen schwimmen können, um bestimmte Beutetiere zu erjagen, während andere Futterquellen nur für kletterfähige Tiere zugänglich sind. Manche Lebensräume sind kalt, andere heiß, und in manchen gibt es Raubtiere, die entweder auf Geruch, Geräusche oder Sicht jagen, usw.

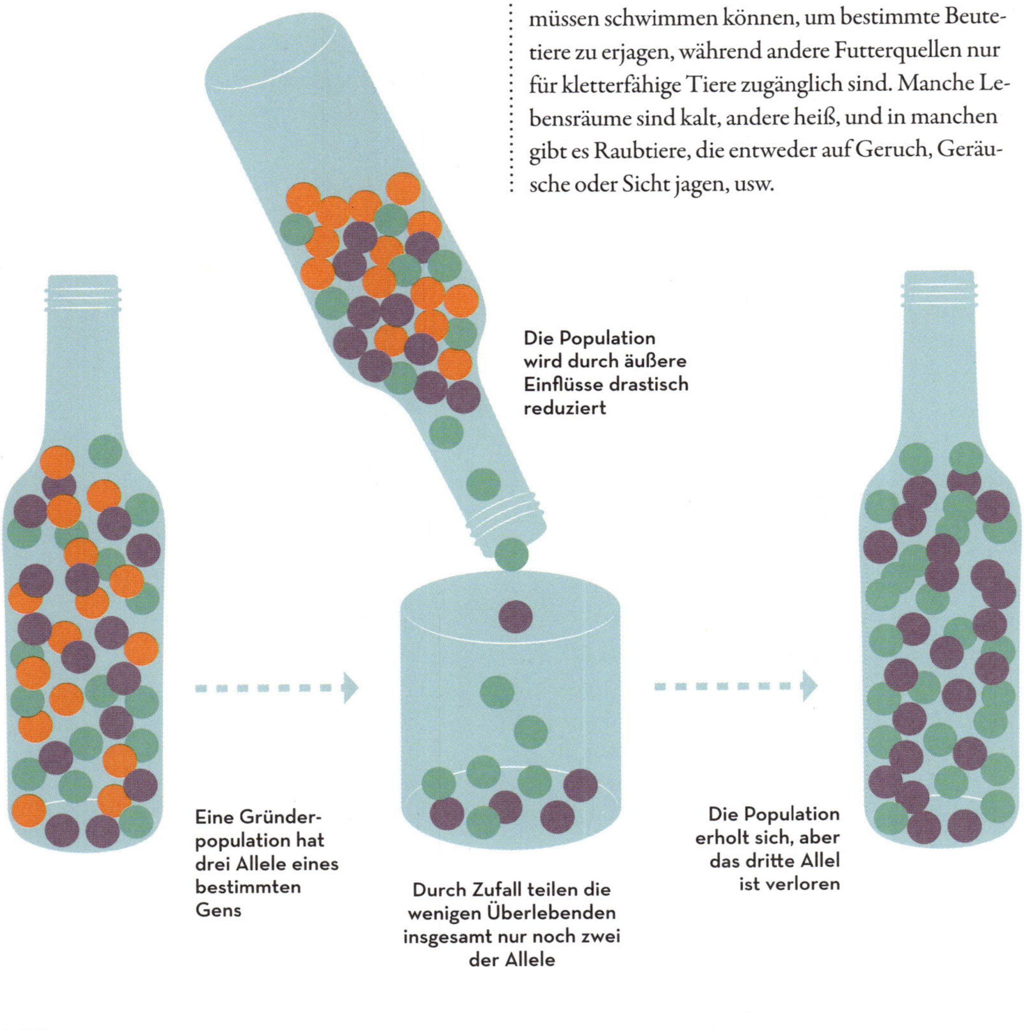

All Ihre Nischlinge haben äußerliche Merkmale, aber Sie können sich auch Ihr Genom mit allen Genpaaren, einschließlich der rezessiven Gene, ansehen. Dann können Sie gezielt Zuchtpaare auswählen, um die am besten geeigneten Merkmale zu vermehren. Nischlinge haben auch jeweils zwei von zwölf möglichen „Immunitätsgenen". Ein Individuum könnte also die Immunitätsgene A und C haben, ein anderes G und K, und ein drittes eine andere Kombination. Sind beide Gene gleich, hat das Individuum eine geschwächte Immunität sowie eine reduzierte Lebenserwartung. Sie müssen also für so viel Vielfalt wie möglich unter den Immunitätsgenen Ihrer Nischlinge sorgen. Wenn ein Immunitätsgen in der Population „ausstirbt", reduziert sich die Zahl möglicher Kombinationen. Dann wird es schwieriger, Brutpaare zu finden, die Nachkommen mit verschiedenen Immunitätsgenen hervorbringen. Sollten Sie das Pech haben, alle „Nischlinge" bis auf ein Paar zu verlieren, dann haben Sie auch mindestens acht der möglichen zwölf Immunitätsgene verloren. Selbst wenn sich dieses Paar tapfer vermehrt und eine große Population aufbaut, wird diese, verglichen mit einer gleich großen Population, die keinen Flaschenhals erlebt und alle zwölf Immunitätsgene erhalten hat, schwächer sein.

Sowohl im Spiel als auch in der realen Welt spielt die Genetik eine wichtige Rolle, wenn es darum geht, die Überlebenschancen einer Art angesichts verschiedener Krankheiten zu beeinflussen. Wer weiß, vielleicht werden eines Tages die Flaschenhälse der menschlichen Evolution das Glück der zahlreichsten Art des Planeten wenden?

Ein genetischer Flaschenhals wird wahrscheinlich die Häufigkeit einiger Allele im Genpool stark reduzieren oder sie ganz ausmerzen. Die Population kann sich zwar bestandsmäßig erholen, aber durch den Verlust von Allelen wird das genetische Gleichgewicht im Vergleich zu vorher stark beeinträchtigt.

▲ Der seltene „Königsgepard" hat zwei Kopien eines rezessiven Allels. Das verleiht ihm ein marmoriertes Aussehen, anstatt des üblichen Fleckenmusters.

8

DIE SCHWARZE STRANDAMMER

DIE SCHWARZE STRANDAMMER

REICH	Animalia
STAMM	Chordata
KLASSE	Aves
ORDNUNG	Passeriformes
FAMILIE	Passerellidae
GATTUNG	Ammospiza
ART	*Ammospiza maritimus nigrescens*

Die Salzwiesen an der Ostküste Nordamerikas sind seit jeher dramatischen und stetigen Veränderungen unterworfen: Der steigende Meeresspiegel verschiebt Wälder und Felder landeinwärts, während starke Sturmfluten das Potenzial haben, die Tierwelt auszulöschen. Es war jedoch die vorsätzliche Überflutung eines bestimmten Gebietes, die zum Verschwinden einer besonderen, in Florida beheimaten Vogelart führte – der Schwarzen Strandammer. Dieser Verlust liegt noch gar nicht lange zurück und war dermaßen unnötig, dass er eine besonders eindrückliche Parabel bietet.

Die amerikanischen Neuweltammern sind eine große und vielfältige Familie aus der Unterordnung der Singvögel. Diese wiederum gehört zur Ordnung der Sperlingsvögel. Wer europäische Spatzen kennt, wird staunen, wie viel eleganter und hübscher die amerikanischen „Spatzen" gemustert sind. Das liegt daran, dass beide Familien trotz ihrer Zugehörigkeit zu den Sperlingsvögeln und eines gemeinsamen englischen Namens (Sparrow) nicht eng miteinander verwandt sind.

Die Neuweltammern gehören zu einer besonderen Gruppe von Sperlingsvögeln, die nicht zehn, sondern neun voll ausgebildete Handschwingenfedern haben. Es gibt etwa 1000 neun-fedrige zu den Sperlingen gehörende Singvogelarten, das sind fast 10 % aller bekannten Vogelarten weltweit. Sie alle teilen sich einen Vorfahren, der vor gerade einmal 15 Millionen Jahren lebte, und ihre Diversifizierung verlief damit außergewöhnlich schnell. Zu dieser Gruppe gehören neben den Neuweltammern auch die Waldsänger, Stärlinge, Tangaren, Kardinäle und Finken. Insgesamt gibt es zwischen fünf und 16 Familien, je nachdem, welcher Taxonomie man folgt, und fast alle davon leben in Amerika. Einige dieser Familien zählen zu den häufigsten und bekanntesten Vögeln Nordamerikas.

Die Strandammer wird bestenfalls den Menschen an der Ostküste wirklich vertraut sein, denn nur dort kommt sie vor. Es handelt sich um einen schlanken, oliv-braunen Vogel mit großem Schnabel, hell-dunkel gestreiftem Bauch, auffallend gelben Augenbrauen und einem weißen Schnurrbart. Die Strandammer ist ein lebhaftes Tier mit einem fröhlichen, wenn auch musikalisch etwas ambitionslosem Gesang; angepasst an das Leben in küstennahen Salzwiesen, an deren freiliegenden schlammigen Rändern sie nach wirbellosen Tieren sucht. Ihre Nester legt sie tief unten im Schilf und Schlickgras an. Dort sind sie vor den Augen von Räubern verborgen, doch ihre Bodennähe macht sie sehr anfällig für Überschwemmungen, besonders zur Zeit der Sturmfluten im Frühjahr.

Mehrere Unterarten der Strandammer sind bekannt, und die Schwarze Strandammer stellte die markanteste von allen dar. Bei dieser Form war die Oberseite nicht olivbraun, sondern schwarz-grau gezeichnet, was dem Vogel ein verwegenes, kontrastreiches Aussehen verlieh. Der Vogel unterschied sich so sehr von anderen Strandammern, dass sie bis 1973, ganze 101 Jahre nach ihrer Entdeckung, als andere Art angesehen wurde. Die Schwarze Strandammer war entlang der Ostküste Floridas verbreitet, und auf der Halbinsel Merrit Island war die Populationsdichte besonders hoch. Das Marschland, das sie bevorzugte, lag zwischen 3 und 4,5 m über dem Meeresspiegel – nicht zu feucht und nicht zu trocken. Die Breite dieser streifenförmigen Lebensräume variierte je nach ihrer Lage, doch sie waren nie besonders groß, sodass die Schwarze Strandammer bei schweren Überschwemmungen oder Dürren einem hohen Risiko ausgesetzt war. Dennoch gelang es ihr, selbst dann in diesen schmalen Bändern zu überleben, als Florida zunehmend besiedelt und die Strände immer weiter verbaut wurden.

▲ Seite 164–165: Dieser kleine Vogel mit seiner einzigartigen Lebensweise, die sich auf einen stark begrenzten Lebensraum beschränkte, fiel dem unerschöpflichen menschlichen Erschließungs- und Investorenhunger zum Opfer.

MOLEKULARE GATEWAYS

Für die schwarze Strandammer änderte sich 1962 die Lage dramatisch. Die NASA kaufte Land auf Merrit Island und begann mit dem Bau eines riesigen neuen Weltraumbahnhofs in der Nähe des bestehenden Luftwaffenstützpunkts Cape Canaveral. Die Anlage wurde 1963 in Kennedy Space Center umbenannt und sie sollte eine Schlüsselrolle bei zahlreichen Raumfahrtprojekten spielen, beginnend mit den Flügen zum Mond der 1970er-Jahre. Heute beschäftigt die Einrichtung mehr als 10 000 Mitarbeiter und zieht jährlich etwa 1,5 Millionen Besucher an.

Obwohl das flache, tief gelegene Merrit Island ideal für Raketenstarts war, wurde ein Teil der Insel für die Tierwelt unter Schutz gestellt: Das Merrit Island National Wildlife Refuge ist ein Rückzugsgebiet für mehr als 300 Vogelarten, Mississippi-Alligatoren, seltene Säugetiere wie den Karibik-Manati, den sogenannten „Florida-Panther" (eine bedrohte lokale Unterart des Pumas) sowie mehr als 1000 Pflanzenarten.

Allerdings stellen Stechmücken ein Problem für Menschen die in einem Sumpfgebiet leben und arbeiten dar, und auch auf Merrit Island wurden sowohl Anwohner als auch Berufspendler von Moskitos geplagt. 1963, als der Weltraumbahnhof seinen Betrieb aufnahm, entschied man sich die Salzwiesen der Insel zu fluten, um die Zahl der Moskitos einzudämmen. So ein Plan würde heute nicht mehr ohne eine umfassende Prüfung möglicher Auswirkungen auf Wildtiere und -Pflanzen durchgeführt werden, doch in den 1960er Jahren war das kein Thema. Die Flutung dezimierte den Lebensraum und damit die Population der schwarzen Strandammer schnell und dramatisch.

Obwohl dem Merrit Island National Wildlife Refuge 1963 ein Teil des restlichen Lebensraums der Ammer zugesprochen wurde und man begann, sich um die Salzwiesen zu kümmern, war der Schaden bereits angerichtet. Die Situation verschlimmerte sich einige Jahre später noch weiter, als ein Teil der verbliebenen Salzwiesen für den Bau einer großen Straße durch Merrit Island trockengelegt wurde. Diesmal galt es das Weltraumzentrum an das Walt Disney World Resort anzuschließen. Mit zu viel Wasser in einigen Gebieten und zu wenig in anderen, verlor die schwarze Strandammer fast ihren gesamten Lebensraum. Was übrig blieb, wurde durch fortschreitende Umweltverschmutzungen weiter in Mitleidenschaft gezogen.

▶ Das friedliche Dasein von Reihern und anderen Wildtieren auf Merrit Island wird gelegentlich durch Raketenstarts gestört.

AUF VOGELFANG

Bis zum Jahr 1969 war Merrit Islands Population Schwarzer Strandammern auf geschätzte 35 Paare gefallen. Eine separate Teilpopulation am Oberlauf des St. John's-Flusses schmolz ebenfalls rasch dahin. Obwohl das Naturreservat und Moskitobekämpfungs-programm gemeinsam versuchten, wieder ein größeres Salzwiesengebiet herzustellen, wurde bis Mitte der 1970er-Jahre klar, dass der Vogel unmittelbar vor dem Aussterben stand und drastischere Maßnahmen gefragt waren.

Es ist eine bewährte Schutzstrategie für akut bedrohte wild lebende Arten oder Unterarten, einige Individuen abzufangen, um mit ihnen ein Programm zur Erhaltungszucht zu begründen. Andere belässt man in ihrem Lebensraum, damit sie dort ihr natürliches Leben fortsetzen können. So war es auch mit dem Baumhummer geschehen. Die zurückgelassenen Insekten hatten zwar nur einen Strauch zum Leben, doch es war ein gesunder auf einem völlig ungestörten Eiland, und sie waren somit nicht unmittelbar gefährdet.

Im Fall der Ammer jedoch ließen die Bedrohungen für die winzige Restpopulation nicht ab, und es war unmöglich, ihren Lebensraum schnell wiederherzustellen. Daher gingen Naturschützer 1979 den drastischen Schritt, ein Erhaltungszuchtprogramm für die gesamte wild lebende Population zu genehmigen.

Der Ansatz, alle überlebenden Individuen einer Population zur Erhaltungszucht in Gefangenschaft zu nehmen, kann überaus erfolgreich sein. So ist es möglich, einen Versuch zu unternehmen, die „besten" Individuen zur Rettung einer größtmöglichen genetischen Vielfalt zu kreuzen. Viele Gene kommen in mehreren Variationen oder Allelen vor, und wie im vorigen Kapitel beschrieben wurde, sind es die unterschiedlichen Allele verschiedener Individuen, die einer Art ihre genetische Vielfalt verleihen. Von einem Gen kann es z. B. sechs verschiedene bekannte Allele geben, doch jedes einzelne Tier kann nur maximal zwei davon tragen und in vielen Fällen nur eines, da beide Chromosomen, die das Gen tragen, das gleiche Allel enthalten können. Die kleinstmögliche Population, um alle sechs verschiedenen Allele zu tragen, bestünde also aus drei Individuen, obwohl man höchstwahrscheinlich deutlich mehr als drei bräuchte, da einige Allele seltener vorkommen als andere.

Die Aufzeichnung des Stammbaums einer in Gefangenschaft lebenden Population, mit dem die Nachkommenschaft jedes einzelnen Individuums nachvollzogen werden kann, wird als Zuchtbuch

bezeichnet. Landwirte und Tierzüchter führen Zuchtbücher und setzen Inzucht, also die Paarung verwandter Individuen, gezielt ein, um einen reinen Stammbaum zu erhalten. Doch Naturschützer, die mit wild lebenden Arten arbeiten, müssen genau den gegenteiligen Ansatz verfolgen. Entfernt verwandte Individuen sollen ausgezüchtet werden, damit so viel genetische Vielfalt wie möglich erhalten bleibt.

Bei einer winzigen Gründerpopulation kann dies eine enorm schwierige Aufgabe sein, doch sie kann bewältigt werden. So beläuft sich die gesamte Population kalifornischer Kondore auf etwa 500 Individuen. Diese stammen von den letzten überlebenden 22 Individuen ab, die 1987 alle zur Erhaltungszucht eingefangen wurden.

Leider stieß das Nachzuchtprogramm für die Schwarze Strandammer sofort auf eine allem Anschein nach unüberwindliche Hürde: Jedes beobachtete und gefangene Individuum war männlich. Dieses Pech kam nicht ganz unerwartet, denn in den vier Jahren, bevor das Zuchtprogramm genehmigt wurde, gab es keine Sichtungen weiblicher Exemplare. Bis 1980 waren fünf Männchen in Gefangenschaft genommen und gehalten worden, doch ohne Geschlechtspartner blieb den Naturschützern nur ein Ausweg.

NATÜRLICHE SELEKTION wirkt auf Phänotypen, nicht auf Genotypen. Das bedeutet, dass ein rezessives Allel, das schlecht fürs Überleben ist, sich immer noch in einer Population „verstecken" kann. Heterozygote Tiere, die nur eine Kopie davon tragen, haben den dominanten, überlebensfähigen Phänotyp. Wenn jedoch das rezessive Allel besser fürs Überleben ist, wirkt die Selektion gegen heterozygote Träger.

REKONSTRUKTION EINES VOGELS

Andere Arten haben sich von ähnlich aussichtslosen Situationen, wie der der Schwarzen Strandammer, erholt. Zu ihnen gehört auch der Chatamschnapper. Dieser wunderhübsche, tiefschwarze Vogel kommt nur auf einigen der Chatham-Inseln vor und wurde von eingeschleppten Ratten und Katzen auf gerade noch fünf lebende Individuen dezimiert. Diese Überlebenden, darunter nur ein brutfähiges Weibchen, brachte man auf eine raubtierfreie Insel und beobachtete sie genau. Jedes Mal, wenn das einsame

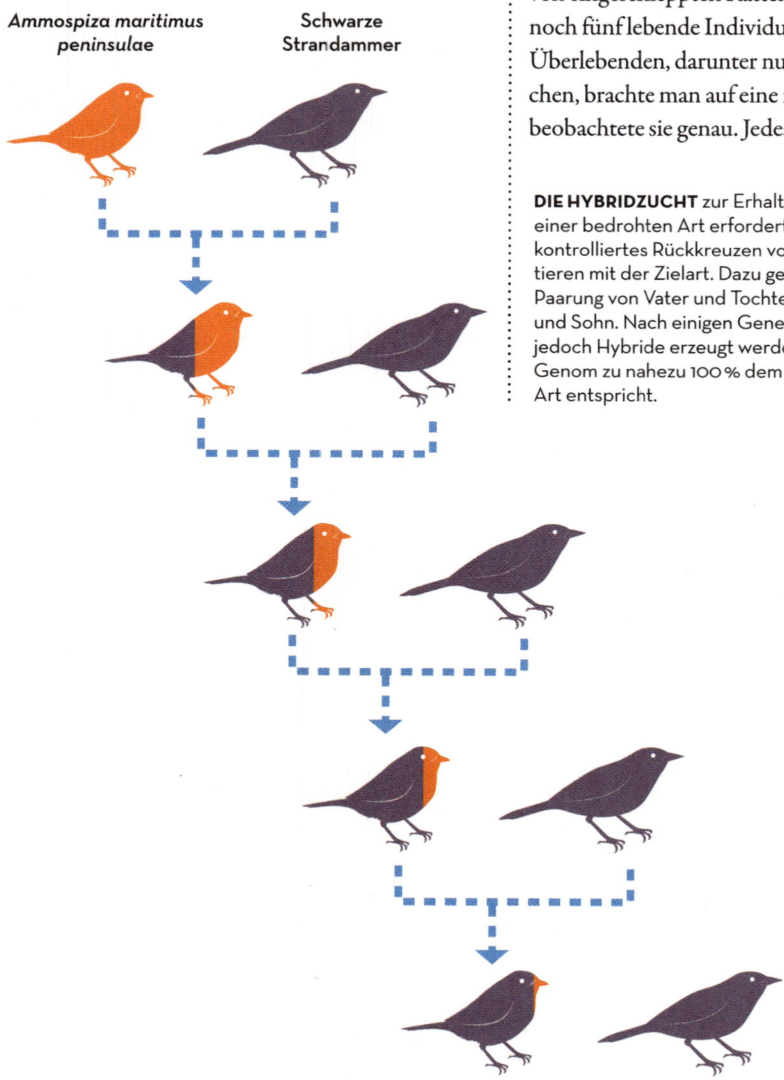

DIE HYBRIDZUCHT zur Erhaltung der Gene einer bedrohten Art erfordert wiederholt kontrolliertes Rückkreuzen von Hybrid-Jungtieren mit der Zielart. Dazu gehört sogar die Paarung von Vater und Tochter bzw. Mutter und Sohn. Nach einigen Generationen können jedoch Hybride erzeugt werden, deren Genom zu nahezu 100 % dem der bedrohten Art entspricht.

▲ Die anderen Unterarten der Strandammer sehen eher schlicht aus. Ihnen fehlt die auffällige, kontrastreich-monochrome Färbung der Schwarzen Strandammer.

Weibchen Eier legte, wurden sie von den Naturschützern einem Brutpaar der nahe verwandten Maorischnäpper zur Pflege untergeschoben. So konnten die Chathamschnäpper schnell wieder nisten. Auf diese Weise produzierten das Weibchen und ihr regelmäßiger Partner (die beide für kleine Singvögel ungewöhnlich lange lebten) genug Nachwuchs, um die Zukunft der Art zu sichern. Heute gibt es etwa 300 Chathamschnäpper.

Theoretisch hätte also ein einziges Weibchen ausgereicht, um die Schwarze Strandammer zu retten. Ohne ein solches war die Art jedoch funktionell ausgestorben und dazu bestimmt, mit dem letzten der fünf männlichen Vögel ganz zu verschwinden.

Doch die Naturschützer unternahmen einen letzten Versuch, die Unterart zu retten, indem sie die verbliebenen Männchen mit den Weibchen einer anderen Unterart – *Ammospiza maritimus peninsulae* – kreuzten. Die Idee war, die Nachkommen dieser Paarung untereinander zu kreuzen bzw. Töchter mit ihren Schwarze-Strandammer-Vätern rückzukreuzen. Wenn diese Praxis über genügend Generationen befolgt, und jeweils die der ursprünglichen Schwarzen Strandammer ähnlichsten Individuen weitergezüchtet würden, so brächte dies eine Population von Vögeln hervor, die visuell nicht von den „Originalen" zu unterscheiden wäre. Diese könnten dann wieder dort ausgewildert werden, wo durch Schutzmaßnahmen bereits schon ein geeigneter Lebensraum für sie zur Verfügung stand.

Leider war das Zuchtprogramm weder besonders erfolgreich, noch wurde es adäquat gefördert und die eingekreuzten Jungvögel entließ man meist in die freie Wildbahn. Die letzte überlebende „reine" Schwarze Strandammer, ein alter und halb blinder Vogel, der nach der Farbe seines Beinrings „Orange Band" genannt wurde, starb 1987 in Gefangenschaft. Damit war die Vogelart erledigt. Angesichts der Geschwindigkeit, mit der die Menschheit die Regeln der Wissenschaft verbiegt, kann es jedoch durchaus sein, ihre Geschichte ist noch nicht zu Ende geschrieben.

DER GEMEINSAME VORFAHRE

▶ Die ikonische Europäische Wildkatze ist ihrem rauen Lebensraum in den schottischen Highlands bestens angepasst, doch Hybridisierung hat sie an den Rand des Aussterbens gebracht.

HYBRIDBILDUNG zwischen verschiedenen Taxa von Lebewesen kommt in der Natur häufig vor. In Gefangenschaft kann sie auch zwischen Taxa stattfinden, die sich unter natürlichen Bedingungen nicht unbedingt gemeinsam fortpflanzen würden. Im Allgemeinen können sich zwei verschiedene Unterarten der gleichen Tierart erfolgreich paaren. Tatsächlich kann dies sogar für ihren Status als Unterart und nicht als eigenständige Art ausschlaggebend sein. Dies liegt daran, dass beide normalerweise durch äußere Umstände voneinander isoliert wurden und in dieser Isolation begonnen haben, in verschiedener Hinsicht zu divergieren. Doch diese Divergenz ist noch nicht groß genug, um sie zu inkompatiblen Zuchtpartnern zu machen.

Bisweilen können sich auch verschiedene Arten innerhalb der gleichen Gattung miteinander fortpflanzen, obwohl dies meist nicht so einfach ist. Mit andauernder Divergenz prägen sich Unverträglichkeiten stärker aus. Unterschiede in Körperbau und Größe können zum praktischen Hindernis bei der Paarung werden, und es könnte zu Verhaltensunterschieden kommen, wie etwa einem inkompatiblen Balzverhalten. Gelingt die Fortpflanzung dennoch, so sind die Nachkommen wahrscheinlich weniger oder gar nicht fruchtbar. Davon ist insbesondere das heterogame Geschlecht betroffen, bei dem die beiden Geschlechtschromosomen verschieden sind. Bei den Säugetieren ist dies das Männchen mit den Geschlechtschromosomen XY. Sind die Nachkommen jedoch fruchtbar genug, so können sie Hybride der zweiten Generation zeugen, indem sie sich mit ihrer jeweiligen Elternart rückkreuzen bzw. sich mit anderen Hybriden paaren, die gleich geartet sind wie sie selbst.

Die Idee, Arten oder Unterarten durch Hybridbildung vor dem Untergang zu retten, erregt noch immer Interesse, ebenso der Verlust von Arten auf diesem Wege. In Nordschottland ist die genetisch reine Form der dort heimischen Europäischen Wildkatze vom Aussterben bedroht, weil es zur umfangreichen Hybridisierung mit Hauskatzen gekommen ist. Die beiden werden normalerweise als verschiedene Unterarten und manchmal als verschiedene Arten eingestuft. Um das einzigartige Genom der Wildkatze zu erhalten, müssten die überlebenden reinblütigen Individuen, falls es denn überhaupt welche gibt, von Hauskatzen isoliert werden. Man könnte jedoch auch argumentieren, es sei sinnlos, die beiden getrennt zu behandeln, wenn sie sich schon so ähnlich sind, dass sie sich frei untereinander kreuzen können.

HYBRIDE & DAS ARTENPROBLEM

Die Praxis, Lebewesen in Arten einzuteilen, lässt sich lange durch die Menschheitsgeschichte zurückverfolgen. Auf den ersten Blick teilt sich die natürliche Welt ziemlich eindeutig in Populationen ähnlich aussehender Organismen auf. Wenn Sie z. B. eine Gruppe von Vögeln am Futterhäuschen im Garten beobachten, erkennen Sie klar abgrenzbare Typen und keine fließenden Übergänge der Formen.

Ein Futterhäuschen auf den Britischen Inseln zieht Schwärme von Grünfinken und Stieglitzen an. Beides sind bunte, kleine Vögel mit kegelförmigen Schnäbeln für das Zerbeißen von Samen, aber sie unterscheiden sich ein wenig in den Körperformen und sehr stark im Gefieder. Ein Stieglitz ist einfach von einem Grünfink zu differenzieren, denn es gibt weder goldene Grünfinken noch grünliche Stieglitze. Andererseits sind sowohl der Haar- als auch der Dunenspecht regelmäßig zu Gast in vielen Gärten der USA, und ihr Gefieder ist zum Verwechseln ähnlich. Die Haarspechte sind jedoch stets etwa 22 cm lang, mit langen Schnäbeln, die Dunenspechte dagegen etwa 15 cm lang mit kurzen Schnäbeln. Es gibt keine Zwischenform, die 19 cm lang ist und mittelgroße Schnäbel hat.

Jenseits des Futterhäuschens balzen und brüten die verschiedenen Gartenvogelarten unter ihresgleichen innerhalb der eigenen Art. Eine Hybridisierung ist daher sehr unwahrscheinlich. In der Tat

Beringmöwe

Westmöwe

Wo sich die Verbreitungsgebiete beider Arten überschneiden, entstehen Hybriden, deren Aussehen zwischen den Elternarten liegt

gehört es zu den meisten Wörterbuchdefinitionen von „Art", dass alle Mitglieder einer solchen die gleichen Merkmale teilen und sich nur untereinander fortpflanzen. Schauen Sie jedoch in andere Lebensräume und andere Teile der Welt, so werden Sie feststellen, dass Hybridisierung zwischen Arten natürlich vorkommt, bei einigen Arten sogar recht frei.

Im Westen Nordamerikas gibt es z. B. eine große „Überlappungszone", in der sowohl West- (große Möwen mit schwarzem Rücken) als auch Beringmöwen (ähnlich große Tiere mit blassem, silbergrauem Rücken) vorkommen. Diese beiden Arten hybridisieren so freizügig, dass die Hybriden sogar einen eigenen Namen haben – „Olympic Gulls".

Hybriden innerhalb des Schwarms sind sehr variabel

HYBRIDSCHWÄRME können sich auf natürliche Weise bilden, wenn sich eine Art in das Verbreitungsgebiet einer anderen ausbreitet oder eine Barriere, die beide Arten voneinander trennte, verschwindet (z. B., wenn sich eine Landbrücke bildet oder ein neuer, geeigneter Lebensraum entsteht). Hybriden innerhalb des Schwarms variieren im Aussehen, ähneln aber eher der Elternart, deren „reines" Verbreitungsgebiet geografisch näher liegt.

Solche der ersten Generation sehen aus wie eine ausgewogene Mischung der Elternarten, obwohl sie sich untereinander etwas mehr unterscheiden als „reinrassige" Mitglieder der Elternarten.

Einige sind fast so dunkel wie eine reine Westmöwe, andere fast so hell wie eine reine Beringmöwe, und die meisten liegen irgendwo dazwischen. Das ist normal für alle Hybriden der ersten Generation. Wenn es diesen gelingt, sich untereinander fortzupflanzen, weisen die Hybriden der zweiten Generation deutlich weniger Variationen auf.

Natürliche Hybridisierung wurde in vielen Taxa dokumentiert, und besonders häufig kommt sie bei Pflanzen vor. Sie kann ein starker Antrieb evolutionärer Veränderung sein, denn wann immer sich ein Hybridschwarm aus Individuen entwickelt, die sich untereinander so ähneln wie die Mitglieder einer echten Art, kann diese Population letztlich als eigenständige Art funktionieren und sich dementsprechend weiterentwickeln.

Hybriden sind Teil der Phylogenese, und sie untergraben das gesamte Konzept von Arten als objektive, ordentliche Einheiten der Vielfalt. Die Existenz von Unterarten und klinalen Variationen höhlt dieses Artkonzept weiter aus. Tatsächlich sind alle Taxa in ständigem Wandel begriffen, vom Königreich bis zum Stamm, von der Klasse bis zur Ordnung, von der Familie zur Gattung und von den Arten bis hin zu den Unterarten. Überall auf der Welt mögen wir viele scheinbar klar voneinander abgegrenzte und stabile Arten sehen, doch genaueres Hinsehen und ein tieferes Verständnis des Evolutionsprozesses entlarvt dies als Illusion.

HYBRID-EVOLUTION

Aus der Phylogenese geht hervor, dass zwei Arten wahrscheinlich dann mit einigem Erfolg Hybride hervorbringen, wenn ihr letzter gemeinsamer Vorfahre erst vor relativ kurzer Zeit gelebt hat. Zwischen vielen Arten würde der genetische Abstand nicht ausreichen, um sie in Bezug auf ihre Gene und die damit korrespondierenden physischen Merkmale inkompatibel zu machen, wie z. B. ihre Anatomie, aber auch die Form ihrer Keimzellen und im Falle vieler Tiere auch im Hinblick auf das Verhalten. Bei zwei Unterarten, die noch zu ähnlich sind, um als eigene Arten eingestuft zu werden, sind die biologischen Barrieren für eine erfolgreiche Fortpflanzung in der Regel unwesentlich. Warum also geschieht dies nicht häufiger?

Einer der Gründe dafür ist die sogenannte Nischendifferenzierung.

Bei den Gartenvögeln sind der Stieglitz und der Grünfink eng miteinander verwandt, und wir wissen, dass sie Hybride hervorbringen können. Käfigvogel-Liebhaber züchten bereits seit Jahrhunderten Hybride aus Stieglitz und Grünfink. Die beiden begegnen sich auch regelmäßig, und am Futterhäuschen sitzen sie Schulter an Schulter.

Jenseits des Gartens treten ihre Unterschiede jedoch deutlicher zutage. So nistet der Stieglitz z. B. gerne tief unten in Büschen, während der Grünfink dazu hohe Kiefern bevorzugt. Der lange, schlanke Schnabel des Stieglitzes ermöglicht es ihm, die Samen aus den dornigen Köpfen von Disteln und Karden zu ziehen. Der größere und dickere Schnabel des Grünfinken ist dazu ungeeignet, dafür kann er größere und härtere Samen knacken als der Stieglitz. Auch die Gesänge und das Balzverhalten der Männchen unterscheiden sich. Die beiden Vögel teilen sich einen Großteil ihres Verbreitungsgebiets in Europa und Westasien, und einst gehörten sie auch zur selben Gattung. Der Stieglitz ist *Carduelis carduelis*,

und der Grünfink war *Carduelis chloris*. Trotzdem ergab eine 2012 durchgeführte Studie der DNA aller 19 Mitglieder der Gattung *Carduelis*, dass nur drei davon wirklich eng miteinander verwandt sind. Die anderen zeigten sich als so weit voneinander entfernt, dass die Forscher empfahlen, sie in neuen Gattungen einzuordnen. Während der Stieglitz also weiterhin *Carduelis carduelis* heißt, hat der Grünfink nun den Namen *Chloris chloris*.

Betrachtet man die Verbreitungsgebiete der beiden Gattungen, hat es den Anschein, als ob *Chloris* zuerst in Ostasien und *Carduelis* in Südeuropa auftrat. Ihr letzter gemeinsamer Vorfahre lebte vor 16,5 Millionen Jahren. Dieser brachte auch zahlreiche andere Gattungen hervor, einschließlich einiger nordamerikanischer Finken-Linien. Von ihren

Ursprungsorten aus verbreiteten und diversifizierten sich *Carduelis* und *Chloris* in verschiedene Arten. Solche aus jeder Gattung trafen schließlich in Nordeuropa wieder aufeinander. Zu diesem Zeitpunkt hatte die Evolution die beiden Gattungen jedoch bereits so weit auseinander differenziert, dass sie sich nicht mehr unter natürlichen Bedingungen miteinander fortpflanzten, obwohl dies körperlich möglich gewesen wäre.

◄ Stieglitz (links) und Grünfink (rechts) – diese Arten sind verwandt und teilen sich den Lebensraum, hybridisieren aber unter natürlichen Bedingungen fast nie.

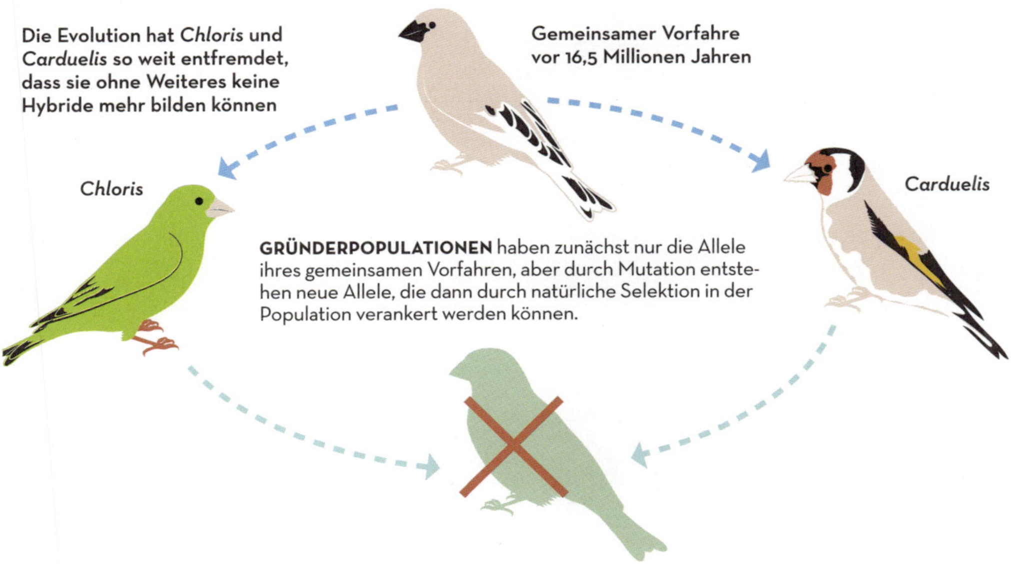

HYBRIDE

Um eine Abstammungslinie aufzuspalten, bedarf es trennender Einflüsse. Manchmal sind diese dramatisch. So kann ein Anstieg des Meeresspiegels tief liegendes Land überschwemmen und eine Landmasse teilen. Das verhindert dann Paarungen zwischen den Populationen beider Inseln, die weniger mobil sind. Doch eine Trennung kann auch subtil verlaufen. So ist es möglich, dass eine geringfügige Veränderung des Klimas oder der Niederschläge die Zusammensetzung der Pflanzenarten in den verschiedenen Teilen eines Waldes verändert und dies wiederum den Selektionsdruck auf die Tierarten, die auf diese Pflanzen angewiesen sind. Eine Veränderung kann trennend wirken und dazu führen, dass Abstammungslinien divergieren oder eine spätere Veränderung dieselben Linien wieder zusammenführt, möglicherweise an einem ganz anderen als dem letzten gemeinsamen Ort.

Treffen sich zwei divergente Linien wieder, können sie sich verschieden zueinander verhalten, je nachdem, wie lange sie auf ihrem jeweiligen evolutionären Pfad unterwegs waren und wie unterschiedlich sie dabei geworden sind.

War die Trennung kurz, und ist die Divergenz minimal, werden sie sich wahrscheinlich einfach wieder gemeinsam fortpflanzen, und ihre Unterschiede sind innerhalb weniger Generationen verschwunden. Eine längere Trennung und größere Divergenz bedeuten jedoch, dass sie sich nur in Ausnahmefällen gemeinsam fortpflanzen.

Die dritte Möglichkeit besteht darin, dass sich die zwei divergenten Linien frei hybridisieren. Obwohl dabei ein stabiler Hybridschwarm entstehen kann, wird dies meist dazu führen, dass eine der Linien effektiv verschwindet, da ihr Genom von dem der anderen überschwemmt wird. Dies ist vor allem dann wahrscheinlich, wenn beide Arten auch um Nahrung und andere Ressourcen konkurrieren müssen und eine davon deutlich weniger konkurrenzfähig ist als die andere.

Die eingangs erwähnte West-und Beringmöwe trafen aufeinander, als sich die Populationen beider Arten nach Norden bzw. Süden ausbreiteten. Die Untersuchung der mitochondrialen DNAs beider Arten zeigt, dass diese sich unterscheiden. Das deutet darauf hin, dass die Möwen keine nahen Verwandten sind, was der Fruchtbarkeit von Hybriden im Wege stehen könnte. Doch trotz dieser Einschränkung haben die beiden eine Hybrid-Zone etabliert, die sich über knapp 300 km entlang der nordamerikanischen Küstenlinie erstreckt. Die unternehmungslustigsten der nordwärts ziehenden Westmöwen werden weit mehr Beringmöwen angetroffen haben als ihresgleichen. Dasselbe galt für Beringmöwen, die nach Süden vordrangen. Man sieht, der Fortpflanzungtrieb dieser Vögel ist mächtig, und eine hormongesteuerte Möwe, die keinen Partner der eigenen Art finden kann, geht stattdessen bei der „nächstbesten" Art auf Suche.

▶ Junge Beringmöwen in Alaska, weit nördlich der Hybridzone – diese Individuen haben wahrscheinlich wenige oder keine Westmöwen-Gene.

KLONEN

Was passiert aber, wenn sich ein Hybridschwarm erfolgreich reproduziert und eine oder beide Elternarten aussterben?

Alles Leben ist den Kräften der Evolution unterworfen, und die Hybridpopulation würde durch natürliche Auslese so geformt werden, dass sie sich am besten an ihre Umgebung anpasst. Irgendwann wäre sie wahrscheinlich nicht mehr von einer „natürlichen" Spezies zu unterscheiden, obwohl ihr Genom verraten würde, wie sie entstanden ist. Hätte man die Schwarze Strandammer erfolgreich durch eine hybride Unterart ersetzt, so wäre ein paar hundert Jahre später vielleicht kein Unterschied mehr bemerkt worden.

Doch auch wenn die Rettung der Schwarzen Strandammer erfolglos war, ist sie endgültig ausgestorben, oder besteht grundsätzlich die Möglichkeit, dass sich eine verlorene Art oder Unterart wieder neu herausbildet? Die landläufige Antwort auf diese Frage wäre wohl ein Nein. Zwar könnte sich ein sehr ähnliches Geschöpf entwickeln und dieselbe Nische ausfüllen, doch würde sich dieses in vielerlei Hinsicht ziemlich eindeutig vom Vorgänger unterscheiden. Eine Entdeckung auf dem Aldabra-Atoll im Indischen Ozean stellt jedoch diese Sichtweise infrage. Das Atoll ist die Heimat der Aldabra-Cuvierralle, ein stämmiger, flugunfähiger Vogel mit rotbraunem Gefieder. Sie kommt endemisch auf der Insel vor und hat sich aus der Cuvierralle entwickelt, einer flugfähigen Spezies, die das Atoll von den nahe gelegenen größeren Inseln aus besiedelte. Es wurden 136 000 Jahre alte Fossilien von Aldabra-Rallen gefunden, aber es ist bekannt, dass das Atoll während des späten Pleistozäns (vor 126 000 – 11 000 Jahren) von einem steigenden Meeresspiegel überflutet wurde. Dies hätte die flugunfähigen Vögel ausgelöscht, aber nachdem das Atoll wieder aufgetaucht war, wurde es erneut von Cuvierrallen besiedelt, die sich dort zu einer flugunfähigen Art entwickelten. Diese scheint sich von den ursprünglichen Aldabra-Rallen nicht zu unterscheiden. Es besteht also eine geringe Chance, dass sich die Schwarze Strandammer auf ähnliche Weise erneut entwickelt.

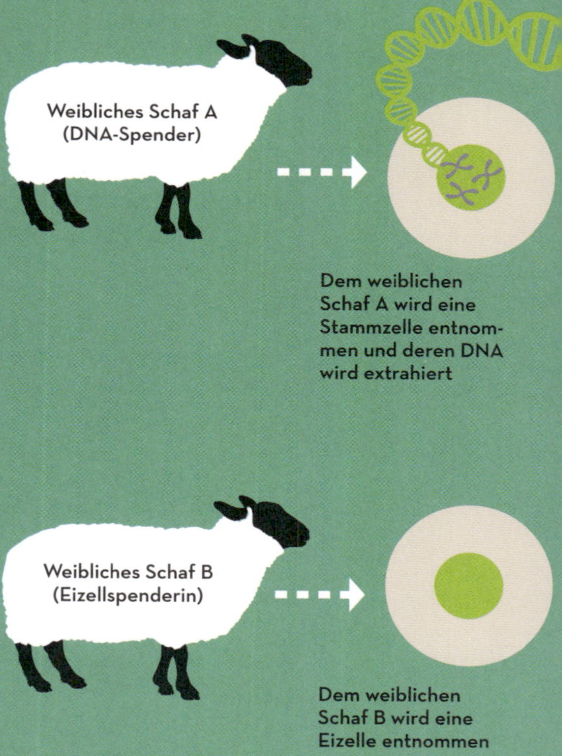

KLONEN EINES SCHAFES unter Einsatz drei verschiedener Mutterschafe. Eines liefert eine Eizelle, ein anderes die DNA, und ein drittes trägt die Schwangerschaft aus.

Klonen in Kombination mit Gentechnik wird auch zunehmend eine Option zur Wiederbelebung ausgestorbener Arten. Jeder Organismus hat einen einzigartigen Satz an Genen, und diese können in einer Genbank gespeichert werden. Die einfachste Form derselben ist die Samenbank, in der man Pflanzensamen aufbewahrt. Die meisten davon sind so angepasst, dass sie jahrelang im Ruhezustand überleben können, und für ihre Einlage- rung ist keine große Spezialausrüstung erforderlich. In manchen Fällen kommt auch das Einfrieren infrage.

Anschließend kann man die Samen Bedingungen aussetzen, die eine Keimung auslösen, und eine Pflanze kann gezogen werden.

Das Sammeln und Speichern tierischen Erbmaterials gestaltet sich schwieriger. Eine noch größere, wenn auch nicht unmögliche, Herausforderung ist es, lebende Tiere aus gespeichertem Erbmaterial zurückzubringen. Im Idealfall werden die Keimzellen (Spermien und Eizellen) der Tiere geerntet und durch Einfrieren gelagert. Bei Säugetieren können diese Gameten für eine In-vitro-Fertilisation sofort zusammengebracht werden, und der entstandene Embryo wird entweder eine Zeitlang eingefroren oder sofort in die Gebärmutter eines Weibchens eingepflanzt. Dies ist das Grundprinzip der IVF-Behandlung, die bei Menschen mit Fruchtbarkeitsstörungen angewendet wird.

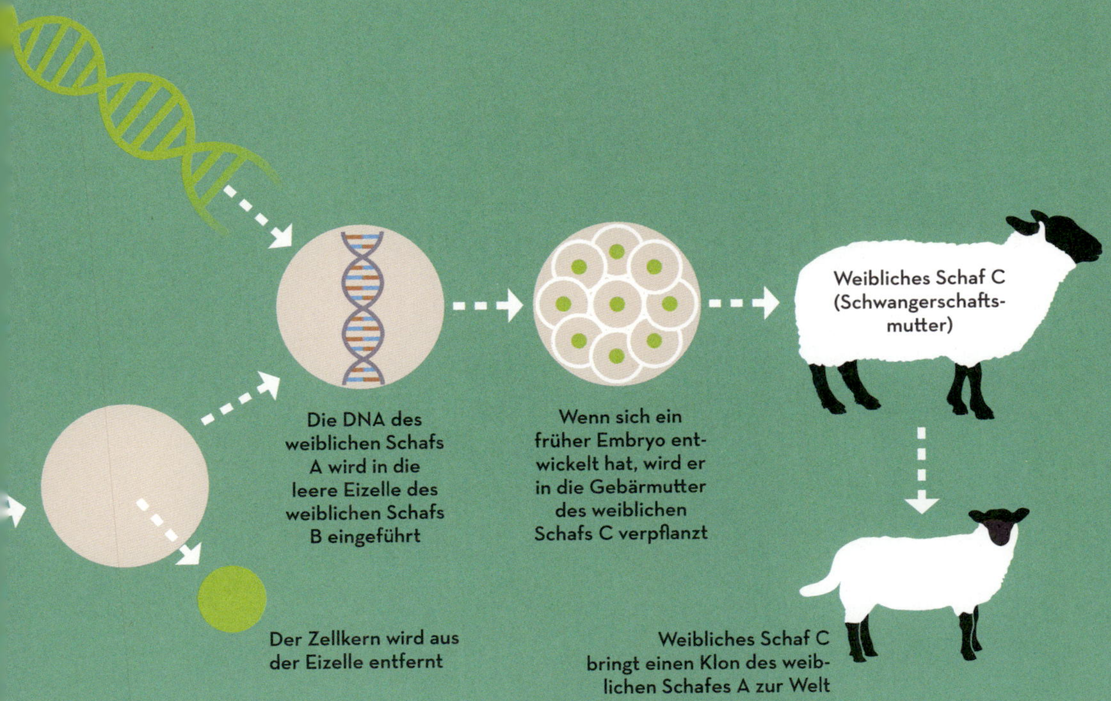

TOTE ZUM LEBEN ERWECKEN?

Die Klontechnik bei Tieren ähnelt in gewisser Weise der IVF, doch sie geht nicht von einem Paar Keimzellen aus. Stattdessen wird einem Tier eine Eizelle entnommen und ihr Kern entfernt. Dann ersetzt man ihn durch den Kern einer Körperzelle, die demjenigen anderen Säugetier entnommen wurde, das man klonen möchte. Als erstes erfolgreich derart erzeugtes Säugetier erblickte 1996 das Schaf Dolly in Schottland das Licht der Welt. Dolly wurde aus der Brustdrüsenzelle eines Schafes erschaffen, deren Zellkern man in die Eizelle eines anderen Schafes injizierte. Der daraus entstandene Embryo wurde dann in die Gebärmutter eines dritten Schafes eingepflanzt. Dolly hatte also gewissermaßen drei Mütter

▼ Entnahme des Zellkerns aus der Eizelle eines Schafes – einer der Schritte des Klonprozesses im Labor.

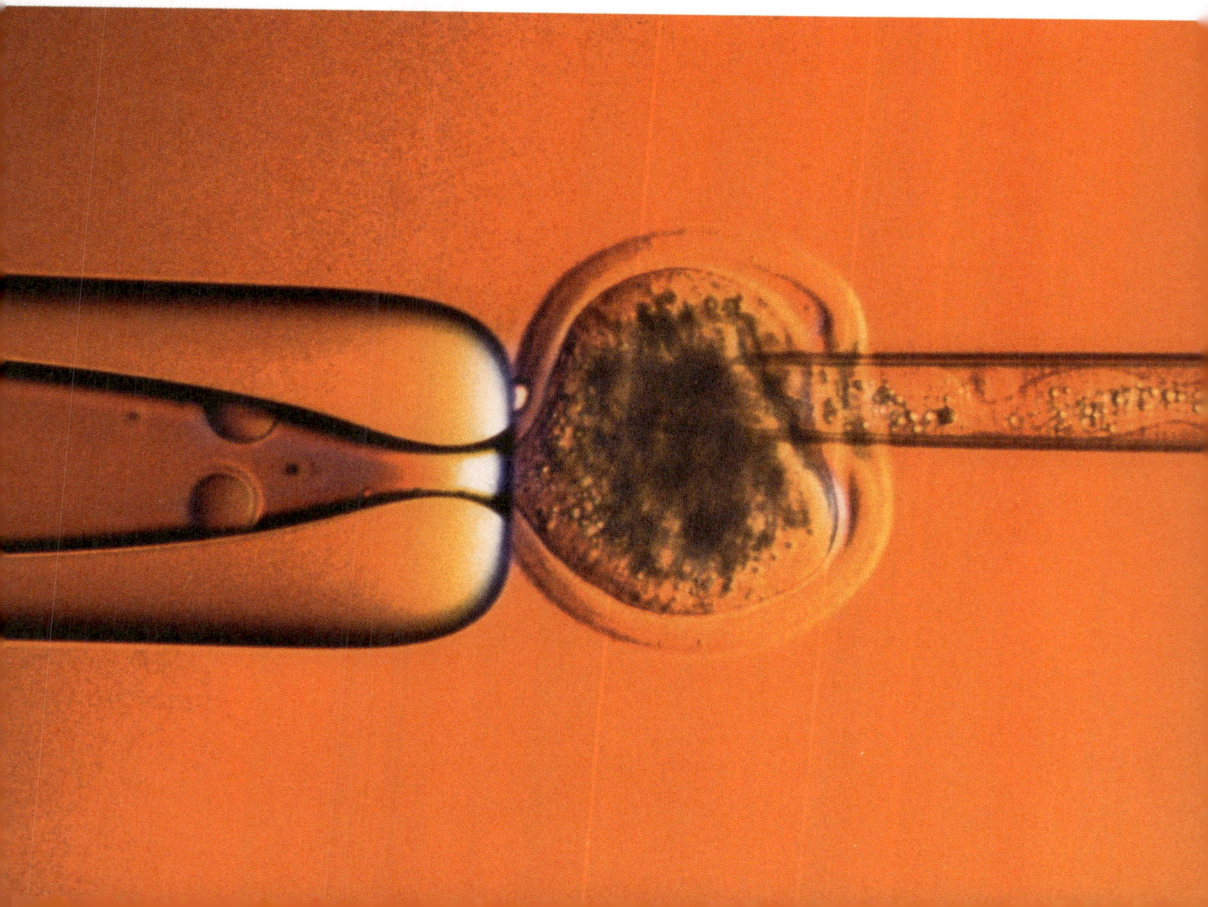

und keinen Vater. Genetisch war sie identisch mit dem Schaf, von dem die Brustdrüsenzelle stammte.

Nach Dolly wurden noch mehrere andere Tierarten erfolgreich geklont. Maßstab für Erfolg ist dabei die Erschaffung eines gesunden Tieres, das bis zum Erwachsenenalter überlebt. Es gab auch viele fehlgeschlagene Versuche. Zwei dieser Fehlschläge betrafen genetisches Material aus den konservierten Zellen ausgestorbener Tiere – des Magenbrüterfrosches und der Pyrenäen-Unterart des Iberischen Steinbocks, einer spektakulären Wildziege mit mächtigen Hörnern. In beiden Fällen gelang es, Klone zu erzeugen, die aber bald darauf starben. Fortschritte in der Klontechnologie machen diese jedoch wahrscheinlich zu einer echten Option für die Wiedererweckung verlorener Tierarten.

Es gibt jedoch noch kein geeignetes Verfahren, um Vögel zu klonen. Einen passenden Körperzellkern zur Verpflanzung in eine Eizelle zu gewinnen, ist dabei nicht das Problem. Die Schwierigkeit liegt darin, ihn zurück in den Vogel oder genauer ins Ei zu bekommen. Die Eizelle wird während einer schnellen Reise vom Eierstock in die Außenwelt befruchtet. Zum Zeitpunkt, an dem ein voll ausgebildetes, hartschaliges Ei gelegt wird, ist der darin enthaltene Embryo bereits zu weit entwickelt, als dass er ersetzt werden könnte. Diese und andere physische Hürden würden komplexere Verfahren erfordern, um die Schwarze Strandammer oder andere verlorene Vögel von den Toten zurückzubringen.

KÖNNTE DER LÄNGST AUSGESTORBENE DODO durch das Klonen der DNA von Museumsexemplaren wieder zum Leben erweckt werden? Vielleicht wäre das eines Tages möglich, doch praktische Hindernisse beim Klonen von Vögeln haben sich leider als bisher unüberwindbar erwiesen.

9

DIE WEICH-SCHILDKRÖTE

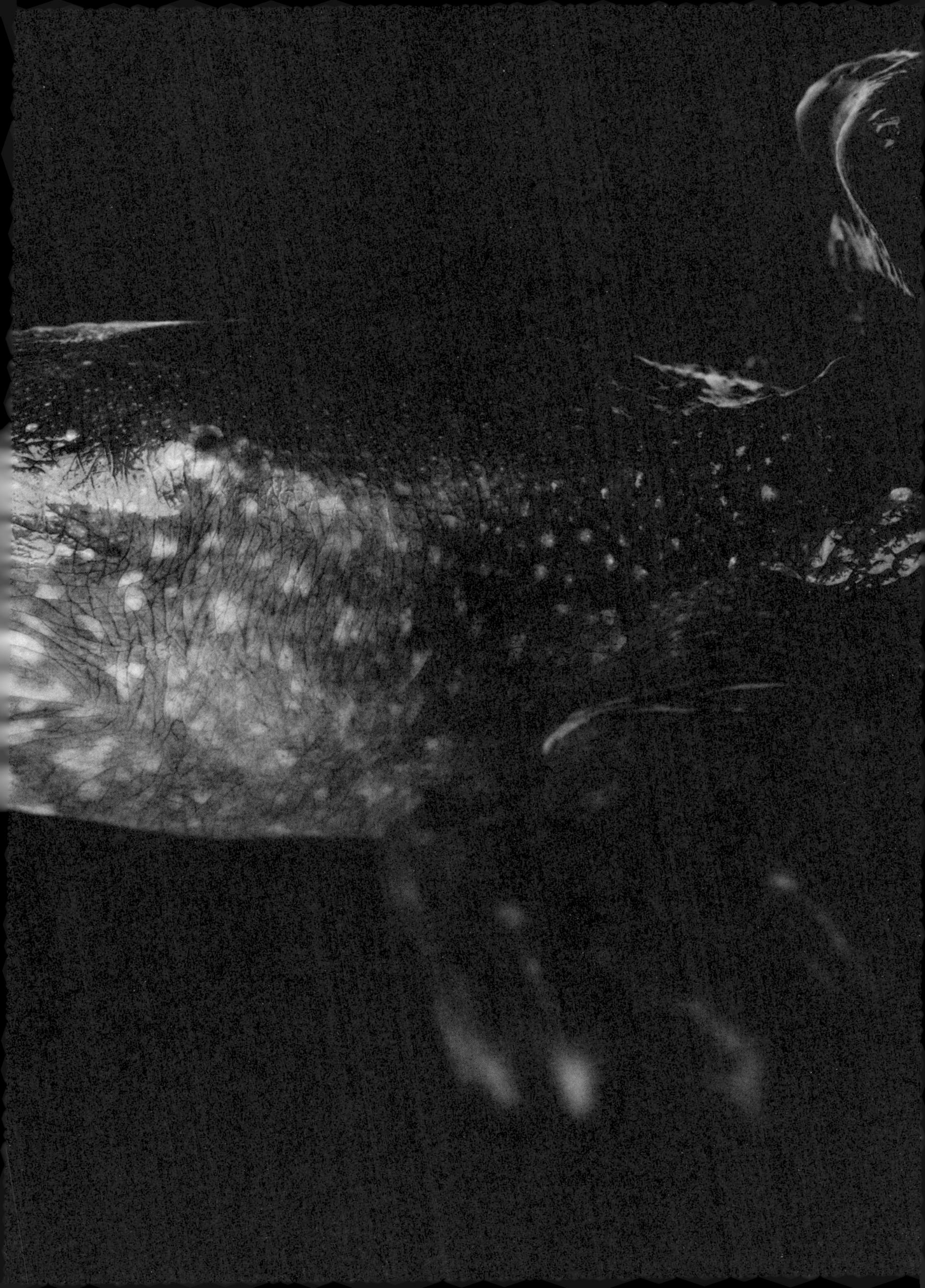

DIE WEICH-SCHILDKRÖTE

REICH	Animalia
STAMM	Chordata
KLASSE	Reptilia
ORDNUNG	Testudinae
FAMILIE	Trionychidae
GATTUNG	*Rafetus*
ART	Rafetus swinhoei

Am 13. April 2019 starb die letzte bekannte weibliche Jangtse-Riesenweichschildkröte. Sie war wahrscheinlich mehr als 90 Jahre alt geworden. Allerdings weiß man nichts von ihrem Leben vor 1956, dem Jahr als sie in den chinesischen Zoo von Changsha kam. Im Jahr 2008 wurde sie in den Zoo von Suzhou verbracht und mit einem der letzten drei Männchen ihrer Art gepaart, doch ihre Eier waren unfruchtbar. Im Jahr 2015 lief ein Programm zur künstlichen Befruchtung an, doch auch dieses schlug fehl. Mit dem Tod dieses Tieres war die Art funktional ausgestorben.

Die Ordnung Schildkröten (Testudinae), umfasst neben Land- und Sumpfschildkröten etwa 13 Arten von Weichschildkröten. Diese sind weniger bekannt als einige ihrer Verwandten, wie etwa die massigen und freundlich anmutenden Landschildkröten, die attraktiv gefärbten Sumpfschildkröten und die großen und anmutigen Meeresschildkröten. Ihr verborgenes Dasein ist vielleicht eine Folge dessen, dass sie ihre Zeit hauptsächlich damit zubringen, tief unter Wasser auf Beute zu lauern. Selbst die größten Arten, zu denen auch die gut 1 m große Jangtse-Riesenweichschildkröte gehörte, sind sehr schwer zu beobachten.

Die Weichschildkröten sind nach ihren lederartigen Schalen benannt, denen die harten Platten oder Schuppen fehlen, die typisch für andere Mitglieder der Ordnung Testudinae sind. Zu ihren weiteren besonderen Merkmalen gehören kiemenartige Strukturen in ihren Mäulern, mit denen sie unter Wasser „atmen" können, und eine eigentümlich verlängerte, rüsselartige Schnauze, die als Schnorchel dienen kann, wenn der Rest ihres Körpers in weichem Schlamm oder Sand vergraben ist.

Sowohl aquatische Schildkröten als auch Landschildkröten haben eine lange Lebenserwartung. Riesenschildkröten, die auf tropischen Inseln leben, sind die altehrwürdigsten davon. Mehrere berühmte Exemplare haben weit über 150 Jahre gelebt: Adwaita, eine Aldabra-Riesenschildkröte, starb im Alter von geschätzten 255 Jahren, während Jonathan, eine Seychellen-Riesenschildkröte auch um 2020 nach 188 Jahren immer noch gesund und munter sein Dasein fristet. Die vielleicht berühmteste von allen ist jedoch der Einsame George, die letzte bekannte Pinta-Riesenschildkröte. Nachdem er 1971 allein auf seiner Heimatinsel auf dem Galápagos-Archipel gefunden wurde, verbrachte er seinen Lebensabend im Schildkrötenzentrum der Charles Darwin Foundation auf der nahe gelegenen Insel Santa Cruz. 2012 starb er als höchstwahrscheinlich letztes Tier seiner Art. Seither wurde keine andere Pinta-Riesenschildkröte mehr gefunden, weder in freier Wildbahn noch in den Zoos dieser Welt.

Ob sie an Land, im Meer oder im Süßwasser leben, in der modernen, vom Menschen dominierten Welt sind alle Angehörigen der Ordnung Testudinae gefährdet. Mit ihrem langsamen Lebensrhythmus sind Reifungs- und Fortpflanzungsrate entsprechend langsam. Daher können sie nicht schnell auf Veränderungen reagieren, weder als Individuen noch durch eine Evolution ihrer Populationen. Sie werden zum Kollateralschaden zerstörter oder verschmutzter Lebensräume und noch dazu wegen ihres Fleisches und ihrer Panzer vom Menschen bejagt. In einigen Fällen stellt auch das Sammeln für den Heimtierhandel ein erhebliches Problem dar. Die Weltnaturschutzunion (IUCN) stuft mittlerweile 20 % der rund 360 bekannten Arten als akut vom Aussterben bedroht ein, etwas mehr als 56 % sind in ihrem Bestand gefährdet.

▲ Seite 186 – 187: Dieses riesige und bizarr anmutende Reptil steht kurz vor seiner Auslöschung. Es bedarf jetzt eines Wunders, um sein Überleben zu sichern.

AM RANDE DER AUSLÖSCHUNG

▶ Schildkröten sehen von Natur aus bereits am Tag ihres Ausschlüpfens aus, als hätten sie ein stattliches Alter. Dabei starb der „Einsame George" mit nur 101 oder 102 Jahren im jugendlichen Alter.

Die Endgültigkeit einer Ausrottung ist immer eine Ernüchterung, insbesondere dann, wenn man sie unmittelbar miterlebt. Am 1. September 1914 verstarb die letzte bekannte Wandertaube dieser Erde an Altersschwäche in einem Käfig im Zoo von Cincinnati in Ohio. Der Verlust dieser Art war besonders schockierend, denn nur ein paar Jahrhunderte zuvor war die Wandertaube der häufigste Vogel Nordamerikas gewesen. Eine hemmungslose Überjagung hatte sie jedoch mit atemberaubender Geschwindigkeit ausgerottet.

Dieser letzte Vogel hieß Martha und ihr Alter wurde auf 29 Jahre geschätzt. Vier Jahre zuvor war ihr Gefährte verstorben, das letzte Männchen seiner Art. Marthas präparierte Überreste sind heute im Zoo von Cincinnati ausgestellt. Im selben Zoo hauchte weniger als vier Jahre später der letzte Karolinasittich der Welt sein Leben aus – ein Männchen namens Incas. Eine andere bekannte Spezies beendete 1936 ihre Existenz hinter Gittern: Australiens Tasmanischer Tiger, auch bekannt als „Beutelwolf" oder „Beuteltiger". Das letzte Individuum war ein Männchen namens Benjamin. Allerdings wusste man zum Zeitpunkt seines Todes nicht, dass die Art in freier Wildbahn wahrscheinlich bereits ausgestorben war, und noch Jahre später sollte von möglichen Sichtungen berichtet werden.

Das kommt selbst heute noch vor, doch wer mit absoluter Gewissheit einen Beutelwolf sehen möchte, muss sich mit Schwarzweiß-Filmen von Benjamin und anderen gefangen gehaltenen Exemplaren begnügen. Diese Aufnahmen wurden im australischen Hobart Zoo und im Zoo von London gedreht. Da kein Tier, das dem Beutelwolf auch nur entfernt ähnelt, bis heute überlebt hat, entfalten die bewegten Bilder dieser bemerkenswerten Kreaturen eine besondere emotionale Wirkung.

Die Riesenschildkröten der Galápagos-Inseln fielen einem jüngeren Artensterben zum Opfer. Man nimmt an, dass ihre Vorfahren vor etwa 2 – 3 Millionen Jahren von Südamerika auf Treibgut zu den Inseln gelangten.

Im Laufe der Zeit etablierten sich 15 oder 16 Arten von Riesenschildkröten auf dem Archipel, heute gibt es nur noch zehn davon. Auf ihren Heimatinseln waren sie oft die dominanten Pflanzenfresser. Ihnen kam damit eine ökologische Schlüsselrolle zu, was die Verbreitung von Samen und die Rückführung pflanzlicher Nährstoffe in den Boden betrifft.

Leider waren die Schildkröten im 16. und 17. Jahrhundert auch eine leichte Beute für Seefahrer, die die lebenden Riesen als Proviant in ihre Laderäume packten. Bei nur minimaler Versorgung überlebten die Schildkröten bis zu einem Jahr, und sie konnten jederzeit nach Bedarf geschlachtet werden.

HYBRID-HOFFNUNGEN

Zu den Riesenschildkrötenarten gehörte auch die Pinta-Riesenschildkröte *(Chelonoidis abingdonii)*. Zusätzlich zu ihrer Bejagung durch den Menschen hatten die pflanzenfressenden Riesen unter ausgewilderten Ziegen zu leiden, die eine ernst zu nehmende Konkurrenz um Nahrung darstellten. Die Ziegen wurden zwar 2003 endlich entfernt, doch für die Schildkröten war das zu spät. Das letzte überlebende Exemplar dieser Art, der Einsame George, war bereits 1971 von der Insel entfernt worden.

Letzte einsame Überlebende, sogenannte „Endlinge", mögen als lebende Verkörperungen des Untergangs wahrgenommen werden, doch sie können auch als lebende Botschafter des Artensterbens fungieren. Als letzte Pinta-Riesenschildkröte erfüllte der Einsame George sicherlich diese Rolle. Während seiner 40 Jahre in der Charles Darwin Stiftung erregte er große öffentliche Aufmerksamkeit und zog viele Besucher an. Unterdessen wurde die Insel Pinta nach weiteren Schildkröten abgesucht, um dem Einsamen George einen Paarungspartner zu finden, doch trotz einer ausgesetzten Belohnung von 10 000 $ blieb die Suche ergebnislos. Im Jahr 2008 wurde der Einsame George gemeinsam mit zwei Weibchen der Wolf-Riesenschildkröte untergebracht. Diese eng verwandte Art ist auf der Insel Isabela, nur 50 km südwestlich von Pinta, beheimatet. Die Hoffnung war, dass sich die beiden Arten paaren würden und sich dadurch die Möglichkeit ergeben könnte, aus den hybriden Jungtieren eine genetisch reine Pinta-Inselschildkröte zu rekonstruieren oder zumindest die Gene der Art zu erhalten. Doch obwohl es zur Paarung kam und Eier gelegt wurden, schlüpften keine Jungen.

Im Jahr 2011 unternahm man ein ähnliches Experiment mit einem Paar weiblicher Hood-Island-Schildkröten. Auch dieses blieb erfolglos. Der Einsame George starb ein Jahr später, im „jugendlichen" Alter von knapp über 100 Jahren. Potenziell hätte er doppelt so alt werden können. Über seinen Tod wurde viel berichtet, und wer ihn kannte, trauerte um das Individuum und die Art.

Die Geschichte der Pinta-Riesenschildkröte ist jedoch noch nicht ganz zu Ende. Zwar wurden seit dem 17. Jahrhundert viele Schildkröten von Besuchern der Galápagos-Inseln mitgenommen und getötet, doch einige bald, nachdem man sie gefangen hatte, wieder freigelassen. Viele davon warf man wohl einfach ins Meer, doch Riesenschildkröten sind recht gute Schwimmer. Isabela, die größte der Galápagos-Inseln und die sie umgebenden Meere, waren der übliche „Abladeplatz" für unerwünschte Schildkröten. Heute leben auf dieser Insel nicht nur fünf einheimische Arten, und zwar jeweils in der Nähe eines der fünf Vulkane der Insel, sondern auch Populationen nicht einheimischer Spezies.

Biologen vermuteten schon lange, dass sich einige der Schildkrötenarten untereinander gekreuzt haben. Bei DNA-Untersuchungen rund um den Vulkan Wolf im Jahr 2012 wurden mehrere Individuen mit Genen der Pinta-Inselarten entdeckt, darunter auch Jungtiere. Dies hat die Hoffnung erweckt, dass einige Hybriden der ersten Generation, darunter vielleicht sogar reine Pinta-Riesenschildkröten, dieses Gebiet noch besiedeln. Wenn dies zutrifft, könnten sie nach Pinta zurückgebracht und auf der nun ziegenfreien Insel unter Schutz gestellt werden. Man debattiert dabei, ob man Hybriden nach Pinta umsiedeln sollte oder nur reinrassige Schildkröten – wenn solche überhaupt noch existieren.

DIESE KARTE der Galápagos-Inseln zeigt die aktuellen natürlichen Verbreitungsgebiete der verschiedenen Riesenschildkrötenarten und wo es zu Hybridbildungen zwischen ihnen gekommen ist. Die Wiedereinführung der Tiere in ihren ursprünglichen Verbreitungsgebieten wäre in einigen Fällen möglich, doch unter Naturschutzaspekten ist unklar, was die beste Vorgehensweise bei den Hybriden sein könnte.

LEBEN AM ABGRUND

Das EDGE-of-Existence-Programm ist eine globale Naturschutzinitiative der Zoologischen Gesellschaft in London. Sie zielt darauf ab, die missliche Lage „einiger der einzigartigsten Spezies der Erde“ ins öffentliche Bewusstsein zu rücken. Dazu gehören insbesondere solche, denen derzeit wenig oder gar kein Schutz zuteil wird. EDGE ist ein englisches Akronym für „evolutionär einzigartig und global bedroht“ (Evolutionarily Distinct and Globally Endangered). Jede Art erhält eine EDGE-Statuszahl, in Abhängigkeit von ihrer Einzigartigkeit und ihrem Schutzstatus. Mehr als 532 Arten sind derzeit auf der EDGE-Website aufgeführt, darunter 114 Reptilien (einschließlich der Jangtse-Riesenweichschildkröte), 118 Amphibien, 113 Säugetiere und 106 Vögel. Als einzige wirbellose Tiere sind bisher mit 31 Arten die Korallen vertreten. Weitere Gruppen werden bewertet, während sich das Projekt weiterentwickelt.

AUFGLIEDERUNG NACH TAXONEN von 1200 „verlorenen“ Arten gemäß der Definition des Projekts „Suche nach verlorenen Arten“ von Global Wildlife Conservation (s. S. 206). Von den 1200 ausgewählten Arten sind etwa 80 % Tiere und 20 % Pflanzen. Die Repräsentation der Einzelgruppen steht nicht unbedingt im Verhältnis zu ihrer Vielfalt. Einige Gruppen wie die Amphibien sind überproportional gefährdet.

▲ Der weltweite Coronavirus-Lockdown von 2020 hat sich als Segen für stark gefährdete Meeresschildkröten erwiesen, da viele ihrer Niststrände ungestört blieben.

Um die „evolutionäre Einzigartigkeit" zu definieren, wird auch der phylogenetische Baum jeder Art untersucht, um zu sehen, wann sie sich von der Linie ihres nächsten noch lebenden Verwandten abgespalten hat. Diese Bewertung wird dann mit der Schutzkategorie der Art gemäß IUCN kombiniert. Allerdings lässt sich die „Schutzwürdigkeit" einer Art auch dann unmöglich objektiv bewerten, wenn die beiden zugrunde liegenden Kriterien objektiv ermittelt wurden.

Im Verhältnis von Menschen und Natur hatten Selbsterhalt und eine Verbesserung der Lebensstandards lange Zeit Priorität. Vor einigen Jahrtausenden begannen wir damit, bestimmte Wildtiere zu halten und zu züchten sowie Wildpflanzen für unseren eigenen Gebrauch zu vermehren. Damit waren der Schutz und die Erhaltung dieser Arten vorrangig, und eine absolute Intoleranz gegenüber allem, was sie bedrohte, war die Folge. Überall auf der Welt haben wir Raubtiere, die unser Nutzvieh töteten und Pflanzenfresser, die unsere Ernte gefährdeten, gnadenlos verfolgt. Dazu wurden Wildtiere gejagt und Wildpflanzen zum Verzehr, als Medizin, als Souvenirs und zum Vergnügen geerntet, und zwar ohne lange darüber nachzudenken, ob die jeweiligen Populationen dieser Arten diese Zusetzungen auffangen können. Wachsende Siedlungsgebiete, der Ausbau von Verkehrsverbindungen, der Abbau von Bodenschätzen, die Entwicklung effizienter, aber hochgradig umweltschädlicher Produktionsverfahren u. v. m. hat unsägliche Zerstörungen in allen denkbaren natürlichen Lebensräumen angerichtet. Das Ergebnis ist das sogenannte 6. Massensterben, welches auch als das Aussterben des Holozäns bzw. Anthropozäns bezeichnet wird. Arten verschwinden schätzungsweise 100 bis 1000-mal schneller, als es während der letzten Jahrtausende natürlich gewesen wäre. Erst seit etwa 100 Jahren regen sich Stimmen der Besorgnis, und seit etwa 20 Jahren nun haben diese eine wirkliche Dringlichkeit erlangt. Das Ausmaß und Tempo des Rückgangs von Wildtier-und Pflanzenarten ist auf schmerzhafte Weise offenbar geworden. Zum ersten Mal versuchen wir ihre Bestände auch dann zu retten und wiederherzustellen, wenn sich daraus kein unmittelbarer Nutzen für den Menschen ergibt.

VOM WERT DER EINZIGARTIGKEIT

Auf unserer Welt gibt es eine erstaunliche Biodiversität. Doch unsere Wahrnehmung derselben ist subjektiv, und deshalb hinterlassen bestimmte Lebewesen einen stärkeren Eindruck auf uns als andere. So erregt eine blühende Pflanze mit bunten, auffälligen Blüten mehr Aufmerksamkeit als eine unauffällige, während ein großes und wildes Säugetier einen viel nachhaltigeren Eindruck hinterlässt als ein kleines, scheues. Ein durchschnittlich gebildeter und von Indien weit entfernt lebender Mensch würde einen Bengaltiger auf einen Blick erkennen, hätte aber wahrscheinlich keine Ahnung, wie viele Wühlmaus- oder Spitzmausarten in seiner eigenen Nachbarschaft leben, geschweige denn, wie diese heißen.

Das EDGE-Projekt erfüllt eine wichtige Rolle, wenn es darum geht, „gewöhnliche" Menschen auf die Not derjenigen gefährdeten Tiere aufmerksam zu machen, von denen kaum jemand wusste, dass sie überhaupt existieren. Da wir uns von Einzigartigkeit und Besonderheit beeindrucken lassen, hilft das Hervorheben dieser Eigenschaften, unser Mitgefühl zu erwecken. Eine Spezies ohne nahe lebende Verwandte umgibt eine Aura der Einsamkeit und erscheint deshalb vielleicht besonders schützenswert. Ihr Verlust scheint deshalb größer, weil keine anderen überlebenden Arten als Ersatz herhalten, und sich nicht einmal in den kühnsten Träumen der Biologen jemals wieder etwas Ähnliches entwickeln könnte. Die im EDGE-Projekt gelisteten Arten haben eine emotionale Wirkung, aber man kann nicht unbedingt sagen, dass ihr Verschwinden weitreichende globale Auswirkungen auf die Ökologie oder das Überleben der menschlichen Rasse

hätte, aber sie beeinflussen besonders die menschliche Geisteswelt.

Manch einer mag argumentieren, dass Emotionen in der Artenschutzdebatte nichts verloren haben. Doch wir sind emotionale Tiere, Gefühle spielen bei unseren eigenen Entscheidungen eine Rolle und geben vor, wie wir die Entscheidungen anderer unterstützen. Naturschützer, die Regierungen beeinflussen und die Öffentlichkeit für den Schutz einer bestimmten Art mobilisieren wollen, wissen, dass sie auf emotionale Appelle angewiesen sind. Meistens bedeutet dies Mitleid, Trauer und Zorn der Menschen anzusprechen. Die Geschichte des Artenschutzes bringt eine traurige und vermeidbare Notlage in unser Bewusstsein, verursacht durch menschliche Nachlässigkeit und Gier, und sie warnt vor dauerhaftem Verlust, falls nicht gehandelt wird. Bisweilen kann das Schicksal der bedrohten Lebensform das menschliche Wohlbefinden und Überleben erheblich beeinflussen. Dann lässt sich das ursprünglichste und mächtigste Gefühl beschwören – nämlich die Angst.

▼ Der bizarr aussehende Gangesgavial wird von der IUCN als vom Aussterben bedroht eingestuft. Auf der EDGE-Liste belegt er derzeit Platz 17.

POPULATIONEN SCHÜTZEN

Jede Person, deren Arbeit oder Interessen mit Naturschutz zu tun hat, ist sich der Macht des Artbegriffes bewusst. Die Erhaltung einer Art lässt sich leichter als die Erhaltung einer Unterart bewerben. Die erscheint weniger wichtig und unersetzlich, solange es sich nicht gerade um die letzte verbleibende Subspezies der jeweiligen Art handelt. Die meisten Menschen wissen z. B. wie gefährdet der Tiger ist, doch sie haben keine Ahnung, dass die Welt bereits vier einzigartige Unterarten des Tigers verloren hat.

Eine Art, die sowohl einen umgangssprachlichen als auch einen wissenschaftlichen Namen hat, ist für die Menschen auch viel leichter fassbar als ein Lebensraum oder eine Gemeinschaft von Organismen, die nur durch einen kursiv gedruckten, lateinischen Namen, bestehend aus drei Worten, bekannt ist. Das wiederum kann Schutzbemühungen erleichtern. Die Populationen besonders heller und flauschiger Leoparden im Südosten Russlands und im Südwesten Chinas werden als Unterart *Panthera pardus orientalis* der Leopardenart *Panthera pardus* eingestuft. Obwohl diese Unterart vom Aussterben bedroht ist, erhielten die Schutzbemühungen für sie so lange keine große Aufmerksamkeit, bis sie als Amurleopard bekannt wurde und man ihre besonderen Merkmale, die sie von anderen Leoparden-Unterarten unterscheiden, herausstellte. Naturschutzorganisationen, die heute versuchen, das öffentliche Bewusstsein für den Amurleoparden zu schärfen, weisen darauf hin, dass es sich um die seltenste Großkatze der Welt handelt. Dass er eine Unterart des Leoparden ist, wird nicht unbedingt erwähnt. Stattdessen beschreibt man ihn mit denselben Begriffen wie andere Schutzziele, die als vollwertige, eigenständige Arten eingestuft werden, wie z. B. dem Schneeleoparden.

Diskussionen um die Klassifizierung im Labor oder in einem Museum voller Präparate, wo es auf die kategorisch korrekte Einordnung einer Art ankommt, unterscheiden sich grundlegend vom dringlichen Kampf um die Rettung vom Aussterben bedrohter Arten oder Unterarten. Vor allen Dingen kommt es nicht nur auf die Erhaltung von Arten an. So kann die eine Unterart größeres ökologisches Gewicht haben und stärker bedroht sein als die andere. Man kann das noch weiter ausdifferenzieren. Bisweilen sind bestimmte Populationen eines Organismus – oft in einem bestimmten Lebensraum – einzigartig, bedroht und potenziell ökologisch essenziell obwohl sie sich sonst kaum von anderen Populationen ihrer Art unterscheiden.

◄ Beim vom Aussterben bedrohten Amurleoparden handelt es sich zwar „nur" um eine Unterart, aber der einprägsame deutsche Name hilft, öffentliches Interesse an seiner Notlage zu wecken.

ESU

Im Jahr 1986 prägte der amerikanische Biologe Oliver Ryder den Begriff der „evolutionär signifikanten Einheit" (ESU – engl. Evolutionarily Significant Unit). Obwohl sowohl EDGE als auch ESU Artenschutzziele beschreiben, unterscheidet sich eine ESU – insofern von einer EDGE-Art, als dass es sich auch um eine Unterart oder eine Population handeln könnte.

Für die Zwecke des praktischen Artenschutzes ist die ESU eine viel nützlichere Einheit als die taxonomische Art. Um als ESU definiert zu werden, muss ein Subjekt zwei der folgenden drei Merkmale haben:

Es ist akut geografisch getrennt von anderen ähnlichen Populationen.
Es unterscheidet sich genetisch von anderen ähnlichen Populationen.
Es zeigt phänotypische Unterschiede zu anderen ähnlichen Populationen.

Grundlage des ESU-Ansatzes ist die Geografie – damit kommt Umwelt und Ökosystem eine besondere Bedeutung zu. Naturschutz muss den Kontext berücksichtigen, und das dauerhafte Überleben jeder Population von Organismen hängt von anderen ab. Um beispielsweise die Zukunft des stark gefährdeten iberischen Luchses zu sichern, der in Spanien und Portugal beheimatet ist, muss auch seine Hauptbeutetierart, das Wildkaninchen, geschützt und unterstützt werden. Dieses wiederum stufte man in seinem Heimatgebiet als potenziell gefährdet ein, obwohl es in anderen Teilen der Welt florierende nichtheimische Populationen gibt.

In der Vergangenheit wurde der iberische Luchs als Unterart des eurasischen Luchses eingestuft. Mittlerweile wird er meist als vollwertige Art betrachtet, doch das spielt für den ESU-Ansatz keine Rolle. Ob vollwertige Art oder Unterart, er erfüllt eindeutig und problemlos alle drei ESU-Kriterien, da er weit entfernt von anderen Luchspopulationen lebt und sich sowohl geno- als auch phänotypisch klar von diesen unterscheidet.

Um eine ESU zu schützen, muss ihre gesamte Ökologie berücksichtigt werden. Davon profitieren auch andere Arten und Populationen von Lebewesen, die zum gleichen Ökosystem gehören. Diese zusätzlichen Vorteile haben jedoch ihren Preis, denn während es einfach sein kann, eine ESU unter kontrollierten Bedingungen zu erhalten, ist die Erhaltung oder Schaffung eines gesunden, gut funktionierenden Ökosystems, in dem sie auf natürliche Weise gedeihen kann, ein großes Unterfangen.

Zum Zeitpunkt der Erstellung dieses Textes leben wesentlich mehr Tiger in Gefangenschaft als in freier Wildbahn. Manche könnte man wohl so vorbereiten, dass sie in der Wildnis überlebensfähig wären, dennoch würde eine groß angelegte Auswilderung gefangener Tiger der wilden Tigerpopulation wahrscheinlich kaum helfen, denn diese Tiere benötigen ausreichend große und sichere Lebensräume mit genügend Beutetieren und anderen Ressourcen, um eine lebens- und fortpflanzungsfähige Population auszubilden. Und diese Gebiete gibt es momentan einfach nicht.

Dasselbe gilt auch für die Jangtse-Riesenweichschildkröte. Selbst wenn ein Weibchen gefunden würde und die Nachzucht gelingt, wäre es nicht klug, die Nachkommen sofort auszuwildern. Es könnte viele Jahre dauern, bis der Lebensraum der Art wieder so weit hergestellt ist, dass er eine lebensfähige und gesunde Population erhalten kann.

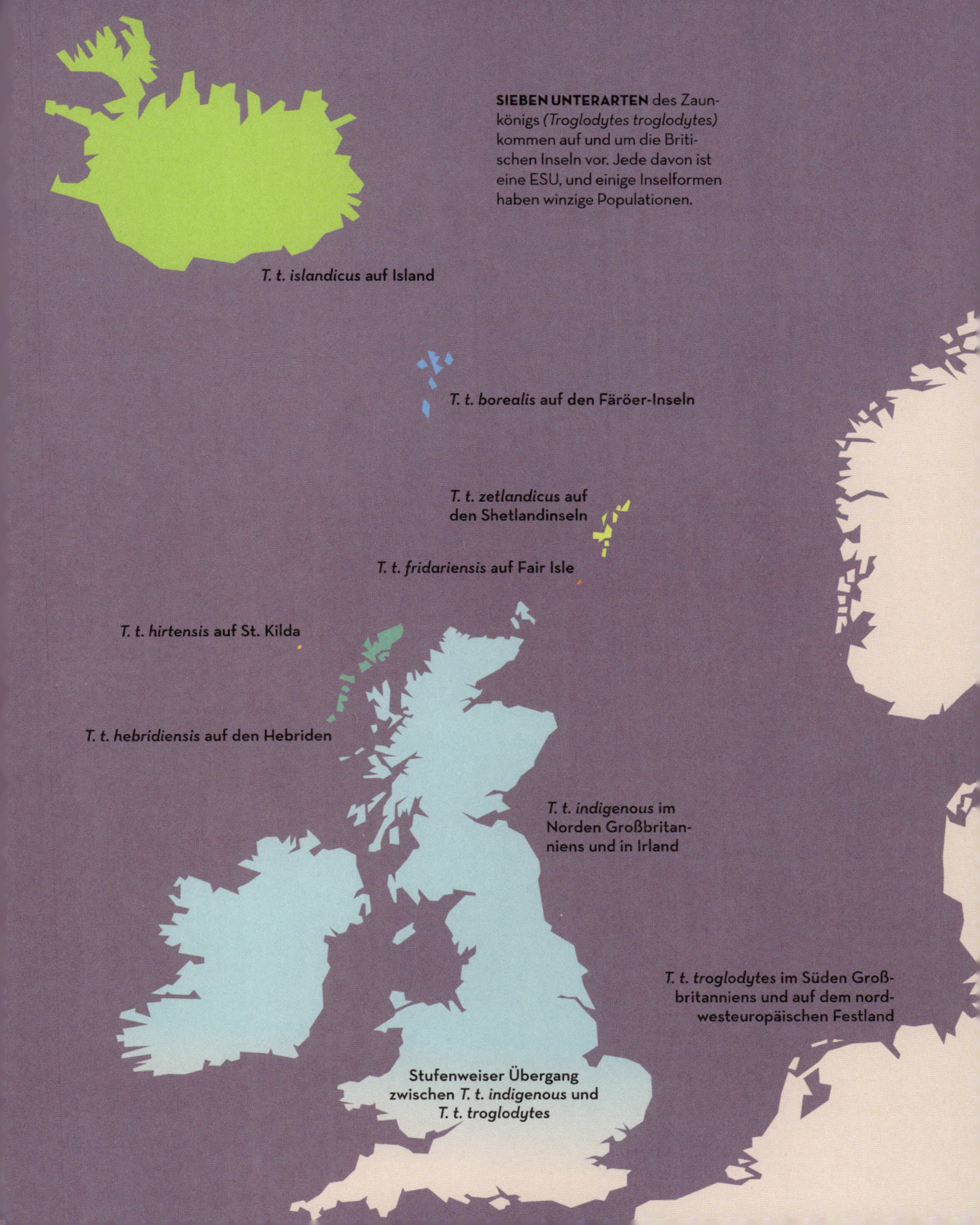

SIEBEN UNTERARTEN des Zaunkönigs *(Troglodytes troglodytes)* kommen auf und um die Britischen Inseln vor. Jede davon ist eine ESU, und einige Inselformen haben winzige Populationen.

DIE KOMPLEXITÄT DES ARTENSCHUTZES

Die Rettung einer ESU kann relativ geradlinig verlaufen, wenn das Schutzprojekt vor Ort durchgeführt werden kann und es nur eine einzige Bedrohung zu beseitigen gilt. Rund um die Britischen Inseln gibt es verschiedene Inseln, auf denen Sturmwellenläufer und Atlantiksturmtaucher nisten. Diese beiden Seevögel sind an Land sehr unbeholfen, außerdem recht klein und zierlich, was sie zu einer leichten Beute für größere Seevögel wie Möwen und Raubmöwen macht. Um diesen Raubtieren zu entgehen, kommen sie nur nachts an Land zu ihren Brutinseln und nisten in tiefen Höhlen, in die größere Vögel nicht eindringen können.

In der Vergangenheit war dies die richtige Strategie, da es auf ihren Brutinseln keine Raubtiere gab, die in ihre Höhlen gelangen konnten. Als jedoch die Menschen begannen, diese Inseln zu erforschen, brachten sie meist versehentlich verschiedene räuberische Säugetiere wie Ratten, Igel und Frettchen mit, denen es ein Leichtes ist, in einen Sturmwellenläufer- oder Sturmtaucherbau einzudringen und ihn komplett leer zu fressen.

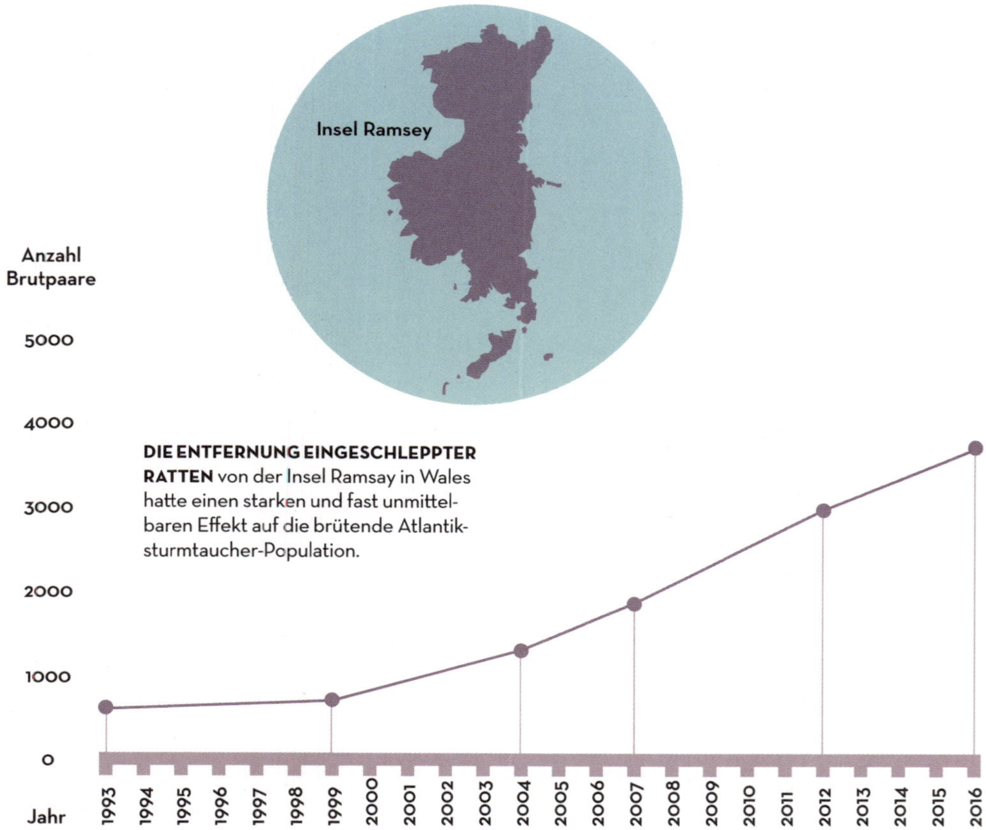

DIE ENTFERNUNG EINGESCHLEPPTER RATTEN von der Insel Ramsay in Wales hatte einen starken und fast unmittelbaren Effekt auf die brütende Atlantiksturmtaucher-Population.

In Bezug auf das Brutverhalten bildet jede Population dieser beiden Vogelarten auf ihrer jeweiligen Insel praktisch eine eigene ESU, da individuelle Vögel tendenziell am gleichen Nistplatz bleiben. Ein Entfernen der Raubtiere von jeder Insel wird daher die übrigen Brutvögel retten. Es lohnt sich auch, die nicht-einheimischen Räuber von nahe gelegenen Inseln zu entfernen, die ihre Sturmtaucher und Sturmwellenläufer komplett verloren haben. Wenn sich eine Inselpopulation sehr gut entwickelt, können hinzugekommene Jungvögel, die ihre Geburtskolonie verlassen müssen, ganz in der Nähe einen geeigneten Brutplatz finden.

Der Naturschutz muss die individuellen ökologischen Umstände einer Population verstehen, denn bei verschiedenen Populationen der gleichen Art können diese durchaus sehr verschieden sein. So ist es möglich, dass eine Pflanzenart im Norden ihres Verbreitungsgebiets von einer bestimmten Art Mottenraupe und im Süden von einer anderen gefressen wird. Die ökologische Nische eines Tieres kann lokal durch einen Konkurrenten unter Druck geraten, der anderswo gar nicht vorkommt. Folglich erfordert der Naturschutz eine flexiblere Herangehensweise an die Vielfalt der Natur, als Entscheidungen einfach auf reine, abstrakte Wissenschaft zu stützen. Natürlich müssen Naturschützer manchmal Arten, Unterarten und Populationen subjektiv einstufen und priorisieren und dies auch umgehend und mit Elan tun, wenn Zeit und Ressourcen knapp sind. Das übergeordnete Ziel ist es jedoch, so viel Biodiversität wie möglich zu erhalten. Kein Biologe würde dem widersprechen.

▲ Seevögel können auf säugetierfreien Inseln riesige Brutkolonien bilden, aber eingeschleppte Fressfeinde haben oft eine verheerende Wirkung.

INTERESSEN-KONFLIKTE

Im Jahr 2020 erlebte die Menschheit den Ausbruch von Covid-19, ausgehend von Wuhan in China. Diese neue und für Menschen potenziell tödliche Viruserkrankung warf ein Schlaglicht auf eine weniger bekannte Gefahr für bestimmte Wildtierarten. Das Coronavirus, das Covid-19 verursacht, gilt als zoonotisch, d.h., es ist von einem anderen Tier auf uns „übergesprungen". Wahrscheinlich stammt es von wilden Fledermäusen, aber auch das chinesische Schuppentier könnte möglicherweise als Zwischenwirt beteiligt gewesen sein. Auf den traditionellen sogenannten „Wet Markets" werden alle möglichen Arten von lebenden Wildtieren für den Verzehr verkauft. Der damit verbundene enge Kontakt zwischen vielen verschiedenen Wildtierarten ermöglicht die Übertragung von Krankheiten.

Schuppen- oder Tannenzapfentiere kommen in ganz Asien und Afrika vor, aber alle Arten sind derzeit vom Aussterben bedroht, dabei sind die in Asien heimischen am stärksten gefährdet. Das Chinesische Schuppentier gilt heute als vom Aussterben bedroht, denn seit Beginn des 21. Jahrhunderts sind seine Bestände um 80 % geschrumpft. Dieser Rückgang ist darauf zurückzuführen, dass das Schuppentier seines Fleisches und seiner Körperschuppen wegen gejagt wird, die sowohl als Glücksbringer als auch in der traditionellen chinesischen Medizin sehr begehrt sind. China stellte das Tier 2007 gesetzlich unter Schutz, in anderen Verbreitungsländern war dies bereits früher geschehen. Dennoch wird zügellos weiter gewildert, und in den letzten Jahren beschlagnahmten chinesische Zollbeamte riesige Mengen illegal aus Afrika eingeführter Schuppen. Ein Virus, das von der Fledermaus auf das Schuppentier und von dort auf den Menschen überspringt, macht dort nicht unbedingt Halt. Auch der Mensch kann Viruskrankheiten an andere Tierarten weitergeben, von denen einige weitaus gefährdeter sind, sowohl in Bezug auf ihre Krankheitsanfälligkeit als auch auf ihre Populationsgröße. So wurde das Ebola-Virus vom Menschen auf einige wilde Gorillapopulationen übertragen, wo es zu einer Sterblichkeitsrate von bis zu 95 % führte, verglichen mit etwa 50 % beim Menschen. Wahrscheinlich sind Menschenaffen auch für eine Infektion durch Covid-19 anfällig. Jeder Krankheitsausbruch kann angesichts kleiner, zersplitterter und bedrohter Populationen katastrophal sein. Obwohl solche Ausbrüche auch enorme Auswirkungen auf menschliche Populationen haben und Hunderttausende von Menschen töten können, bleibt die menschliche Weltbevölkerung riesig und wächst mit hoher Geschwindigkeit weiter.

Doch die weltweiten Lockdowns zur Eindämmung von Covid-19 hatten auch ihr Gutes: Sie führten zu einer raschen und dramatischen Verbesserung der Luftqualität, die sich vor allem in Großstädten

bemerkbar machte. Dies wurde zu Recht gefeiert, aber andererseits geht man allgemein davon aus, dass das Leben so schnell wie möglich wieder „zur Normalität zurückkehren“ wird. Natürlich können die wirtschaftlichen Auswirkungen des Stillstandes gravierend sein, denn Wirtschaftskatastrophen können genau so tödlich verlaufen wie Epidemien. Doch mit Fantasie und Innovation könnte aus der Krise auch die Chance erwachsen, die soziale Evolution der Menschheit in neue, weniger umweltschädliche Bahnen zu lenken.

DIE MENSCHLICHE WELTBEVÖLKERUNG explodierte im vergangenen Jahrhundert. Die Ausbreitung von Covid-19 verlief vergleichbar rasant.

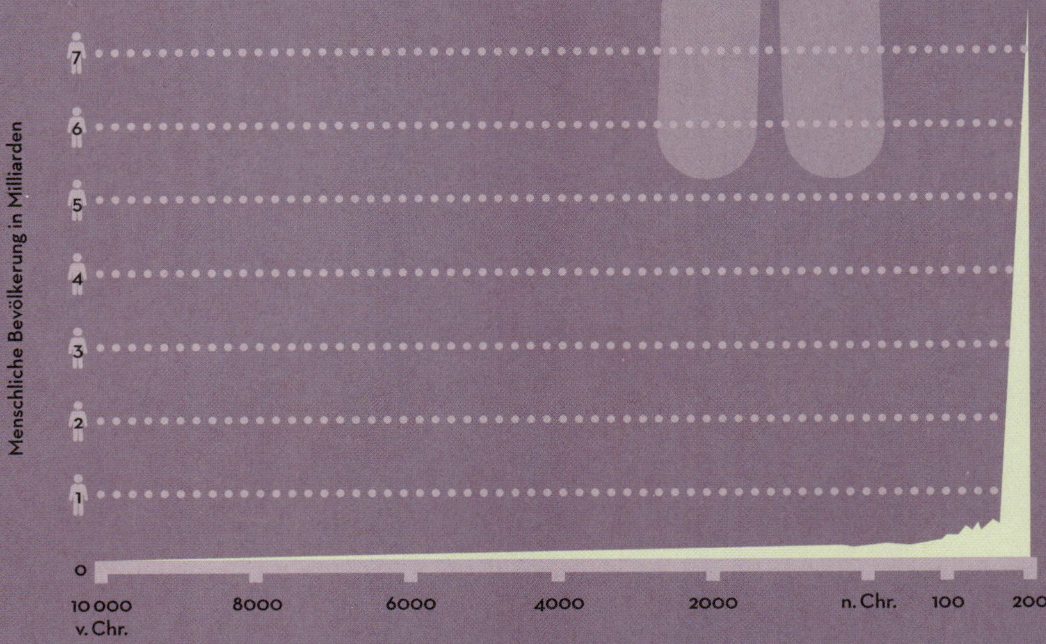

IN DEN ABGRUND?

Die EDGE-Arten sind einer ganzen Reihe unterschiedlicher und mehr oder weniger verzwickter Bedrohungen ausgesetzt. Tatsächlich könnten einige davon bereits verloren gegangen sein, wie etwa der Attenborough-Langschnabeligel, der ganz oben auf der EDGE-Liste steht. Dieses stachelige, Eier legende Säugetier (Kloakentier), das nach dem beliebten britischen Naturfilmer Sir David Attenborough benannt wurde, ist aus den Zyklopenbergen in Papua-Neuguinea bekannt. Der einzige Beweis für seine Existenz war ein in den 1960er-Jahren getötetes Exemplar. 2007 fanden Forscher heraus, dass die Art bei der einheimischen Bevölkerung der Berggegend bekannt war. Außerdem stießen sie auf Spuren und Bauten, die man ziemlich sicher dem Langschnabeligel zuordnen konnte, sowie auf charakteristische Abdrücke des Tieres im Boden.

Dies führte dazu, dass der Attenborough-Langschnabeligel nicht nur zu den EDGE-Arten aufgenommen wurde, sondern auch in die Liste „verlorener" Arten, der Global Wildlife Conservation. Deren Programm „The Search for Lost Species" (Die Suche nach verlorenen Arten) konzentriert sich auf das Aufspüren von Arten, die für die Wissenschaft als „verschollen" gelten. Zu den Erfolgsgeschichten des Projekts gehören die Wiederent-

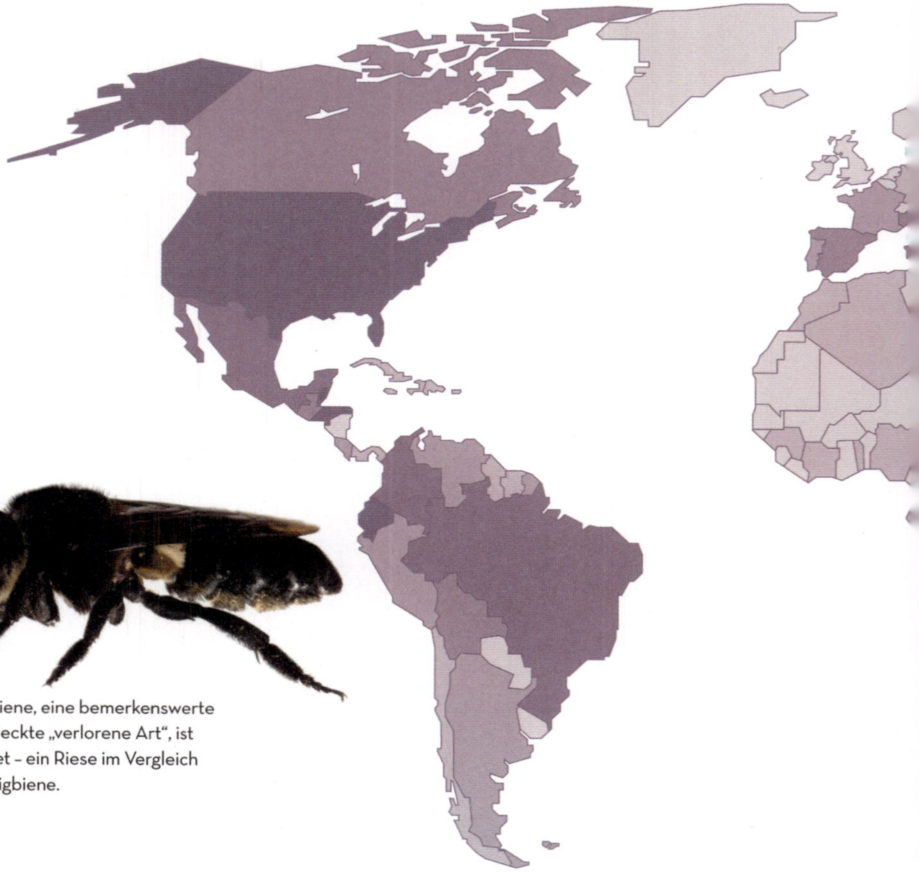

▲ Die Wallace-Riesenbiene, eine bemerkenswerte und kürzlich wiederentdeckte „verlorene Art", ist in Indonesien beheimatet – ein Riese im Vergleich zur wohlbekannten Honigbiene.

deckung der Wallace-Riesenbiene, der weltgrößten Biene auf den indonesischen Molukken, sowie des vietnamesischen Maushirsches, eines kleinen Wiederkäuers. Es liegt in der Natur der Sache, dass auf der Suche nach verschollenen Arten auch solche entdeckt werden, die für die Wissenschaft neu sind, obwohl sich diese fast ausnahmslos auf sehr kleine Heimatgebiete beschränken und wahrscheinlich ebenfalls kurz vor dem Aussterben stehen.

Es bedarf koordinierter Anstrengungen, um solche Arten aufzuspüren und unter Schutz zu stellen, und bisweilen müssen dabei unüberwindbare Hindernisse weggeräumt werden. 2005 entdeckte man in einem kleinen Fleckchen kolumbianischen Nebelwalds einen winzigen Kolibri – den Schmuckkehl-Höschenkolibri oder auch Isabella-Schneehöschen. Der Wald wird jedoch rasant abgeholzt, hauptsächlich um Kokaplantagen für den Drogenhandel Platz zu machen. Deshalb ist es sehr gefährlich, den Lebensraum des Vogels für Forschungszwecke zu betreten, dennoch herrschen Optimismus und Entschlossenheit unter den Naturschützern. Gruppen wie die 2005 gegründete Hummingbird Conservancy, eine Stiftung zum Schutz der Kolibris, die versucht, im Norden Kolumbiens Naturreservate einzurichten und zu schützen, sind der Beweis.

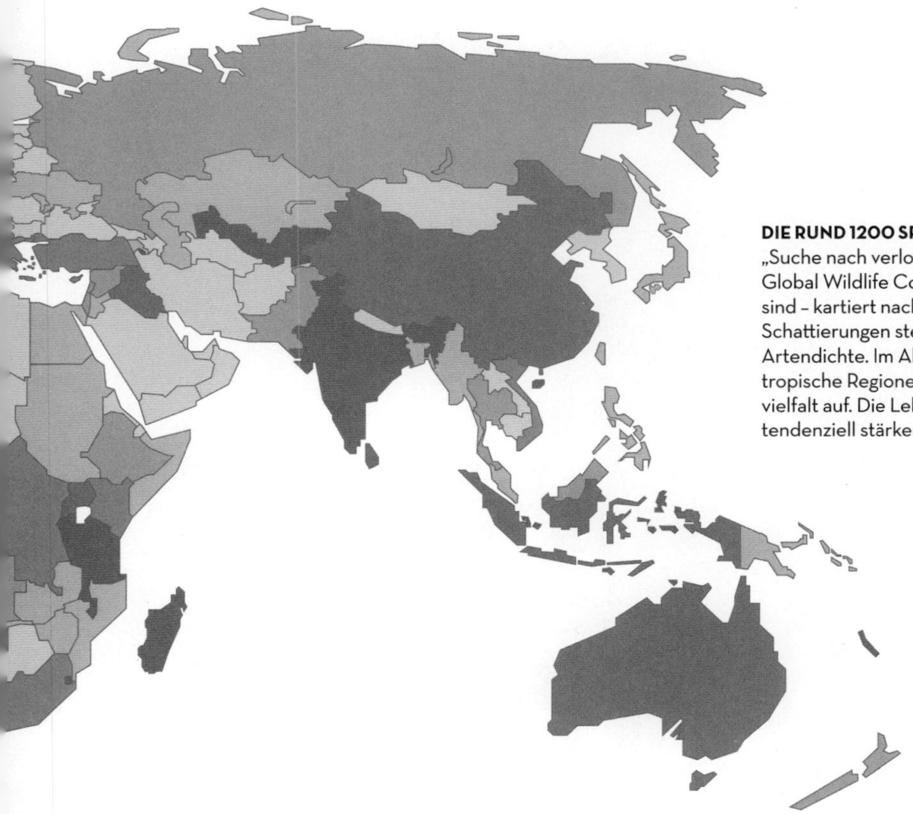

DIE RUND 1200 SPEZIES, die im Projekt „Suche nach verlorenen Arten“ der Global Wildlife Conservation gelistet sind – kartiert nach Ländern. Dunklere Schattierungen stehen für höhere Artendichte. Im Allgemeinen weisen tropische Regionen die höchste Artenvielfalt auf. Die Lebensräume dort sind tendenziell stärker bedroht.

10

DARWIN-FINKEN

DARWINFINKEN

REICH	Animalia
STAMM	Chordata
KLASSE	Aves
ORDNUNG	Passeriformes
FAMILIE	Thraupidae
GATTUNG	*Geospiza, Camarhynchus, Platyspiza, Certhidea, Pinaroloxias*
ART	Verschiedene

Die Galápagos-Inseln können ein einzigartiges Erlebnis für Menschen sein, die Wildtiere aus der Nähe erleben wollen. Selbst Besucher, die sich nicht besonders für die Natur interessieren, können die Seelöwen und Pelikane unmöglich ignorieren, die es sich entlang der Strände und Küstenstraßen bequem machen. Viele Besucher begegnen Riesenschildkröten und beim Schnorcheln einer Vielzahl von schillernden Tropenfischen und anderen Meeresbewohnern. Für Charles Darwin, der die Insel 1835 besuchte, war es jedoch eine bunte Truppe kleiner Vögel mit unscheinbarem Federkleid, die die Stars der Show werden sollten.

Auch wenn sie 900 km weit westlich des südamerikanischen Festlandes liegen, gehören die Galpágos-Inseln politisch zu Ecuador. Zieht man von Quetzaltenango in Guatemala eine Linie nach Süden und eine andere von Quito, der Hauptstadt Ecuadors, nach Westen, so schneiden sich beide auf den Galápagos-Inseln. Die Größte dieser Kette von Inseln im Pazifik ist Isabela mit einer Landfläche von fast 4640 km^2. Sechs weitere Inseln haben eine Fläche von jeweils mehr als 100 km^2, weitere 11 bedecken weniger als 1 km^2, und dann gibt es noch über 100 kleinere Eilande. Nur fünf der Inseln sind permanent von Menschen bewohnt: Isabela, Floreana, San Cristobal, Santa Cruz und Baltra. Diese Insel ist klein, aber wichtig für den Tourismus, da sich dort der internationale Flughafen der Inseln befindet.

Geologisch gesehen ist diese Inselkette noch sehr jung. Die Verschiebung der tektonischen Platten hat die Landmassen der Erde während der letzten Jahrhundertmillionen drastisch umgestaltet. Eine zehn Millionen Jahre alte Erdkarte würde man auch heute gut als solche erkennen können, da alle Landmassen bereits in der uns vertrauten Position lagen. Wesentliche Unterschiede lassen sich nur im Detail der Küstenlinien ausmachen. Ein Einwohner der Galápagos-Inseln würde allerdings vergeblich nach seiner Heimat suchen, da die Inseln erst vor etwa fünf Millionen Jahren entstanden sind. Als die tektonische Nazca-Platte langsam ostwärts glitt, überquerte sie einen unterseeischen „Hotspot“ mit vulkanischer Aktivität. Dabei wurde sie verformt und angehoben, hierbei entstanden vulkanische Inseln. Im Laufe der Zeit versinken ältere Inseln, während sich neue Inseln aus dem Meer erheben. Die drittgrößte Insel Fernandina gehört zu den jüngsten der Galápagos-Inseln. Sie ist immer noch vulkanisch sehr aktiv und daher unbewohnt, doch ihre tieferliegenden Abhänge sind dicht bewachsen und bieten Heimat für viele Pflanzen und Wildtiere.

Das Leben auf der Erde vor fünf Millionen Jahren unterschied sich kaum von heute. Die meisten modernen Familien und Gattungen von Tieren, Pflanzen und Pilzen existierten bereits, ebenso eine Menge Arten, die es heute noch gibt. Diese und auch Populationen hatten eigene Nischen gefunden, und der Druck der natürlichen Auslese sorgte für eine immer bessere Anpassung.

Ecuador ist ein bergiges Land mit üppigen amazonischen Regenwäldern und einer nach wie vor fantastischen Artenvielfalt. Derzeit leben dort 15 % der rund 10 000 Vogelarten dieser Erde. Besonders stark vertreten ist die Vogelfamilie der Thraupidae, zu der die Tangaren und deren Verwandte gehören. Nach den Tyrannen (Tyrannidae) sind die Thraupidae die zweitgrößte Vogelfamilie der Erde mit fast 100 verschiedenen Gattungen. Von diesen wurden in Ecuador fast 200 der etwa 400 Arten weltweit nachgewiesen.

▲ Seite 208 – 209: Der Mittelgrundfink, ein glanzloser Name für einen der Vögel, die dazu beitrugen, die bahnbrechende Evolutionstheorie zu inspirieren.

GALÁPAGOS-GESCHICHTEN

▶ Der Goldtangar – einer von vielen farbenprächtigen Vertretern der Familie Thraupidae, die in den Wäldern des ecuadorianischen Festlandes vorkommen.

Die Tangare sind kleine bis mittelgroße Singvögel (Passerinen) mit neun voll ausgebildeten Handschwingenfedern. Evolutionär gesehen sind sie nahe Verwandte der Neuweltammern, zu denen auch die schon beschriebene Schwarze Strandammer gehört. Während sich die Neuweltammern jedoch in eher gedeckten Farben präsentieren, warten die Tangare mit der gesamten Palette natürlicher Farbenpracht auf. In Ecuador leben der Siebenfarbentangar, Silberfleckentangar sowie der Rotstirntangar und eine Vielzahl anderer Schönheiten.

Die meisten Tangare sehen den Finken ähnlich, sie besitzen kräftige, kegelförmige Schnäbel, die an das Zerbeißen von Samen und Früchten angepasst sind. Einige Linien verzweigten sich jedoch in eine andere Richtung. Die Naschvögel der Gattung *Cyanerpes* haben z. B. lange, schlanke, nach unten gebogene Schnäbel, mit denen sie tief in Blüten nach Nektar stochern. Vertreter der Gattung Hakenschnäbel oder *Diglossa* fressen ebenfalls Nektar, doch sie zapfen ihn auf dem kürzesten Wege ab, indem sie mit kurzen, scharfen, aufwärts gebogenen Schnäbeln die Basis der Blütenblätter durchstechen. Tangaren bleiben typischerweise einem kleinen Territorium im Wald ihr ganzes Leben lang treu. Dieser Lebensraum ist so üppig, dass sie alles Lebensnotwendige in ihrer näheren Umgebung finden.

Trotzdem traten vor etwa 2 – 3 Millionen Jahren – möglicherweise von Ecuador aus – eine Tangaren-Art sowie eine Handvoll anderer Vögel die lange Überseereise von der Pazifikküste des Festlands zu den Galápagos-Inseln an.

Offen bleibt, ob diese ersten Gründer-Vögel die Inseln direkt anflogen, ob sie im Sturm von ihrer Zugroute dorthin verweht wurden (einige der heutigen Tangarenarten ziehen zwischen Nord- und Südamerika) oder ob sie vielleicht auf einem Floß aus schwimmender Vegetation dorthin gelangten. Die Reise der Tangare ist eines der mysteriösen Details in der Geschichte der Biologie, doch wie auch immer, sie fand statt und war erfolgreich.

Heute bewohnen mehrere Arten von Tangaren-Nachfahren die Galápagos-Inseln, von denen manche nur auf einer Insel vorkommen. Mit den regenbogenfarbenen Tangaren des Regenwaldes haben sie äußerlich nichts gemein. Sie alle sind unscheinbare, kleine, dunkelbraune oder graubraune Vögel mit Variationen des üblichen konischen Tangarenschnabels. Einige besitzen Schnäbel mit entsprechender Kieferanatomie für das Knacken von Samen, während andere einen viel schlankeren Schnabel haben, der für die Ernährung mit Insekten geeignet ist.

EINE BREIT GEFÄCHERTE FAMILIE

Als Darwin auf die Galápagos-Inseln reiste, interessierte er sich vor allem für ihre ungewöhnliche Geologie. Dabei fiel ihm auch die Vielfalt der einzigartigen heimischen Tierwelt auf. Er beaufsichtigte das Sammeln von Spezien unter denen sich auch Nachkommen der Tangare befanden. Zurück in England übergab er sie dem Ornithologen John Gould von der Zoological Society of London.

Goulds Mühe bei der Bestimmung ließ Darwin ernsthaft über Geschichte und Herkunft der kleinen Vögel nachdenken.

Darwin glaubte zunächst, dass es sich bei den Vögeln um eine Mischung verschiedener Familien handelte. Viele davon schienen Finken zu sein, auch ein, zwei „Amseln" waren dabei und etwas, das wie ein Zaunkönig aussah. Doch Gould kam zu dem Schluss, dass sie alle zur selben Familie gehörten. Außerdem meinte er, dass es sich um eine eigenständige Familie handelte, wobei man ihre Abstammung von den Tangaren erst später verstand.

Darwins Interesse war geweckt, und er widmete den Vögeln größere Aufmerksamkeit, vor allem die Variationen der Schnabelformen interessierten ihn. Von diesen ausgehend, begann er seine Ideen der Evolution zu entwickeln, nach der verschiedene Arten von einem gemeinsamen Vorfahren abstammen. In der zweiten Ausgabe seines Buches *Die Fahrt der Beagle* beschrieb er die verschiedenen Vogelformen und bemerkte: „Angesichts dieser vielfältig abgestuften Strukturen innerhalb einer kleinen und eng verwandten Vogelgruppe ist ohne Weiteres denkbar, dass auf diesem Archipel aus einem ursprünglich kleinen Vogelbestand eine ursprüngliche Spezies für verschiedene Zwecke modifiziert wurde."

Darwin baute in den folgenden Jahren auf dieser Idee auf und, indem er Zuchtexperimente mit Haustauben durchführte, entwickelte er daraus seine Theorie. Er hielt viele verschiedene Rassen, von Kropf- und Perückentauben bis hin zu Pfauentauben. An diesen beobachtete er, wie Eigenschaften über Generationen hinweg weitervererbt und wie Form, Größe und andere Eigenschaften der nächsten Generation durch selektive Züchtung gesteuert werden konnten. Aus seinen Studien erkannte Darwin, dass die künstliche Selektion, mit der verschiedene Taubenrassen aus einer einzigen Stammart, der Felsentaube, gezogen und verfeinert worden waren, der natürlichen Selektion entsprach, die es einer einzigen Stammart der Tangare ermöglicht hatte, sich auf Galápagos in zahlreiche verschiedene Arten zu diversifizieren.

Diese Idee ist heute ein fester Bestandteil der Evolutionstheorie. Das entsprechende Phänomen wird als adaptive Radiation bezeichnet. Sie findet statt, wenn sich eine Gründerart diversifiziert und auffächert, um verschiedene Nischen zu besetzen. Bei den Nachfahren der Galápagos-Tangare, die heute als Galápagos-oder Darwin-Finken bekannt sind, haben sich einige Arten an eine Ernährung mit größeren, härteren Samen angepasst, andere fressen kleinere Samen oder Insekten.

Beispielsweise hat der insektenfressende Spechtdarwinfink oder Werkzeugbaumfink ein bemerkenswertes Verhalten entwickelt. Er reißt Stacheln aus Kakteen ab, um damit Käferlarven aus verrottendem Holz zu pulen. Der Vampirgrundfink ergänzt seine Allesfresser-Diät auf eine Weise, die für seinen Festlandvorfahren unbekannt sein dürfte. Er kommt auf den Inseln Wolf und Darwin vor, auf denen auch viele Tölpel, eine Familie mittelgroßer Seevögel, leben und nisten. Vampirgrundfinken wurden dabei beobachtet, wie sie die Zehen der Tölpel aufpickten, um das austretende Blut zu trinken. Die Tölpel, die an Land langsam und unbeholfen sind, können sich kaum gegen diesen winzigen Angreifer wehren.

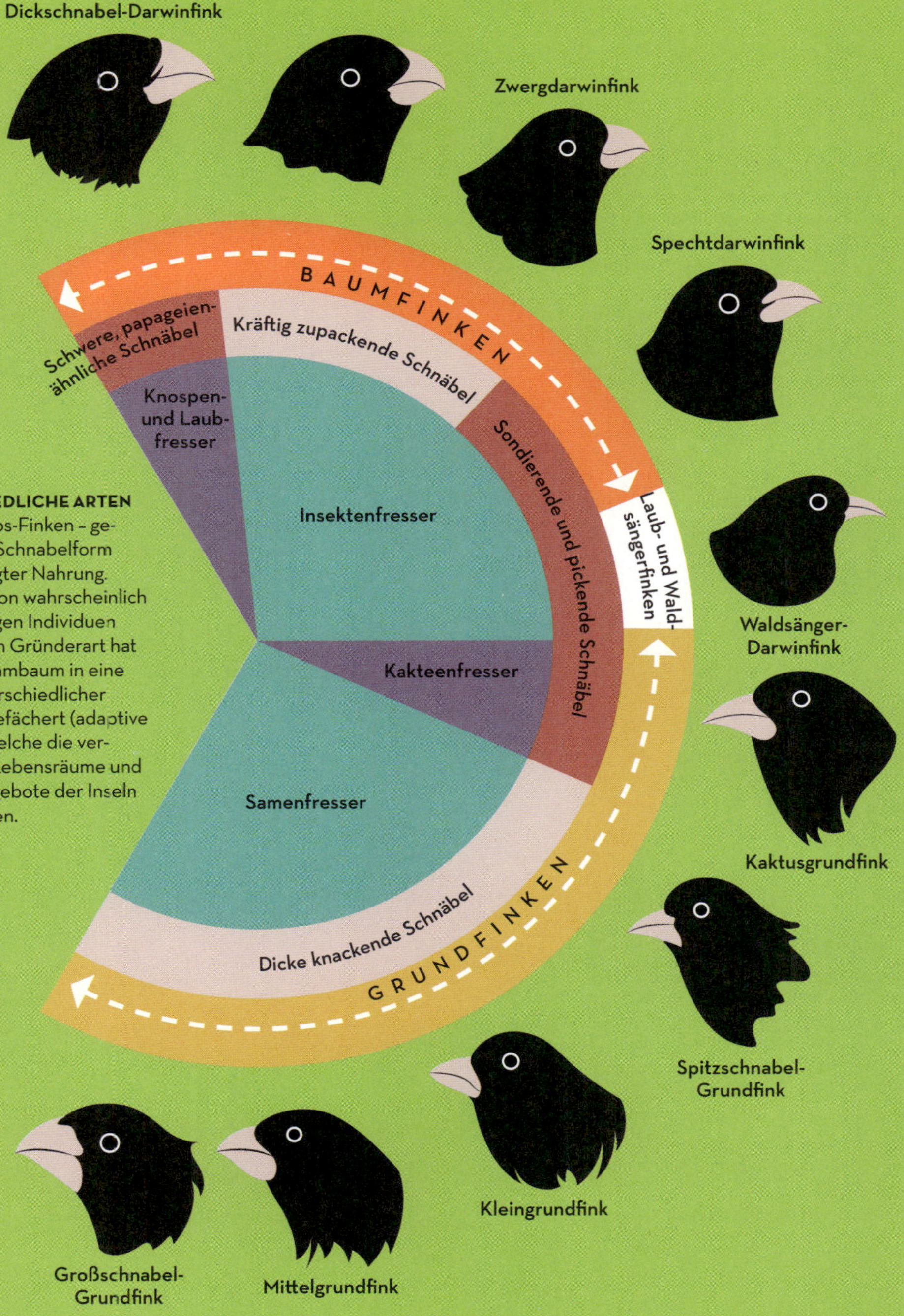

UNTERSCHIEDLICHE ARTEN von Galápagos-Finken – geordnet nach Schnabelform und bevorzugter Nahrung. Ausgehend von wahrscheinlich einigen wenigen Individuen einer einzigen Gründerart hat sich der Stammbaum in eine Vielzahl unterschiedlicher Formen aufgefächert (adaptive Radiation), welche die verschiedenen Lebensräume und Nahrungsangebote der Inseln optimal nutzen.

NEUE SPOTTDROSSELN

Adaptive Radiation findet man auch bei den Spottdrosseln der Galápagos-Inseln (Familie Mimidae, Gattung *Mimus*). Darwin fand diese hübschen, temperamentvollen Vögel auf allen Inseln, erkannte aber erst nach seinem Besuch, dass sie sich jeweils unterschieden. Heute erkennen die Biologen vier eng verwandte Arten an, die alle von einer Ahnenart abstammen. Diese kolonisierte die Inseln wahrscheinlich zeitgleich mit dem gemeinsamen Vorfahren der Darwinfinken. Allerdings zeigen genetische Studien, dass die Spottdrosseln der Galápagos-In-

DIESE KARTE zeigt die Verbreitung der Galápagosspottdrossel *(Mimus parvulus)* auf dem Archipel. Adaptive Radiation hat sechs verschiedene Formen dieser Art hervorgebracht, die allerdings noch nicht ausreichend differenziert sind, um einen vollen Artstatus zu rechtfertigen. Es gibt jedoch drei weitere Spottdrossel-Arten in anderen Teilen des Archipels.

▲ Die Galápagosspottdrossel ist die am weitesten verbreitetste der vier *Mimus*-Arten des Archipels. Sie kommt auf 13 verschiedenen Inseln vor.

seln eher mit ziehenden Spottdrosseln aus weiter entfernten Gegenden verwandt sind, als mit den sesshaften Arten auf dem nächstgelegenen ecuadorianischen Festland.

Die am weitesten verbreitete der vier endemischen Arten der Galápagos-Inseln ist die treffend benannte Galápagosspottdrossel. Diese Art hat sechs anerkannte Unterarten, von denen jede ohne Überschneidungen auf einer anderen Insel oder Inselgruppe vorkommt. Dies ist ein Beispiel für adaptive Radiation. Je mehr Zeit vergeht, ohne dass sich verschiedene Unterarten genetisch vermischen, und je besser sie sich an die Bedingungen auf ihren jeweiligen Heimatinseln anpassen, desto verschiedener werden sie sich entwickeln.

Im Laufe der Jahre werden sie aufgrund wachsender Unterschiede von Biologen als eigenständige Arten eingestuft.

Neue Insel-Ökosysteme sind ausgezeichnete Beispiele für adaptive Radiation. Sie sind unbeschriebene Blätter, und der Zufall spielt bei ihrer Besiedlung eine Rolle.

Neben den Finken und den Spottdrosseln kommen 29 Landvogelarten aus nur elf Familien endemisch auf den Galápagos-Inseln vor. Auf dem ecuadorianischen Festland gibt es etwa 73 Vogelfamilien, entlang der Pazifikküste Nord- und Südamerikas noch mehr. Theoretisch könnten Abkömmlinge jeder dieser Familien die Galápagos-Inseln erreichen und sich dort ansiedeln. Auch bei ihnen wäre es möglich, zu einer adaptiven Radiation zu kommen, und womöglich sogar eventuell noch erfolgreicher. Doch letztlich fand eine Kolonisierung einfach nicht statt.

Nach den großen Massenaussterben auf der Erde verhielt es sich mit der adaptiven Radiation genauso. Theoretisch waren zahlreiche Nischen frei geworden, in die sich das verbliebene Leben hätte ausbreiten können. Tatsächlich aber gab es nur relativ wenig Überlebende, die überhaupt von diesem Angebot profitieren konnten.

GRÜNDER UND PIONIERE

Als lebloses Gestein tauchen vulkanische Inseln aus dem Meer auf, doch im Laufe der Zeit können sie ein vielfältiges und komplexes Ökosystem entwickeln. Der natürliche Prozess der Besiedlung mit Leben verläuft jedoch langsam, und nicht jeder neuen Insel ist genug Zeit vergönnt, dass er in größerem Umfang stattfinden kann. Beispielsweise wird die Insel Hunga Tonga-Hunga Ha'apai, die 2014 im Tonga-Archipel im Südpazifik auftauchte, wird voraussichtlich nicht länger als 30 Jahre existieren. Das ist schlichtweg nicht lang genug, als dass sie zu einer Heimat für viele Lebensformen werden könnte.

Die Insel Surtsey, die durch einen submarinen Vulkanausbruch Ende 1963 vor Südisland entstand, wird um einiges länger überleben. Unterseeische Aktivität ließ die Insel bis zum Sommer 1967 immer weiterwachsen. Zu diesem Zeitpunkt hatte die tropfenförmige Insel eine Fläche von etwas mehr als 2,7 km², und ihr höchster Punkt lag etwa 174 m über dem Meeresspiegel. Obwohl sie mittlerweile erosions- und absenkungsbedingt sowohl Fläche als auch an Höhe verliert und langsam verschwindet, sagen Wissenschaftler voraus, dass sie bis etwa 2120 bestehen wird.

Seit sich die Insel aus der Tiefe erhob, wurde hier die Ankunft verschiedener Lebensformen dokumentiert. Damit die ansässigen Arten so natürlich wie möglich leben können, werden Besuche streng reglementiert. Island ist Heimat vieler Seevogelarten, die zwar an Land nisten, aber die Wintermonate auf dem Meer verbringen. Es überrascht daher vielleicht kaum, dass sich bald Seevögel auf Surtsey einstellten. Ihr Kot reicherte den sandigen Boden der Insel an und machte ihn einladender für pflanzliches Leben.

Pflanzen sind zwar an ihrem Standort verwurzelt, doch ihre Samen verbreiten sich auf vielfältige Weise. Für Pflanzensamen, die klein genug sind, um an Füßen oder Federn zu haften, sind Vögel die natürlichen Verbreiter. Sie scheiden verschluckte, aber intakt gebliebene Samen über ihren Kot aus und verteilen diese über Pflanzenteile, die sie als Nistmaterial verwenden. Sie werden auch vom Wind oder von den Wellen getragen und Pflanzen, die natürlich in exponierten Küstengebieten vorkommen, haben oft widerstandsfähige Samen entwickelt, die auch ein längeres Bad im Salzwasser überstehen. Tatsächlich sammelten Wissenschaftler bereits wenige Monate nach der Entstehung der Insel Surtsey angeschwemmte Samen verschiedener Arten entlang der Küste ein, und es gelang, sie unter Laborbedingungen zum Keimen zu bringen.

► Ein Luftbild von Surtsey, einer vulkanischen Insel, die 1963 vor Südisland entstand und seitdem nach und nach von vielen verschiedenen Tierarten besiedelt wurde.

PIONIER-POPULATIONEN

Die erste höhere Pflanze, die auf Surtsey gefunden wurde, war Meersenf, der 1965 entdeckt wurde. Bald darauf folgten Salzmiere, Strandroggen und die Austernpflanze. Jede dieser Pflanzen produziert große, schwimmfähige Samen, was darauf schließen lässt, dass sie mit der Strömung zur Insel gelangten. Andere Pflanzen wurden wahrscheinlich vom Wind auf die Insel geweht. Dazu gehören verschiedene Weidenarten und der gemeine Löwenzahn, dessen winzige Samen an einem leichten Flaum hängen, was ihnen ermöglicht, auf dem Wind zu reiten. Zu den Pflanzen, die wahrscheinlich von Vögeln eingeschleppt wurden, gehören Schwarze Krähenbeere, Ampfer und der Scharfe Hahnenfuß, die alle auf Island häufig sind.

Eissturmvögel und Gryllteisten nisteten erstmals 1970 auf Surtsey, und bald gesellten sich andere Brutvogelarten hinzu. Zuerst kamen verschiedene Möwen und die Küstenseeschwalbe, dann Landvögel – Schneeammer, Graugans, Bachstelze und Wiesenpieper. Auch eine Vielzahl wirbelloser Tieren wurde auf der Insel nachgewiesen. Einige von ihnen sind geflogen oder geschwommen, während andere wahrscheinlich mit der Vegetation, die die seit 1985 nistende Möwenkolonie hergebracht hat, auf der Insel ankamen.

Eine Bestandsaufnahme zwischen 2003 und 2006 wies beeindruckende 155 Fliegenarten nach. Islands eigene Liste umfasst nur etwa 380 Arten. Außerdem gab es vier Spinnenarten, 21 Schmetterlings- und Mottenarten und 41 Mitglieder der Ordnung Hautflügler (Hymenoptera), zu denen Ameisen, Bienen und Wespen gehören. Sogar ein paar Landmollusken, eine Schnecke und eine Nacktschnecke, waren angelandet, und im zunehmend fruchtbaren Boden rund um die Möwenkolonie wurden zwei Regenwurmarten entdeckt.

Direkt vor der Küste, an den Unterwasserhängen der Insel (der benthischen Zone) hat sich eine Gemeinschaft von Meereslebewesen entwickelt, darunter Korallen, Mollusken, Krebstiere und eine Vielzahl von Algenarten.

Die Insel Surtsey existiert erst seit etwa 60 Jahren, und sie ist ein dramatisches Beispiel dafür, wie schnell die verschiedensten Lebensformen eine neue Insel erreichen und wie rasch sich ein ganzes Ökosystem bilden kann. Es zeigt sich auch, dass Arten die einem völlig neuen Lebensraum ausgesetzt sind, Gegebenheiten ausnutzen können, die sich von ihrer ursprünglichen Heimat unterscheiden. Beispielsweise kommen einige der benthischen Organismen auf Surtsey in tieferen Gewässerzonen vor als auf Island. Das mag daran liegen, dass auf dieser Insel keine der Arten vorkommt, die sie normalerweise verdrängen würden.

Was auch immer der Grund sein mag, es zeigt sich das Wesen der adaptiven Radiation: Eine Vorfahrenart kann plötzlich eine verhältnismäßig breitere Nische ausfüllen als zuvor, und bisweilen können sich verschiedene Linien innerhalb ihrer Population spezifischer an verschiedene Aspekte dieser neuen Nische anpassen. Geschieht dies, so werden die verschiedenen Linien wie bei Darwins Finken wahrscheinlich eigene Merkmale entwickeln und sich differenzieren. Schließlich kann diese Differenzierung zur Artbildung (Speziation) führen.

EINE BESTANDSAUFNAHME des Lebens auf Surtsey, durchgeführt 2002–2006 von Forschern der schwedischen Universität Lund, ergab insgesamt 354 wirbellose Arten. Einige davon waren seltene oder einmalige Funde, doch 143 Arten waren sicher und 30 weitere möglicherweise voll etabliert.

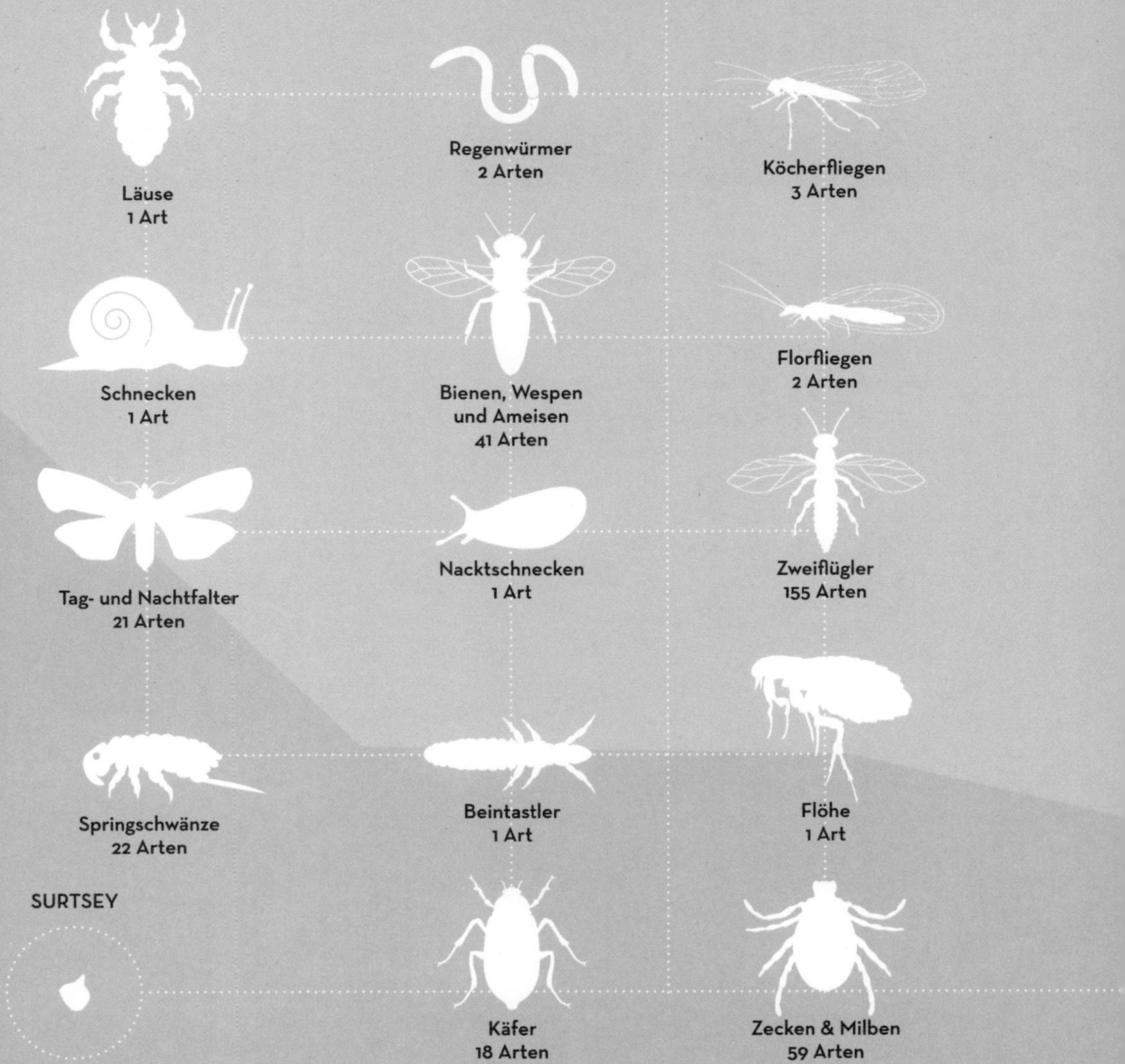

EINE KLEINE NAMENSGESCHCHTE

In der Regel präsentiert sich die Vielfalt des Lebens in übersichtlichen Einheiten – zumindest auf den ersten Blick. Langsam und schrittweise haben wir begonnen, diese Einheiten anders zu betrachten und zu benennen. Vor der Schrift zeichneten frühe Menschen Abbilder der Tiere ihrer Umwelt auf Höhlenwände. Die frühesten bekannten Sprachen kannten Wörter oder Symbole für die Pflanzen und Tiere, die für die jeweiligen Gesellschaften wichtig waren. Frühe religiöse Texte erwähnten oft lokal vorkommende Wildtiere und essbare Pflanzen. Bisweilen wurden sie dort auch auf der Basis anatomischer Merkmale gruppiert, anstatt nur aufgrund ihres Nutzwertes für den Menschen.

Im 17. und 18. Jahrhundert wurden nach und nach weitreichendere Versuche einer formalen Klassifizierung unternommen. Dazu gehörte die Gruppierung verschiedener Arten von Organismen in Gattungen, Familien und Ordnungen. Ein kleiner Kreis von Menschen hatte nun Zeit und Interesse, ernsthafte wissenschaftliche Untersuchungen durchzuführen, und so waren es nicht mehr nur die „wichtigen" Arten, die Rang und Namen innerhalb eines breiteren Klassifizierungssystems verdienten, sondern alle bekannten Lebewesen.

Der erste, der ein zweiteiliges Namenverzeichnis benutzte, wie es auch heute noch angewandt wird, war der berühmte schwedische Naturforscher Carl von Linné. Sein bekanntestes Werk *Systema Naturae* erschien um 1735. Im Laufe der nächsten 58 Jahre folgten zwölf aktualisierte Auflagen des Buches. Weitere Arten wurden aufgenommen und Fehlklassifizierungen, wie z. B. die Einordnung der Wale bei den Fischen, korrigiert.

Das Vermächtnis des schwedischen Naturforschers war die konsequente Anwendung dieser Benennungsmethode auf alle Arten höherer Organismen, die von der Wissenschaft formell beschrieben wurden, wobei das erste Wort des Namens die Gattung und das zweite die Art beschreibt. Damit sind Namen und Verwandtschaftsgrad verschiedener Arten explizit miteinander verbunden. Viele der von Linnés benannten Arten wurden inzwischen umbenannt und zahlreiche neue Arten entdeckt, doch einige seiner Namen gelten bis heute, wie z. B. *Larus marinus* für die Mantelmöwe.

◀ Eine 20 000 Jahre alte Höhlenmalerei aus dem Südwesten Frankreichs zeigt verschiedene große Säugetierarten, die damals dort lebten.

AUSZUG EINER GRAFIK aus dem Jahre 1788 von I. Taylor. In die Darstellung mit dem Titel „Siebzehn Fische“ haben sich auch zwei Säugetiere eingeschlichen, ein Narwal („Meeres-Einhorn“) und ein „Wal“. Einige Säugetiermerkmale der Wale waren jedoch schon Jahrhunderte zuvor bemerkt worden, etwa vom griechischen Philosophen Aristoteles der 322 v. Chr. starb.

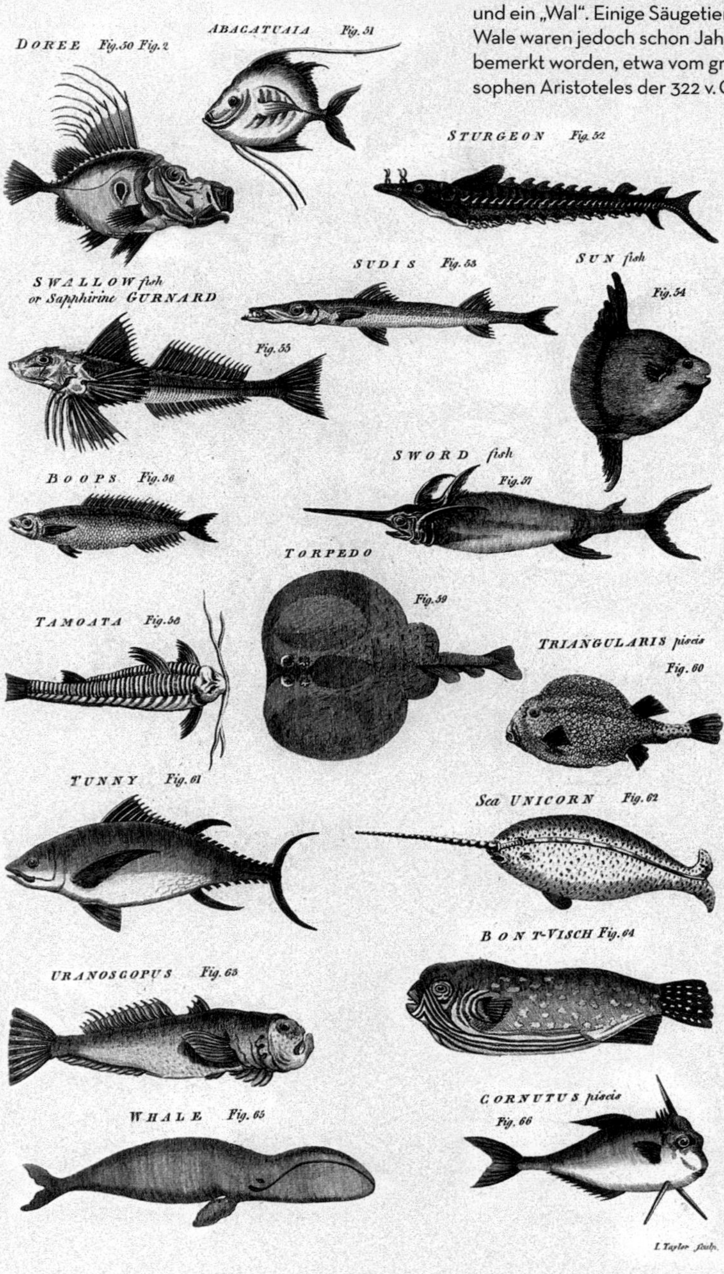

SCHÖPFUNG DURCH TOD

Vor Darwin und der Evolutionstheorie wurde allgemein angenommen, dass alle Lebewesen erschaffen wurden, typischerweise von irgendwelchen Gottheiten, und dass jede dieser Schöpfungen seit Anbeginn der Zeit in unveränderter Form existierte. Folglich lebte eine endliche Anzahl von „Arten" auf der Erde, wobei Fossilien darauf hindeuteten, dass es einst noch viel mehr mittlerweile ausgestorbene Lebewesen gegeben hatte.

Damit wurde die Klassifizierung irdischen Lebens eine machbare und simple, wenn auch enorm umfangreiche Aufgabe. Die Biologen mussten lediglich jede „Art" aufspüren, ihr einen Namen geben und sie der richtigen taxonomischen Gruppierung zuordnen.

Jedoch stellte Darwins Theorie der Evolution und gemeinsamen Abstammung all dies auf den Kopf. Dahin war die endliche Anzahl der Arten und unveränderlich auch nicht länger. Nicht nur in England öffneten Darwins Ideen eine tiefe Kluft zwischen Wissenschaft und Kirche, behauptete er doch, dass die Natur und nicht Gott der Gestalter des Lebens sei.

Darüber hinaus zeichnete er das Bild eines blinden, langsamen, plan- und ziellosen Schöpfers, der den Menschen ganz gewiss nicht zur Krone der Schöpfung bestimmt hatte. Die Vorstellung, dass Menschen und Schimpansen vor nicht allzu langer Zeit eng verwandte Vorfahren hatten, stellte für viele Menschen eine unerhörte Beleidigung dar, ob sie nun religiös waren oder nicht. Es war klar, dass diese Idee weithin abgelehnt werden würde. Tatsächlich geschieht dies in gewissen Kreisen auch heute noch, trotz der Fülle an Beweisen.

Die Evolutionstheorie untergrub auch ein etabliertes und respektiertes System der Klassifizierung, das auf alle biologischen Einheiten angewandt wurde. Wenn sich das Leben in ständigem Fluss befindet, wie Darwin vorschlug, waren starre Namen und Kategorien weit weniger nützlich. Sie mögen zu einem bestimmten Zeitpunkt und vielleicht auch für ausgestorbene Organismen hinreichend brauchbar sein, aber würden niemals ein wirklich zutreffendes Bild des sich ständig verändernden und wachsenden Lebensbaumes vermitteln können.

▲ Darwins Buch „Die Abstammung des Menschen" aus dem Jahr 1871, in welchem er seine Ideen zur Evolution des Menschen aus anderen Primaten vorstellte, versetzte die Oberschicht in helle Aufregung.

THE LONDON SKETCH BOOK.

PROF. DARWIN.

This is the ape of form.
Love's Labor Lost, act 5, scene 2.

Some four or five descents since.
All's Well that Ends Well, act 3, sc. 7.

◄ Darwins Vorschlag, dass Menschen und andere Menschenaffen nah verwandte Vettern seien, machte ihn zum Gespött vieler seiner Zeitgenossen.

FREMDE PERSPEKTIVEN

Darwin sagte über die Galápagos-Inseln: „Dieses Archipel hat eine bemerkenswerte Naturgeschichte: Es scheint eine eigene kleine Welt zu sein." Die Tierwelt der Inseln war überschaubar, und die kleine, aber mustergültige adaptive Radiation der Tangare und Spottdrosseln half Darwin dabei, die Muster der Evolution zu erkennen. Die Ideen, die aus der Beobachtung dieser „kleinen Welt" entwickelt wurden, sind zwar allgemeingültig, doch die Evolutionsmuster in den komplexen Ökosystemen großer Landmassen sind wesentlich komplexer.

Die natürliche Selektion einer Population von Lebewesen mit verschiedenen erblichen Merkmalen führt auf einem Planeten mit unterschiedlichen klimatischen und geologischen Bedingungen unweigerlich zu Artenvielfalt. Ebenso zwangsläufig entstehen dabei verschiedene Gruppen mit gemeinsamen Merkmalen, gleichgültig ob diese in Arten, Kladen, Populationen oder anders unterteilt werden. Glatte Einförmigkeit wird es nicht geben, denn die natürliche Auslese bewirkt, dass sich diese Gruppen immer besser an ökologische Nischen anpassen.

Evolution ist nicht willengesteuert: Der Traum vom Fliegen wird die menschliche Spezies nie dazu bringen, Flügel zu entwickeln, auch wenn sie Intelligenz besitzt, Flugzeuge zu bauen.

Dank der Evolution strotzt und wimmelt die Welt überall vor Leben. Das Land ist mit Pflanzen bedeckt, die alle erdenklichen Lebensformen ernähren. Die Ozeane beherbergen eine noch größere Lebensvielfalt – von einzelligen Cyanobakterien bis hin zu den riesigen Walen, den größten Tieren, die jemals existiert haben. Auf Inselhabitaten mit beschränkter Artenvielfalt haben sich aus den eher gewöhnlichen Vorfahren, die die Inseln einst kolonisierten, außergewöhnliche Lebensformen entwickelt. Einige Wildtiere gedeihen sogar in den großen Städten der Menschen – Lebensräumen aus totem Stein, Glas und Metall. Wanderfalken z. B. nisten nicht nur in steilen Felsen und Meeresklippen, sondern auch in hohen Gebäuden. Von hier aus jagen sie Stadttauben, die wiederum von den wilden Felsentauben derselben schroffen Felsen und Klippen abstammen.

Doch aus der fossilen Überlieferung wissen wir, dass von allen Lebensformen, die sich jemals entwickelt haben, mehr als 99 % ausgestorben sind. Das Leben geht weiter, doch der Planet verändert sich unaufhörlich, und die meisten Lebensformen waren irgendwann mit einer Veränderung ihrer Umwelt konfrontiert, die sie einfach nicht überleben konnten.

Viele der heute lebenden Arten sind extrem gefährdet, weil sie sich an enge Nischen angepasst haben, die ihre geografische Verbreitung drastisch einschränken. Bereits ein einziger widriger Zwischenfall wie etwa ein Wirbelsturm, eine Dürre oder das Auftauchen eines fremdartigen Raubtieres könnte sie im Nu auslöschen. Die Galápagos-Inseln sind bereits von den Auswirkungen des Klimawandels betroffen, und als Inseln vulkanischen Ursprungs fehlt es ihnen von Natur aus an langfristiger Stabilität. Selbst beim besten Willen kann nicht alle Artenvielfalt über Millionen von Jahren erhalten werden.

ZURÜCK ZUM GALÁPAGOS-ARCHIPEL: Diese Karte veranschaulicht das geologische Alter der verschiedenen Inseln. Wie andere vulkanische Inseln sind auch sie relativ schnell entstanden. Langfristig kommt kein neues Material mehr hinzu, und die Erosion macht sie immer kleiner und flacher.

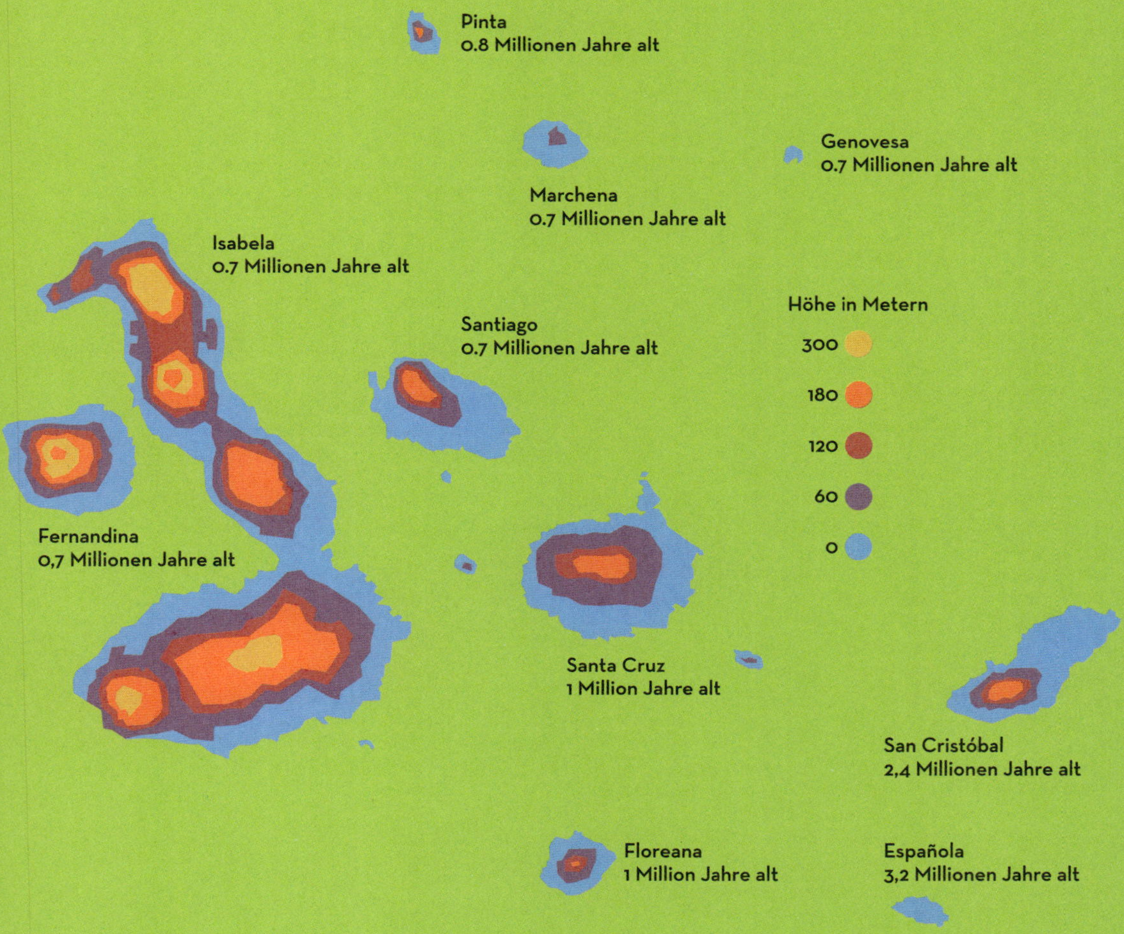

DER KAMPF UM DIE ZUKUNFT

Der Tod und das Aussterben von Arten gehören zum Leben dieser Erde. Das Aussterben einer Art kann auch ein Neuanfang sein, und jedes Massensterben gibt dem Leben die Chance, einen Entwicklungssprung anzutreten. Auf den plötzlich aus dem Ozean geborenen Galápagos-Inseln fand eine elegante Vorführung der adaptiven Radiation statt, doch die Massenaussterben-Ereignisse der Erde machten sie zum globalen Phänomen.

Durch das Aussterben der Dinosaurier und anderer großer Landwirbeltiere wurden Nischen frei, in die nun Säugetiere vordringen konnten. Die frühen Säugetiere, die neben den Dinosauriern gelebt hatten, waren zwar vielfältig, doch von begrenzter Größe. Nur einige wenige Arten wogen mehr als 10 kg. Heute sind die größten Land- und Meerestiere Säuger, doch in ein paar Millionen Jahren könnten sie von etwas völlig anderem abgelöst worden sein. Vielleicht gibt es dann auch keine Menschen mehr, um all diese Prozesse festzuhalten, und eine andere intelligente Art ist an ihre Stelle getreten.

Das Studium der Evolution, der Artenvielfalt und der Stammesgeschichte findet in Laboren, an den Aufschlüssen der Fossilienlagerstätten, im Herzen der Wälder und in den Tiefen der Ozeane statt. Die Menschen, die diese Studien durchführen, entwickeln sich im Rahmen ihrer Kultur aber auch als Spezies ebenso rasend schnell weiter. Wir stecken in einem Übergangsprozess, der langwierig, langsam, schmerzhaft und notwendig ist. In dessen Verlauf werden wir uns ändern, von einer Spezies, die sich wie jede andere nur am eigenen Vorteil orientiert, zu einer Art, die ihren Blick nach außen richten kann, um auch das Gedeihen anderer Lebewesen auf diesem Planeten zu ermöglichen. Wir haben keine Wahl, für das eigene Überleben und vielleicht auch unserer Integrität als Art zuliebe, die es gelernt hat, die lebendige Welt in all ihrer Farbenpracht und

Vielfalt zu schätzen, die sich letztlich der Klassifizierung entzieht.

Wenn uns der Kummer über das Ausmaß des Artensterbens überwältigt, können wir vielleicht etwas Trost aus den Lehren der Urgeschichte ziehen: Massenaussterben hat es bereits mehrfach gegeben, und das Leben ist danach immer wieder aufgeblüht. Obwohl wir vielleicht deutlich früher zu den ausgestorbenen 99 % gehören werden, als uns lieb ist, darf man wohl davon ausgehen, dass der Lebensbaum irgendwie weiter gedeiht, so lange, bis die Erde von der Sonne verschlungen wird.

◄ Ein fossiler Ammonit wird freigelegt. Im Gestein ist die Geschichte des Lebens auf der Erde konserviert. Die biologische Zukunft des Planeten ist jedoch noch lange nicht in Stein gemeißelt.

SEIT BEGINN des Paläozoikums vor etwa 540 Millionen Jahren hat das tierische Leben auf unserem Planeten an Vielfalt zugenommen, doch diese Entwicklung wurde durch fünf Massenaussterben unterbrochen. Danach breitete sich jedes Mal eine neue Vielfalt von Lebensformen in den Nischen aus, die ausgestorbene Tiere hinterlassen hatten.

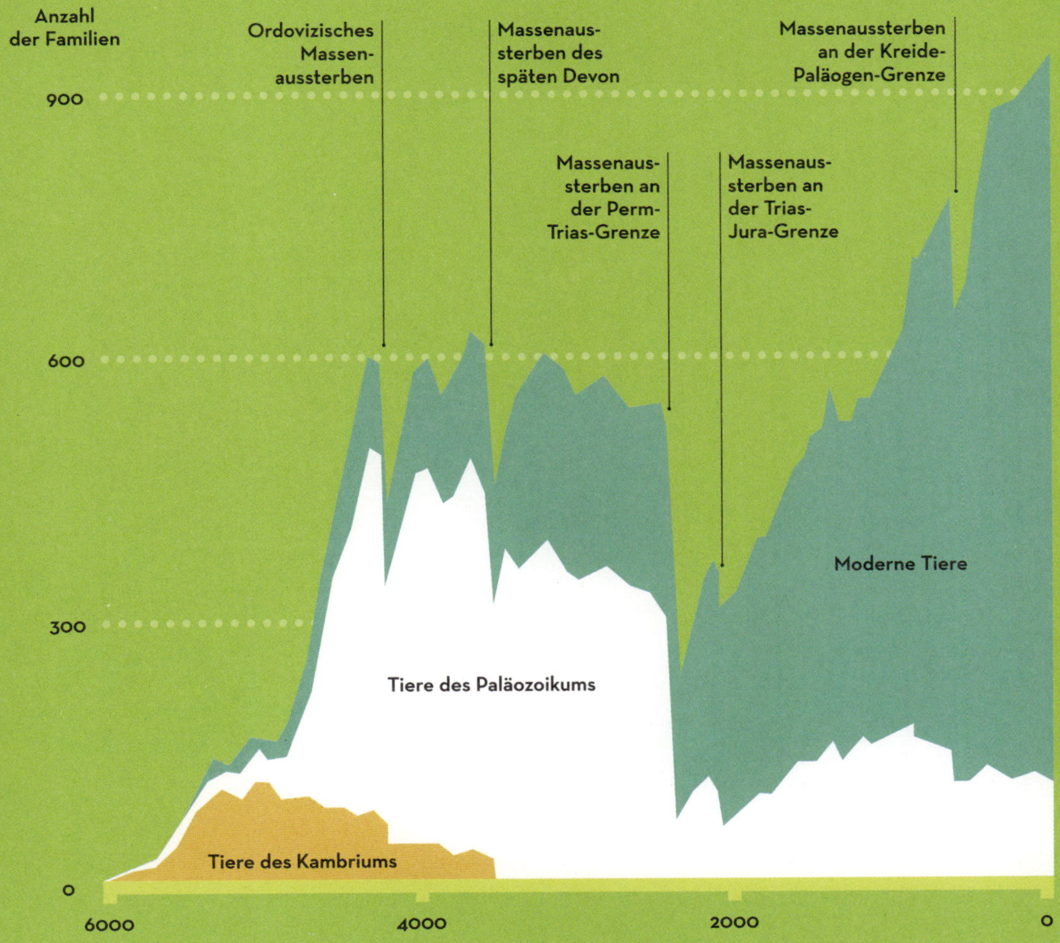

10·5

KÜNSTLICHES LEBEN

KÜNSTLICHES LEBEN

REICH	Nicht klassifiziert
STAMM	Nicht klassifiziert
KLASSE	Nicht klassifiziert
ORDNUNG	Nicht klassifiziert
FAMILIE	Nicht klassifiziert
GATTUNG	Nicht klassifiziert
ART	Nicht klassifiziert

Im Zusammenspiel unterschiedlicher Wissenschaften finden wir mehr und mehr über die Entwicklung des Lebens auf der Erde, den Menschen inbegriffen, und wie es mit dieser Entwicklung weitergeht, heraus. Doch trotz allen Wissens, das sich im Laufe der Jahrhunderte angesammelt hat, bleibt die Essenz des Lebens, sein ursprünglicher *Funke*, schwer fassbar. Vielleicht liegt seine Ergründung jenseits der Wissenschaft, doch der Versuch, eine Form künstlichen Lebens zu erschaffen, stellt ein legitimes wissenschaftliches Bestreben dar.

Die Vorstellung, künstliches Leben zu erschaffen, erscheint manchen Menschen aufregend, während andere sie zutiefst beunruhigend finden. Sicherlich setzt sie sehr tief schürfende und philosophische Überlegungen darüber voraus, was eigentlich den Kern des Lebens ausmacht. Woher weiß ein Lebewesen, dass seine Gefährten leben oder diese tot sind?

Inwieweit verschiedene Tierarten den Tod erkennen, wenn sie ihm begegnen, ist kaum zu ermitteln. Der Mensch erkennt den Tod sehr wohl, und *Homo sapiens* ist vielleicht das einzige Tier, das sich seiner eigenen unausweichlichen Sterblichkeit bewusst ist, egal wie fern in der Zukunft der Tod zu liegen scheint.

Einige Veränderungen, die eintreten, nachdem ein Lebewesen gestorben ist, lassen sich einfach definieren und beschreiben: Die Reaktionsfähigkeit endet und lebensstiftende biochemische und biologische Prozesse hören auf. Eines oder mehrere andere Lebewesen verzehren dann in der Regel den Körper, doch das muss nicht zwingend der Fall sein. Gelegentlich, je nachdem wo genau er starb, kann ein toter Organismus für Jahre oder sogar Jahrhunderte relativ intakt bleiben, konserviert durch besondere Umweltbedingungen. So haben manche Menschen ihre Körper nach dem Tod kryogenisch einfrieren lassen, in der Hoffnung, dass eine zukünftige Technologie sie wieder zum Leben erwecken kann. Bis dahin sind diese tiefgefrorenen Leichen jedoch kein bisschen lebendiger als die Gefrierschränke, in denen sie verstaut sind.

Der moderne Mensch ist in der Lage, eine unglaubliche Vielfalt von Objekten herzustellen, von denen einige oberflächlich betrachtet lebensähnliche Züge aufweisen. Ein vergleichsweise nahe liegendes Beispiel wäre ein Staubsauger-Roboter. Dieser manövriert selbstständig und trifft Entscheidungen, wohin er fahren soll. Er ändert seinen Kurs, bevor er die Treppe hinunterpoltert. Noch komplexer ist die Funktionsweise eines Herzschrittmachers, den man in die menschliche Brust implantiert. Das Gerät regt das kranke Herz dazu an, im normalen, lebenserhaltenden Rhythmus zu schlagen, indem es bedarfsweise elektrische Impulse gibt. Dazu muss es die Herz- und Atemfrequenz sowie die Körperbewegungen des Patienten registrieren und entsprechend auf sie reagieren. In dieser Hinsicht operiert der Herzschrittmacher wie ein integriertes, lebendiges Organ, obwohl er vollständig künstlich ist.

Zahlreiche Computerprogramme wurden entwickelt, um natürliche Prozesse zu modellieren: die fast-synchronen Bewegungen eines Fisch- oder Vogelschwarms, die Art und Weise, wie ein Tier lernt, durch ein Labyrinth zu finden, oder sogar den Prozess der Evolution durch natürliche Selektion. Etwas zu erschaffen, das tatsächlich als Lebensform gelten kann, stellt jedoch eine andere Herausforderung dar.

▲ Seite 230–231: Maschinen können bestimmte kognitive Aufgaben deutlich besser bewältigen als das durchschnittliche menschliche Gehirn. Dennoch sind wir noch nicht in der Lage, ein menschenähnliches Bewusstsein zu erschaffen.

KÜNSTLICHE AUSLESE

Die Erschaffung vollständig künstlichen Lebens kann man wohl am besten als Endpunkt einer Entwicklung betrachten, die mit der Erforschung von Möglichkeiten der Einflussnahme auf das natürliche Leben begann. Die Eugenik führt diese Idee in zutiefst unappetitliche Gefilde. Ihre Anhänger vertreten den Einsatz selektiver Züchtung oder sogar selektiver Ermordung bzw. Sterilisation, um menschliche Populationen zu optimieren. Dem zugrunde liegen starre und typischerweise hochgradig voreingenommene Vorstellungen davon, worin die „besten" menschlichen Eigenschaften bestehen.

Während die natürliche Auslese eine Population von Organismen dahingehend verfeinert, dass sie sich besser an ihre Umwelt anpassen, ist es die „künstliche Auslese", die wir bei Kulturpflanzen und Haustieren anwenden, seit wir diese anbauen bzw. halten. Menschliche Zielsetzungen wirken dabei als Selektionsdruck.

Den ersten Menschen, die ihr Vieh einer künstlichen Selektion unterwarfen, war die genaue Wirkungsweise genetischer Vererbung unbekannt, doch sie bemerkten, dass eine Menge Eigenschaften weitervererbt werden – der Beginn der Rassezucht. So zeugen zwei große Schafe größere Lämmer als ein kleineres Paar, während die Ziege, die am meisten Milch produziert, diese Eigenschaft wahrscheinlich an ihre Töchter weitergibt. Es schien sich ebenfalls auszuzahlen, wenn man diejenigen Pflanzen selektiv vermehrte, die die meisten Früchte oder Samen trugen.

Heute sind viele domestizierte Pflanzen- und Tierarten durch selektive Züchtung so radikal verändert worden, dass sie ihren wilden Vorfahren kaum noch ähneln. Ursprünglich diente die selektive Züchtung ausschließlich dem Nutzen. Das Haushuhn etwa wurde aus dem Bankivahuhn gezüchtet, einem Angehörigen der Fasanenfamilie aus Indien. Um Rassen für die Fleischproduktion zu entwickeln, wählte man die größten, schwersten Vögel für die Zucht. Eier legende Rassen wurden entwickelt, indem man die Weibchen mit den größten Gelegen und den schmackhaftesten Eiern weiterzüchtete.

Auch Hunde werden schon sehr lange domestiziert. Die ältesten Überreste derselben, deren Gene dem modernen Hund ähneln, sind etwa 15 000 Jahre alt. Ursprünglich waren diese Hunde Jagdhelfer, aber heute haben sie viele andere „Jobs", bis hin zum reinen Gesellschaftshund. Ihr genetischer Pfad begann bereits vor 40 000 Jahren, von ihrer Vorfahrenart, dem Wolf, abzuzweigen. Moderne Wölfe unterscheiden sich genetisch deutlich von Haushunden, wie auch von der längst ausgestorbenen Wolfspopulation, von der die Haushunde abstammen.

▶ Ein Bankivahahn. Das Bankivahuhn ist die Vorfahrenart sämtlicher Haushühner der Welt, deren Zahl in die Milliarden geht.

HAUSTIER-HYBRIDEN

Es gibt mehr als 300 verschiedene Haushund-Rassen vielfältigster Erscheinung. Diese gehören „Familien“ an, die selektiv für verschiedene Zwecke gezüchtet wurden, etwa um Vieh zu hüten, schnelle Beute zu jagen, Beute durch Witterung aufzuspüren, Eigentum zu bewachen usw. Um die jahrtausendealte Divergenz widerzuspiegeln, werden Haushunde als eine Unterart des Wolfs eingestuft – *Canis lupus familiaris.*

Obwohl sich ein sibirischer Husky und ein wilder Wolf deutlich ähnlicher sehen als ein Husky und ein Mops oder ein Windhund, existieren die meisten Hunderassen erst seit ein paar hundert Jahren. In so kurzer Zeit lassen sich bestenfalls oberflächliche Unterschiede ins Genom züchten. Husky, Mops und Windhund erkennen sich gegenseitig, aber auch sich selbst, immer noch als Hunde. Vielleicht verhindern Unterschiede in der Körpergröße die Paarung, aber ihre Keimzellen würden problemlos verschmelzen und Kreuzungen hervorbringen, die genauso „hundeartig“ sind wie beide Elternteile.

Biologen bezeichnen selektiv gezüchtete Linien von Haustierarten als Rassen und nicht als Arten, und eine Mischung zweier Rassen ist eine Kreuzung und kein Hybrid. Ob selektive Hundezucht letztlich eine anerkannt eigenständige Art hervorbringen kann, hängt davon ab, wo die Grenzen der Klassifizierung willkürlich gezogen werden.

Bei den Hunden kann selektive Zucht die von einem Bauern oder Züchter bevorzugten Eigenschaften verstärken und vermehren. In anderen Bereichen gibt es auch die Möglichkeit bzw. den Versuch, wünschenswerte Eigenschaften anderer Spezies einzuzüchten. Der Weichweizen *(Triticum aestivum)*, von dem weltweit jedes Jahr fast 800 Millionen Tonnen produziert werden, ist z. B. seit langem als Hybrid bekannt. Die Analyse seiner Chromosomen zeigt drei verschiedene Vorfahrenarten: *Triticum urartu, Aegilops speltoides* und *Aegilops tauschii.* Selektive Züchtung spielte auch bei der Schaffung der fettkörnigen Ähren, die weltweit eine Menge Menschen ernähren, eine große Rolle.

Ähnlich wie bei den Hunden, die eine Unterart des Wolfs sind, werden auch andere Haustiere oft als eine andere Art, als die ihrer Vorfahren angesehen. Dazu gehört z. B. die Hauskatze *(Felis catus)*, die von der Falbkatze *(Felis lybica lybica)* abstammt. Lange Zeit wurden Hauskatzen selektiv gezüchtet, um eine größere Vielfalt an Fellfarben zu erhalten als ihr

DER FAMILIENSTAMMBAUM des Haushundes und seiner nahen Verwandten. Hunde und Wölfe werden beide als Unterarten von *Canis lupus* angesehen, während der Kojote immer noch nah genug mit beiden verwandt ist, um sich mit ihnen zu paaren und Kojote-Hund- bzw. Kojote-Wolf-Hybriden zu zeugen.

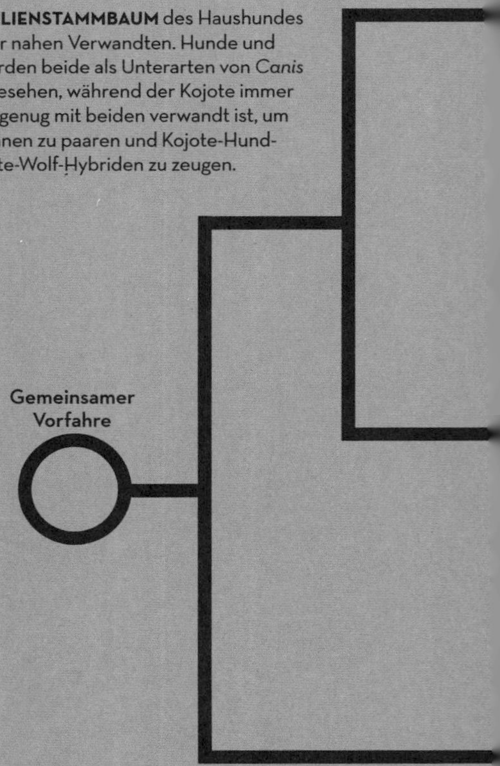

wilder Vorfahre, die Falbkatze, deren braunes Fell senkrechte dunkelbraune Streifen hat. Neue Farben entstanden zunächst alle durch natürliche Mutation, wurden dann aber durch selektive Züchtung in den nachfolgenden Generationen verbreitet.

Bevor die asiatische Leopardkatze dem Genpool der Hauskatze beigemischt wurde, gab es keine Hauskatzen mit Rossettenmuster. Diese Wildkatzenart gab ihr wunderschönes Rossettenmuster an einige Haus/Leopardenkatzen-Hybriden der ersten Generation weiter. Heute ist die als Bengalkatze bekannte Mischung eine anerkannte Rasse, und die meisten von ihnen tragen das auffällige Rosettenmuster, obwohl die Rasse so sehr mit Hauskatzen rückgekreuzt wurde, dass Leopardenkatzen-Gene weniger als 10 % ihres Genoms ausmachen.

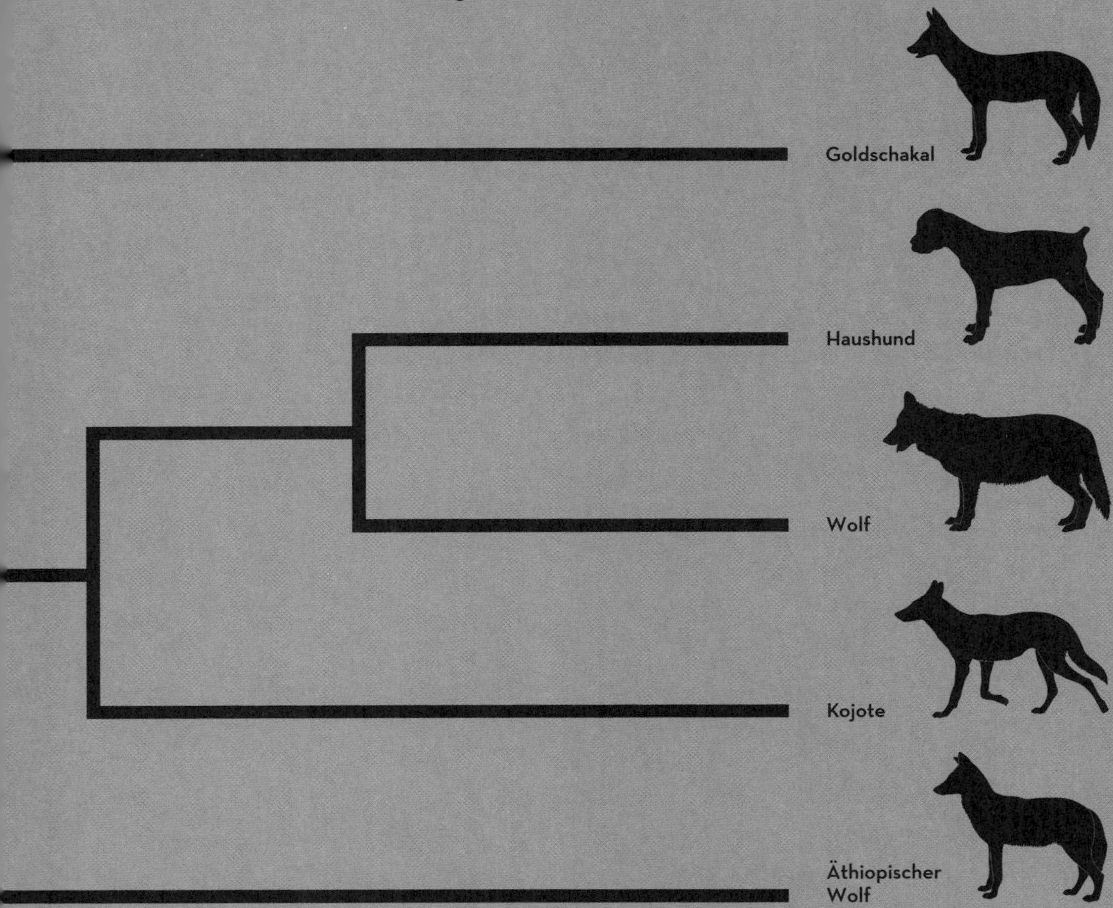

EIN ZÄHMUNGSEXPERIMENT

Die bekannten Haustierarten leben schon so lange an der Seite des Menschen, dass es kaum Aufzeichnungen über Beginn und Verlauf von Domestizierungsprozessen gibt. Doch gegen Ende der 1950er-Jahre interessierte sich ein russischer Wissenschaftler namens Dmitry Belyaev für diese Fragestellung, und er begann mit einer Spezies, die zuvor nicht domestiziert worden war, zu exeprimentieren. Belyaev wählte Silberfüchse, eine Farbvariante des weit verbreiteten Rotfuchses *(Vulpes vulpes)*. Mit seinem Assistenten richtete er eine Zuchtanlage ein und erwarb dann Fuchswelpen aus Pelzfarmen in ganz Russland. Dabei wählten sie 100 weibliche und 30 männliche Füchse aus, die nur eine schwache Angstreaktion zeigten, wenn ihre Käfige geöffnet wurden. Diese Tiere kreuzte man dann untereinander, und ihre Jungen wurden von klein auf angefasst und von Hand gefüttert. Aus jeder Generation behielt man die zahmsten Jungtiere im Projekt. Dieses intensive und konsequent durchgeführte selektive Zuchtprogramm zielte darauf ab, eine Population „genetisch zahmer" Füchse zu erschaffen. Schon bald zeigten sich dramatische Ergebnisse. Bereits Jungfüchse der vierten Generation suchten aktiv die Gesellschaft

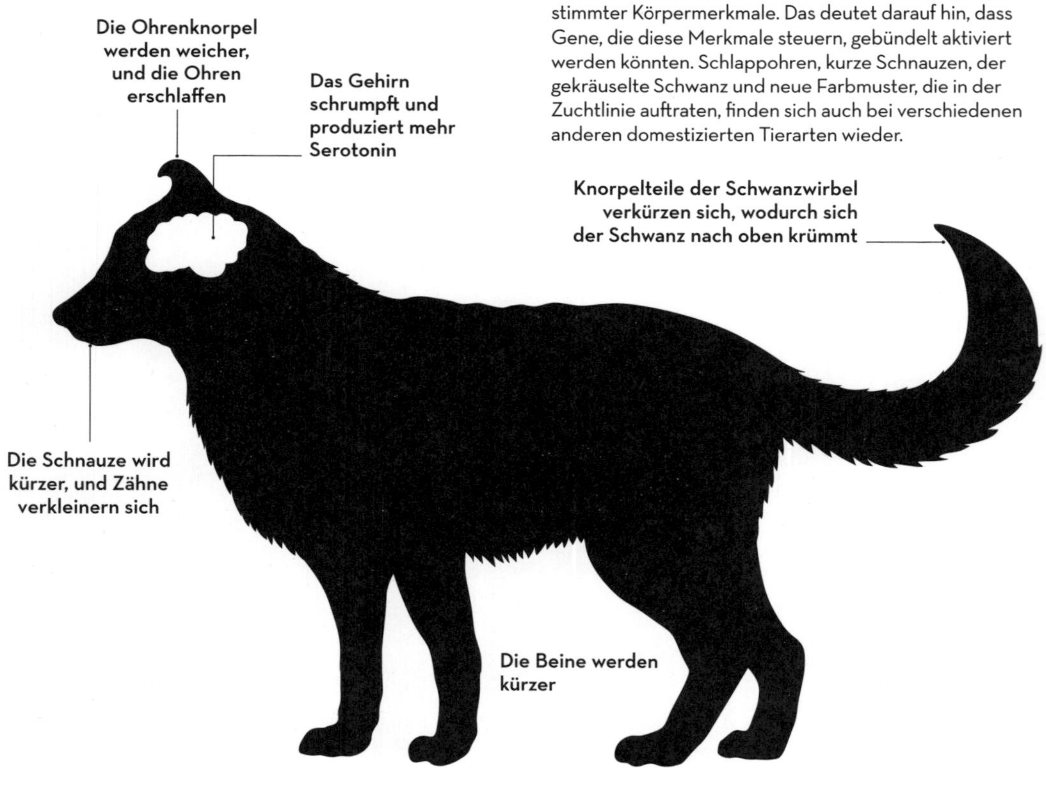

DIE SELEKTIVE ZUCHT von Silberfüchsen zur Förderung zahmen Verhaltens führte auch zur Ausprägung bestimmter Körpermerkmale. Das deutet darauf hin, dass Gene, die diese Merkmale steuern, gebündelt aktiviert werden könnten. Schlappohren, kurze Schnauzen, der gekräuselte Schwanz und neue Farbmuster, die in der Zuchtlinie auftraten, finden sich auch bei verschiedenen anderen domestizierten Tierarten wieder.

▲ Dmitry Belyaev streichelt einen seiner zahmen Füchse. Sein bahnbrechendes Experiment warf neues Licht auf die genetischen Abläufe, die der Domestizierung von Tieren zugrunde liegen.

ihrer Pfleger und bekundeten diesen ihre Zuneigung. Außerdem begannen sie Laute, die untypisch für Wildfüchse waren, von sich zu geben, möglicherweise um die Aufmerksamkeit der Menschen zu erregen.

Was die Forscher jedoch am meisten überraschte, war die große Bandbreite anderer Eigenschaften, die nun langsam hervortraten. Obwohl die Zuchtfüchse immer nur auf Grundlage ihrer Zahmheit ausgewählt wurden, entwickelten die Tiere im Laufe des Experiments Eigenschaften, die man von anderen domestizierten Säugetieren kennt. Zunächst begannen die spitzen Ohren zu hängen, die Schwänze kringelten sich, und es entstanden neue Farbvarianten – scheckig, weiß und gesprenkelt. Im weiteren Verlauf des Experiments wurden ihre Schnauzen und Beine kürzer, sodass sie bis ins Erwachsenenalter ein welpenartiges Aussehen behielten. Außerdem wurden sie früher geschlechtsreif, und ihre Paarungszeit verlängerte sich. Es wurden auch biochemische Veränderungen festgestellt: Ihr Gehirn enthielt mehr Serotonin, einen Neurotransmitter, der mit reduzierter Aggression in Verbindung gebracht wird. Die Studie scheint darauf hinzuweisen, dass Merkmale und die Gene, die diese beeinflussen, gebündelt auftreten können. Wenn man also für ein bestimmtes Merkmal zur Zucht selektiert, gehen andere damit einher. Auch ein epigenetischer Effekt ist sehr wahrscheinlich.

Die Studie dauert bis heute an, und die Forscher haben eine interessante Parallele zwischen domestizierten Füchsen und „selbst-domestizierenden" Menschen gezogen. Die menschliche Evolution beruht auf enger, gesellschaftlicher Zusammenarbeit. In ihrem Verlauf gab es einen Selektionsdruck, toleranter, weniger aggressiv und freundlicher zu sein. Obwohl wir uns gerne im Glauben wiegen, dass unsere gesellschaftliche Organisation ein Produkt der sich entwickelnden menschlichen Intelligenz ist, trifft vielleicht der umgekehrte Fall zu. Könnte es etwa sein, dass eine verbesserte Sozialität die Voraussetzungen für die Entwicklung unserer Intelligenz schuf?

WOZU KÜNSTLICHES LEBEN?

Durch selektive Züchtung kann der Mensch das Genom anderer Arten steuern, wenn auch auf sehr unpräzise Weise. Die sexuelle Fortpflanzung kombiniert 50 % der Gene jedes Elternteils zufällig, und gewünschte Eigenschaften werden nur vielleicht weitergegeben. In der Fuchsstudie wurden nur etwa 10 % der Tiere jeder Generation zur Weiterzucht übernommen, während die restlichen 90 % unbrauchbar waren.

Unterdessen wurden die in der Zellbiologie eingesetzten Techniken immer ausgefeilter, und schließlich war es möglich, Gensequenzen direkt zu verändern. 1968 entdeckte der Mikrobiologe Werner Arber Enzyme, die ein DNS-Molekül gezielt aufbrechen können, und 1973 entwickelten Stanley Cohen und Herbert Boyer eine Technik zur Rekombination aufgebrochener DNS-Stränge. Sie setzten rekombinante DNS in *Escherichia coli*-Bakterien ein und stellten fest, dass sich die Bakterienzellen ganz normal vermehren konnten.

Heute können Mikrobiologen problemlos Bakterien gentechnisch so manipulieren, dass sie bestimmte Proteine erzeugen. DNS aus einem andersartigen Organismus wird in Bakterienzellen eingesetzt, und die Bakterien bilden dann das Protein. Auch andere Organismen können verwendet werden, um bestimmte Proteine zu erzeugen, darunter Viren, Hefen, Pflanzen und Tiere. So wird einer der Bestandteile eines Impfstoffs gegen Hepatitis B von Hefezellen produziert, in die ein Gen aus dem Hepatitis B-Virus eingesetzt wurde. Auch medizinische Produkte, wie z. B. das menschliche Wachstumshormon, werden durch gentechnisch veränderte menschliche Zellkulturen erzeugt, die schon seit Generationen im Labor gezüchtet wurden.

Diese Wissenschaft kommt auch gegen Pflanzenschädlinge zur Anwendung, also Organismen, die Nutzpflanzen ernsthaften Schaden zufügen. Dabei wird der genetische Code des Problem-Organismus direkt manipuliert, um dessen Fortpflanzung, Stoffwechsel und andere überlebenswichtige Funktionen zu beeinflussen. Man kann z. B. ein gentechnisch verändertes Schadinsekt entwickeln, dessen Population zwar paarungsfähig, aber steril ist. Setzt man eine große Anzahl dieser Insekten frei, so wird die nächste Generation deutlich kleiner ausfallen, da die meisten Paarungen nicht zur Fortpflanzung führen. Zugleich könnten die Nutzpflanzen gentechnisch so verändert werden, dass ihr Gewebe für den Schädling giftig ist. Allerdings würde die Evolution höchstwahrscheinlich dazu führen, dass der Schädling mit der Zeit eine Resistenz gegen das Toxin entwickelt.

▶ Es ist heute möglich, den genetischen Code der Keimzellen von Säugetieren wie Mäusen zu manipulieren und so mutierte Individuen zu erzeugen.

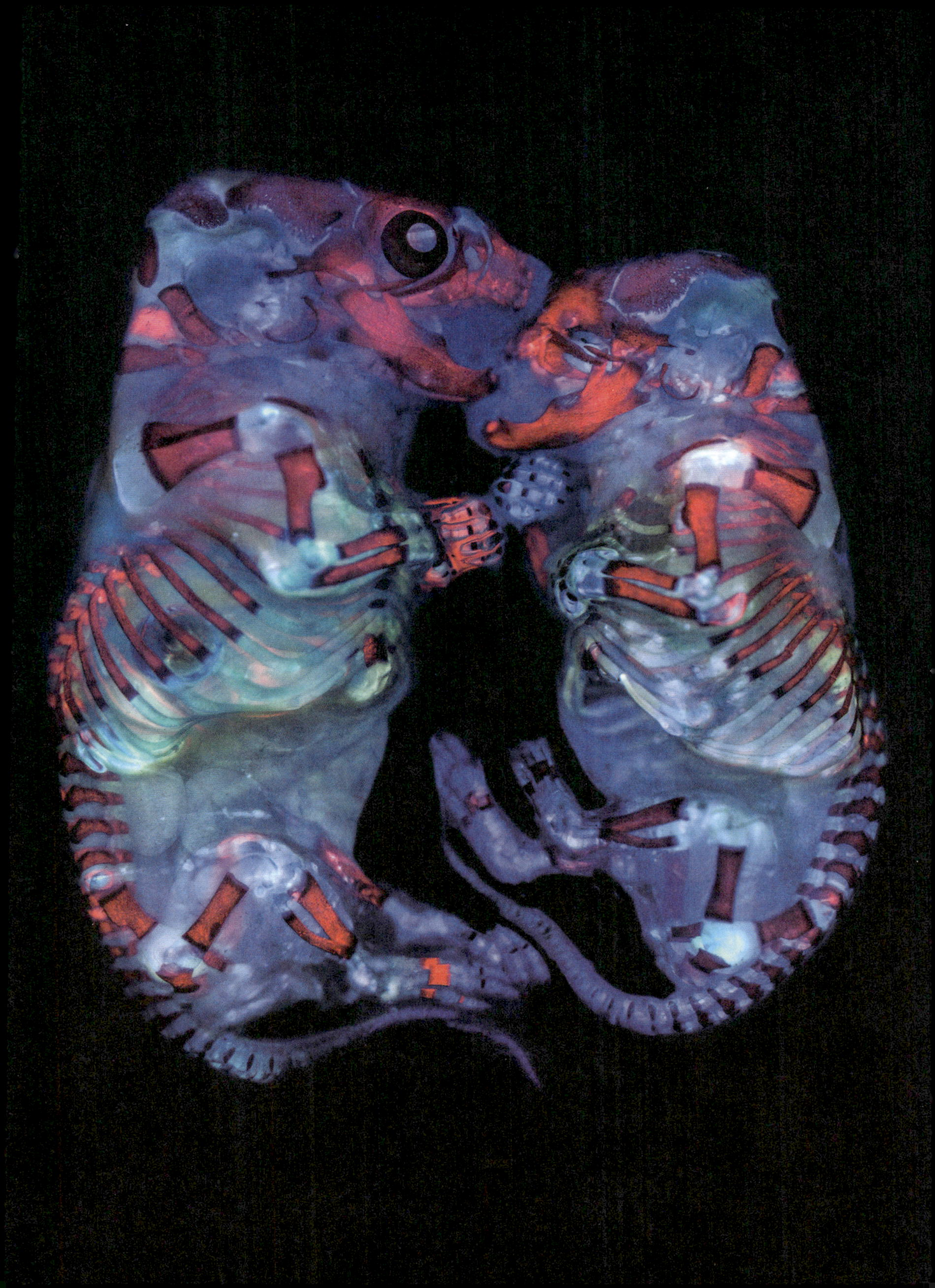

KYBERNETIK

Wissenschaft und Science-Fiction befassen sich schon seit Jahrzehnten mit der Frage, wie eine integrale Verbindung lebenden Gewebes mit nicht-lebendigen funktionalen Komponenten aussehen könnte. Der bereits erwähnte Herzschrittmacher ist eine von Menschen gebaute Maschine, die im menschlichen Körper mit lebendem Gewebe kommuniziert und dieses direkt beeinflusst. Künstliche Gelenke aus Metallen und Kunststoffen werden ebenfalls routinemäßig in menschliche Körper implantiert, um altersschwache Gelenke zu ersetzen. Dabei müssen sie sich in lebendes Gewebe einfügen. Doch wie viel weiter lässt sich das noch treiben? Könnte etwa ein Gehirn durch einen kalkulierenden und lernenden Computer ersetzt werden?

Noch gibt es keinen Computer, der auch nur annähernd die gleiche Rechenleistung erbringt wie das menschliche Gehirn. Allerdings wurde eine Elektroenzephalogramm(EEG)-Technologie entwickelt, die in der Lage ist, Gehirne und Computer direkt miteinander zu verbinden. Die Maschinen registrieren Gehirnaktivität und übersetzen diese in äußere Handlungen, die durch weitere Maschinen, wie etwa automatisierte Lichtschalter, ausgeführt werden. Die EEG-Technologie wurde auch eingesetzt, um die Gehirne von zwei oder noch mehr Tieren zu „vernetzen". Für solch eine Studie hat man die Gehirne dreier Affen miteinander vernetzt. Dank gemeinsamer Entscheidungsfindung konnten diese Affen komplexere Aufgaben lösen als nur einer von ihnen.

Die gleiche Technologie hilft bereits schwer gelähmten Menschen, besser mit ihrer Umwelt zu interagieren. Im Jahr 2006 wurde einem durch eine Rückenmarksverletzung gelähmten Patienten ein Implantat eingesetzt, welches ihm ermöglichte, mit seinen Gedanken einen Computer-Cursor zu steuern. Zu den weiteren bemerkenswerten Erfolgen in Sachen Gehirn-Computer-Schnittstellen gehören Hirnimplantate, durch die teilweise gelähmte Patienten mit ihren Gedanken einen Roboterarm kontrollieren können. Die ersten derartigen Implantate waren sehr invasiv und potenziell gefährlich, da sie Schäden und Narben im Hirngewebe verursachen konnten. Inzwischen wurden jedoch weniger invasive Methoden entwickelt.

Neuralink, ein Unternehmen des Visionärs Elon Musk, arbeitet an der Verbesserung von Gehirn-Computer-Schnittstellen. So werden über Fäden, die noch viel feiner sind als ein menschliches Haar, elektrische Signale zwischen Gehirn und Maschine übertragen. Derart feine Leitungen sind für den Menschen deutlich weniger gefährlich und können auch präziser platziert werden. In erster Linie hat man diese Schnittstellen entwickelt, um Menschen mit Behinderungen zu helfen, doch könnte die Technologie in Zukunft auch bei gesunden Menschen zum Einsatz kommen. Außerdem könnte sie helfen, das Hirngewebe von Patienten zu reaktivieren oder sogar zu ersetzen, die an Krankheiten wie Alzheimer leiden.

Noch kühnere Science-Fiction-Fantasien, die diese Ideen ausloten, beschreiben Menschen, die in ferner Zukunft ihre Gedanken und Erinnerungen direkt auf eine Festplatte laden oder sogar ihr gesamtes Bewusstsein auf einen neuen Körper übertragen. Diese Ideen sind faszinierend und eröffnen komplexe philosophische Fragestellungen. Sollte es der menschlichen Spezies nicht gelingen, von ihrem Heimatplaneten zu fliehen, bevor dieser von einer sterbenden Sonne verschlungen wird, so ließe sich vielleicht die Essenz der Menschheit auf einem Speichermedium tief ins Weltall schicken.

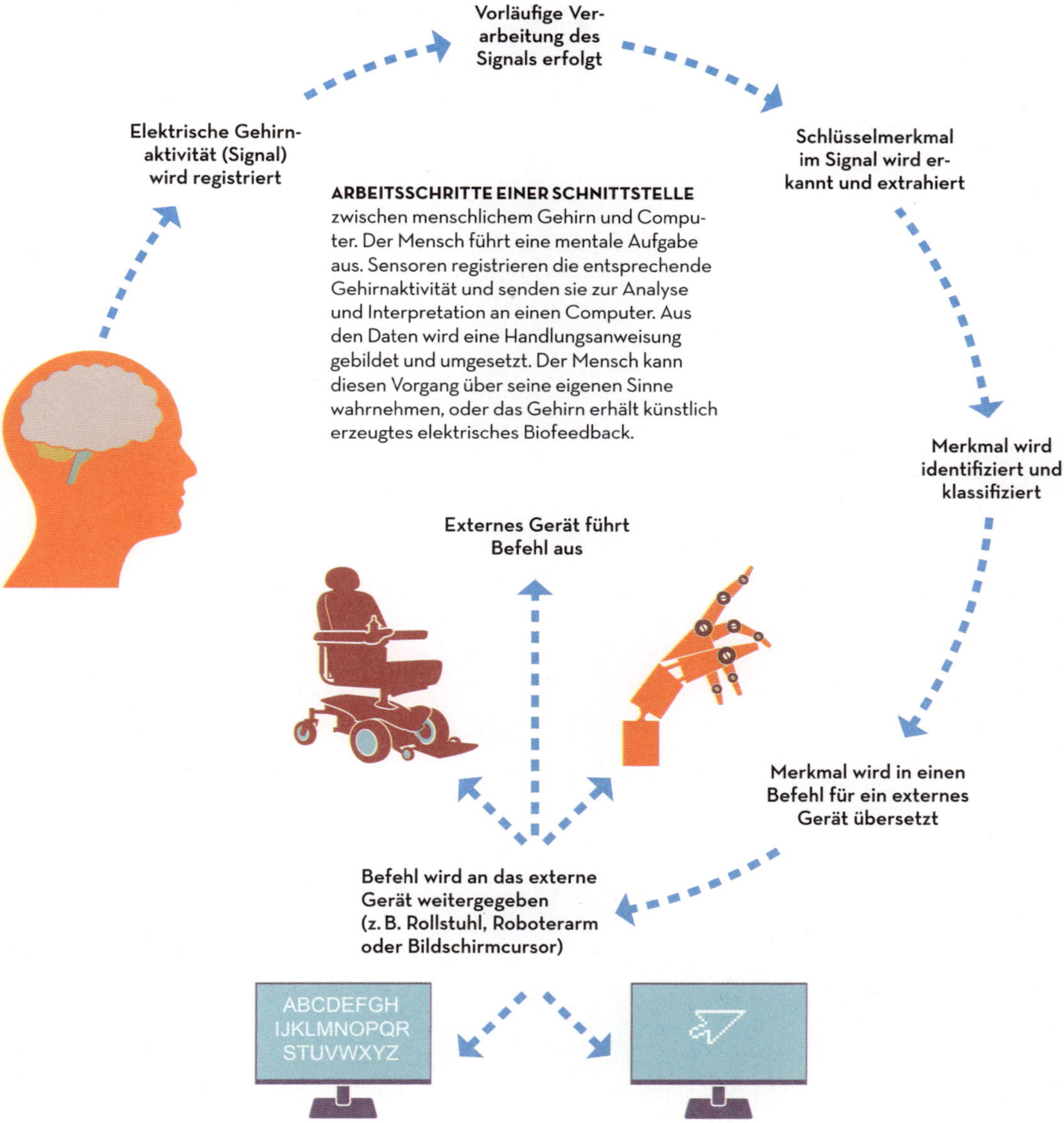

ARBEITSSCHRITTE EINER SCHNITTSTELLE zwischen menschlichem Gehirn und Computer. Der Mensch führt eine mentale Aufgabe aus. Sensoren registrieren die entsprechende Gehirnaktivität und senden sie zur Analyse und Interpretation an einen Computer. Aus den Daten wird eine Handlungsanweisung gebildet und umgesetzt. Der Mensch kann diesen Vorgang über seine eigenen Sinne wahrnehmen, oder das Gehirn erhält künstlich erzeugtes elektrisches Biofeedback.

MODELLE DES LEBENS

Die entsprechenden Technologien stecken zwar noch in den Kinderschuhen, doch bereits jetzt können Wissenschaftler im Labor auf bemerkenswerte Weise in das Leben eingreifen. Aus lebloser Materie etwas völlig Neues zu erschaffen, das alle typischen Merkmale des Lebens aufweist, steht jedoch auf einem anderen Blatt. Eine der Möglichkeiten, sich dem Problem zu nähern, ist der Einsatz von Computersimulationen.

Gene Pool ist ein Computerprogramm, das in den späten 1990 er-Jahren vom US-amerikanischen Softwarekünstler Jeffrey Ventrella geschrieben wurde. Ausgangspunkt dieser einfachen, aber effektiven Simulation der Evolution durch natürliche Auslese ist ein virtueller Tank mit Nahrungspartikeln und einer Population von „Swimbots" nach dem Zufallsprinzip erzeugter Kreaturen, die versuchen, sich schwimmend fortzubewegen, indem sie ihre Körpersegmente bewegen.

Jeder Swimbot hat einen genetischen Code, der seine Größe, Anzahl und Form der Segmente (verzweigt oder gerade) sowie seine Farbe und Bewegungsgeschwindigkeit festlegt. Die Swimbots haben zwei Daseinsziele: Nahrungsaufnahme und Paarung. Wenn sie gut gefüttert sind, gehen sie auf Partnersuche, ist ihre Energie unter ein bestimmtes Niveau gefallen, suchen sie stattdessen Nahrung. Die Partnersuche beginnt erneut, sobald sie wieder ausreichend Energie dazu haben. Wenn sich zwei Swimbots paaren, erbt ihr Nachwuchs eine zufällige 50:50-Mischung ihrer Eigenschaften, zusammen mit einigen neuen „Mutationen". Bessere Schwim-

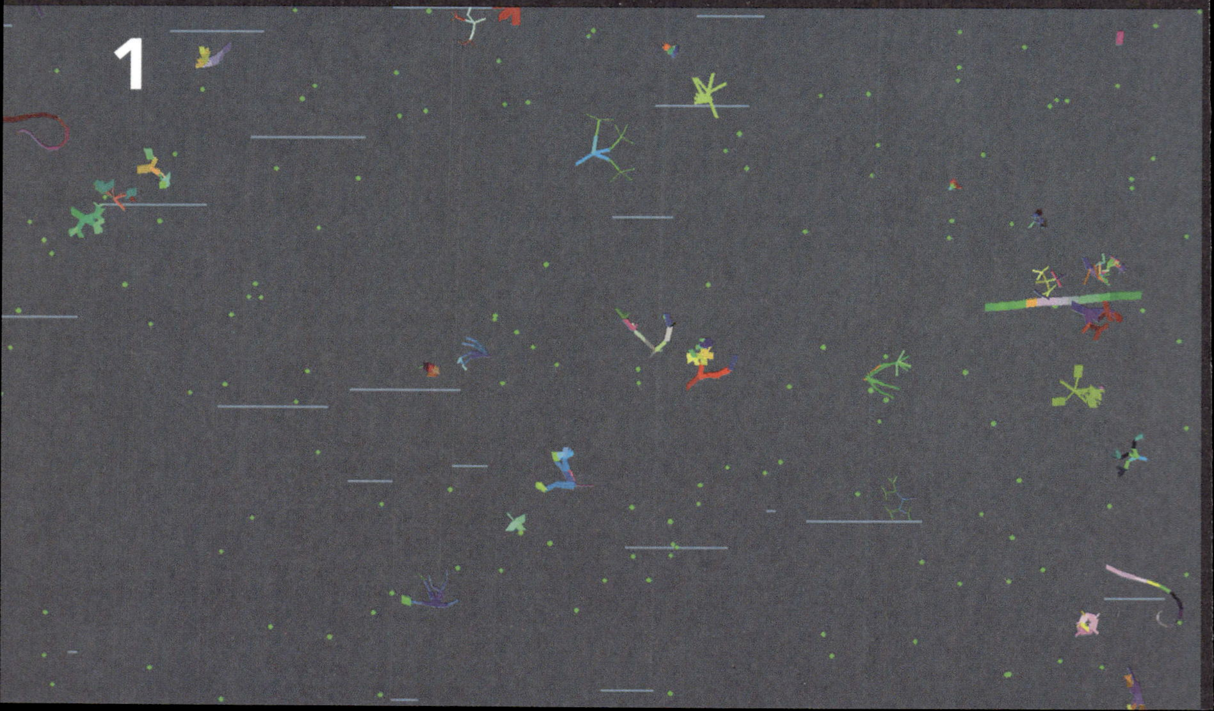

mer leben länger und zeugen mehr Nachkommen und solche, die hilflos umherflattern, verhungern jung und hinterlassen keine Nachkommen.

Im Laufe der Zeit ist die Population im virtuellen Tank nicht mehr zufällig und variantenreich, sondern wenige verschiedene „Arten" haben sich herausgebildet. Diese können ganz verschieden aussehen: wurm- oder tintenfischähnlich, groß oder klein, bunt oder einfarbig. Sie haben allerdings gemein, dass sie schneller und effizienter schwimmen als ihre Vorfahren.

Gene Pool stellt in mehrerlei Hinsicht ein gelungenes Modell für die Evolution durch natürliche Selektion dar. Nach jeder Simulation sind die Ergebnisse anders. Manchmal entwickeln sich auch gar keine guten Schwimmer und die gesamte Population stirbt schnell aus. Selbst Gendrift lässt sich beobachten, denn oft füllt sich das Becken rapide mit schnell schwimmenden Lebewesen mit der gleichen Körperform.

Eine solche ideale Körperform kann über Tausende von Generationen bestehen, doch in der Gesamtpopulation wird es nach wie vor zufällige Verschiebungen nicht überlebenswichtiger Merkmale geben, wie z. B. der Farbe.

▼ Der Evolutionssimulator Gene Pool in Aktion. Bild 1 zeigt einen neuen Tank voller nach dem Zufallsprinzip erzeugter Swimbots, Bild 2 das gleiche Becken nach 30 Minuten natürlicher Selektion. Aus der zufälligen Gründerpopulation haben sich zwei „Arten" von leistungsfähigen Schwimmern entwickelt. Beide sind Tintenfischähnlich, einer davon ist rot, groß und dünn, der andere klein, blau-grün und stämmig.

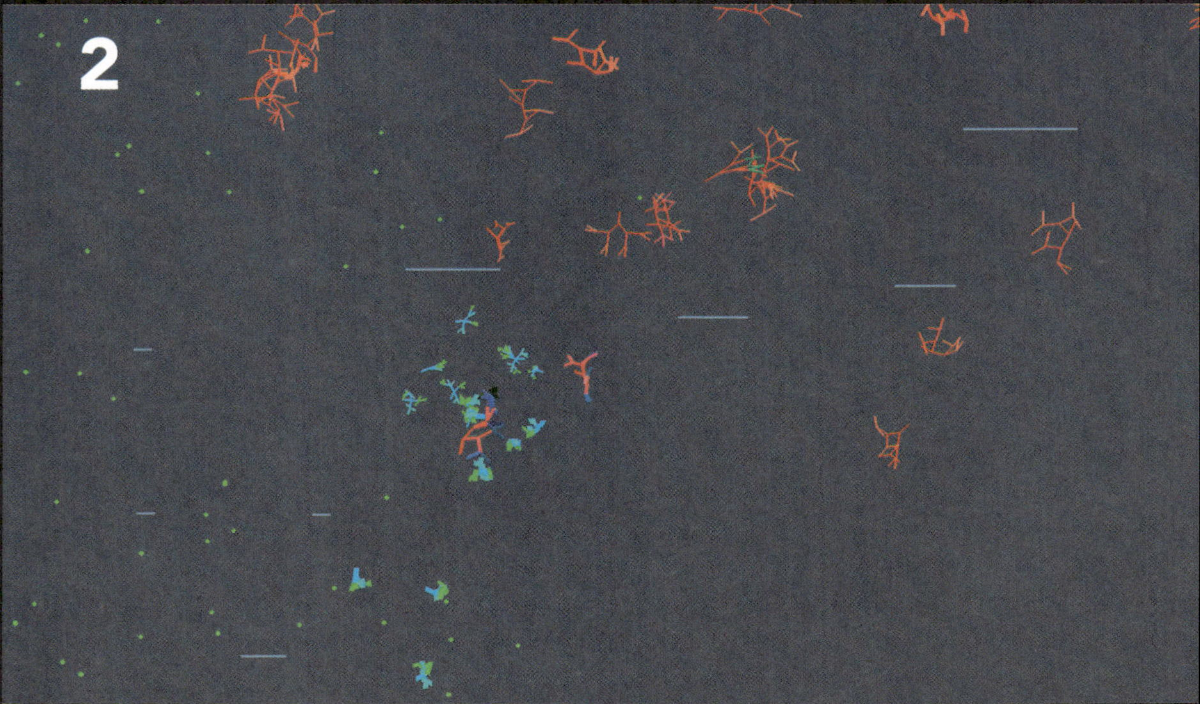

UNROBOTISCHE ROBOTER

Die Wissenschaftler des *OpenWorm*-Projekts versuchen, den ersten virtuellen Organismus am Computer zu erschaffen. Dazu wurde das gesamte Gehirn des Fadenwurms *Caenorhabditis elegans* kartiert. Anschließend erstellte man eine Software-Simulation seines aus 302 Neuronen bestehenden Gehirns mit allen Verbindungen und setzte diese in einen einfachen LEGO®-Roboter ein. Aktiviert zeigte der Roboter ein vorbildgetreues Fadenwurm-typisches Verhalten. Er zog sich vor Berührungen zurück und bewegte sich vorwärts, wenn die „Hirnregion", die Nahrung wahrnimmt, stimuliert wurde.

Auch mithilfe von Computersimulationen wird versucht, künstliche Intelligenz auf ein menschliches Niveau zu bringen. In den letzten Jahrzehnten gab es zahlreiche Versuche, ein konversationsfähiges Computerprogramm zu schaffen, das den „Turing-Test" besteht. Dazu muss es sich so natürlich mit einem menschlichen Benutzer unterhalten können, dass ein externer menschlicher Beobachter nicht erkennen kann, welcher Gesprächspartner die Maschine und welcher der Mensch ist. Um ein solches Programm zu erstellen, müsste der Programmierer die Maschine mit der Fähigkeit ausstatten, Vernunft anzuwenden, eine bestehende Wissensgrundlage durch Lernen zu erweitern und auf natürliche, menschenähnliche Weise aus Worten Sätze zu bilden. Bislang hat jedoch noch keine Maschine einen erweiterten Turing-Test bestanden.

Die Entwicklung mobiler Roboter, die sich wie Lebewesen verhalten und sogar einen evolutionären Prozess durchlaufen können, ist ebenfalls ein ergiebiges Forschungsgebiet. Bereits jetzt gibt es Roboter, die wie ein vierbeiniges Säugetier laufen oder wie ein vierflügeliges Insekt fliegen können und dabei Hindernisse im dreidimensionalen Raum überwinden. Eines der beliebtesten Projekte für Robotikstudenten ist es, einen Roboter zu entwerfen, der aus einem Labyrinth entkommen kann, indem er aus seinen Fehlern lernt.

Aber entspricht auch nur eine dieser Kreationen einer Definition von Leben, wie sie auf Seite 48 beschrieben wird? Sicherlich erfüllen die oben beschriebenen Modelle künstlichen Lebens manche dieser Kriterien. Möglicherweise lässt sich auch etwas bauen, das sie alle erfüllt, bis hin zu membranumhüllten Zellen, aber das hat für menschliche Wissenschaftler keine Priorität: Der Bau lebensähnlicher Maschinen oder das Entwerfen lebensähnlicher Simulationen mit praktischem Nutzen ist wichtiger als der Versuch, natürliches, organisches, entwickeltes Leben perfekt zu replizieren. Nichtsdestotrotz wurden im Labor einige sehr lebensähnliche Gebilde geschaffen. Die Frage, ob sie als Lebensformen angesehen werden können, richtet sich allerdings eher an die Philosophen als an die Biologen.

▶ Der berühmte humanoide Roboter „Sophia" wurde 2016 von Hanson Robotics geschaffen. Die Maschine kann sprechen, lernen und passende Gesichtsausdrücke annehmen.

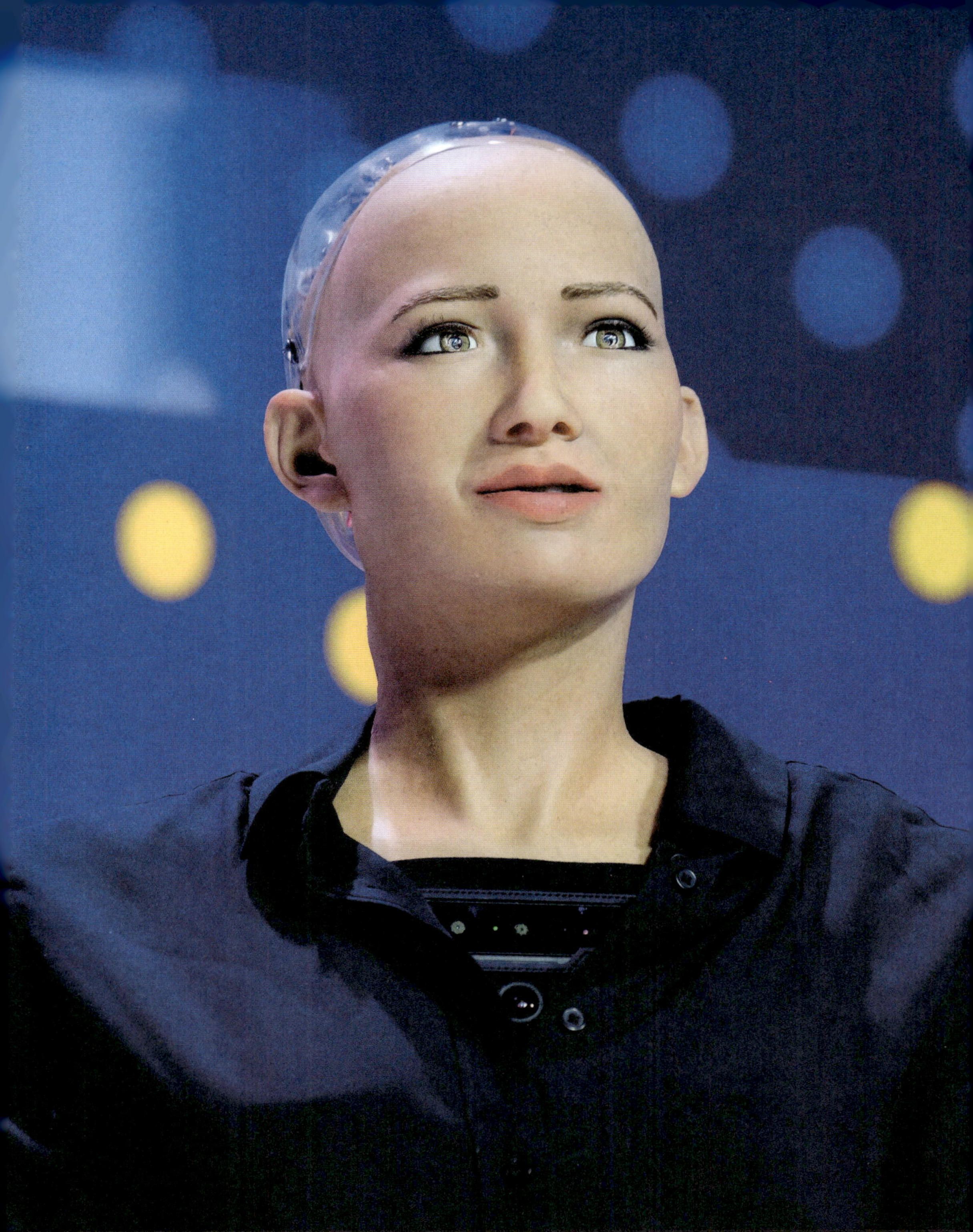

„ECHTES" LEBEN

Das Massenaussterben des Holozäns ist in vollem Gange, und immer mehr Menschen werden sich des Ausmaßes der Krise bewusst. Menschliche Bedürfnisse und eine kolossale Weltbevölkerung haben Umweltveränderungen in einem Ausmaß verursacht, die möglicherweise irreparabel sind. Die Aussicht, dass das gesamte Leben der Erde ausgelöscht werden könnte, ist entsetzlich, und dass es keinen Ersatzplaneten gibt, auf den man fliehen kann, macht die Sache nicht besser. Die Reaktionen der Menschen darauf sind unterschiedlich. Einige ignorieren die Situation aus Angst, Unglauben oder schierer Resignation, andere tun auf persönlicher Ebene alles nur Mögliche, um die Katastrophe abzuwenden, in der Hoffnung, dass es noch nicht zu spät dazu ist.

Und dann gibt es noch jene, die nicht weniger unermüdlich damit beschäftigt sind, die drohende Katastrophe *einzuplanen*, sodass die Menschheit weiterhin in einer lebensfeindlicheren Welt überleben kann. Ein Großteil unserer Lebensmittel stammt von insektenbestäubten Pflanzen. Was aber, wenn diese Insekten eines Tages ausgestorben sind? Die Idee von fliegenden Robotern zur Pflanzenbestäubung geistert schon seit Jahren durch Science-Fiction-Geschichten, sie könnte aber bald Realität werden. Die technische Universität von Delft in den Niederlanden hat mit den „Delfly"-Drohnen einige vielversprechende Prototypen entwickelt. Diese können schnelle Kurven fliegen und langsame Schwebflüge machen. Dabei schlagen sie bis zu 17-mal in der Sekunde mit ihren Membran-Flügeln. Die Drohnen werden Raumsensoren benötigen, um Blumen zu finden und Hindernissen auszuweichen, doch die Entwickler schätzen, dass sie spätestens im Jahr 2028 einsatzfähig sind, um Pflanzen im Gewächshaus zu bestäuben.

Pflanzen wandeln Kohlendioxid in Sauerstoff um, und deshalb sind sie unerlässlich für fast alles andere Leben der Erde. Die Nutzpflanzen, die wir aussäen, tragen nicht annähernd so viel zu dieser Aufgabe bei wie die großen tropischen Regenwälder. Diese werden wiederum von den unterseeischen Wäldern aus Meerespflanzen und Algen in den Schatten gestellt.

Die Sonne produziert Photonen, eine Energiequelle

DAS LEBEN DER ERDE, wie wir es kennen, kann nicht ohne Pflanzen und andere fotosynthetisch aktive Organismen existieren, die die Energie des Sonnenlichts kontinuierlich in Nährstoffe und Sauerstoff, der in die Atmosphäre abgegeben wird, umsetzen. Ein groß angelegter Versuch, künstliches Leben zu schaffen, müsste damit beginnen, diesen Prozess zu imitieren.

Unsere derzeitigen industriellen Aktivitäten haben dazu geführt, dass der Kohlendioxidgehalt in der Erdatmosphäre auch im 21. Jahrhundert weiter gefährlich rasant ansteigt, während die Land- und Unterwasserwälder der Erde rapide schrumpfen. Infolgedessen wird das überschüssige CO_2 nicht mehr ausreichend schnell abgebaut, und da eine Atmosphäre mit höherem Kohlendioxidgehalt mehr Wärme speichert, erwärmt sich der Planet.

Aber könnten vom Menschen erschaffene Systeme die Aufgabe der Pflanzen erfüllen? Die Idee der künstlichen Fotosynthese ist nicht neu, und Solarzellen sind bereits weit verbreitet, um die Energie des Sonnenlichts nutzbar zu machen. Bei der Fotosynthese geht es jedoch darum, mit dieser Energie Kohlendioxid in andere Moleküle umzuwandeln, und künstliche chemische Prozesse waren bisher zu ineffizient und zu abhängig von seltenen Elementen, um in großem Maßstab praktikabel zu sein. Wenn wir Pflanzen durch Technologie ersetzen wollen, müssen wir wesentlich effizientere Solarzellen entwickeln. Dazu brauchen wir neue oder verbesserte Methoden, um das gesammelte Kohlendioxid in komplexere organische Moleküle umzuwandeln, die wiederum als Brennstoff genutzt werden könnten.

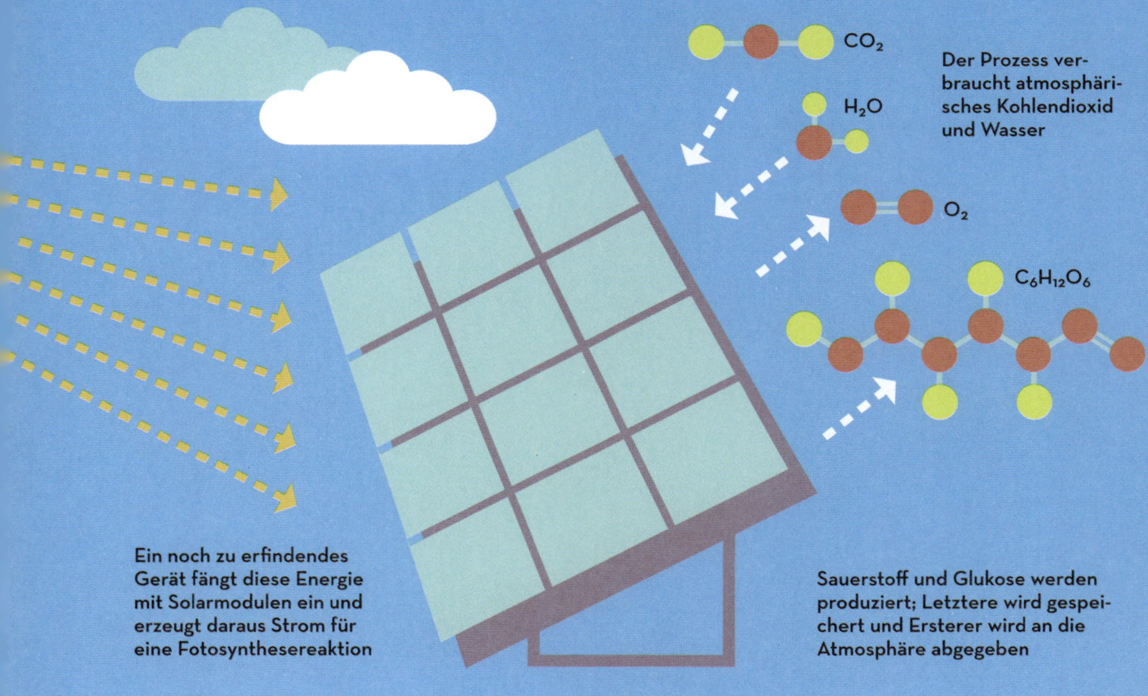

Der Prozess verbraucht atmosphärisches Kohlendioxid und Wasser

Ein noch zu erfindendes Gerät fängt diese Energie mit Solarmodulen ein und erzeugt daraus Strom für eine Fotosynthesereaktion

Sauerstoff und Glukose werden produziert; Letztere wird gespeichert und Ersterer wird an die Atmosphäre abgegeben

EISERNE PFERDE & ERSATZSTOFF-ESSEN

In der Geschichte der modernen menschlichen Evolution wurden viele unserer Bedürfnisse und Wünsche durch andere Lebewesen gedeckt, aber auch das hat sich geändert. Die Pferde, Kamele und Elefanten, die wir einst zähmten und dressierten, um uns weiter und schneller zu tragen als unsere eigenen Beine, sind fast überall auf der Welt durch Maschinen auf Rädern ersetzt worden. Die Raubvögel und Hunde, die uns einst bei der Jagd halfen, wurden durch Bogen und Gewehre ersetzt, der Kokon des Seidenspinners und die Schafwolle durch Kunstfasern usw.

Der technische Fortschritt der letzten Jahrhunderte hat unsere Abhängigkeit von Tieren besonders in der entwickelten Welt verringert. Und trotzdem müssen wir immer noch organische Stoffe

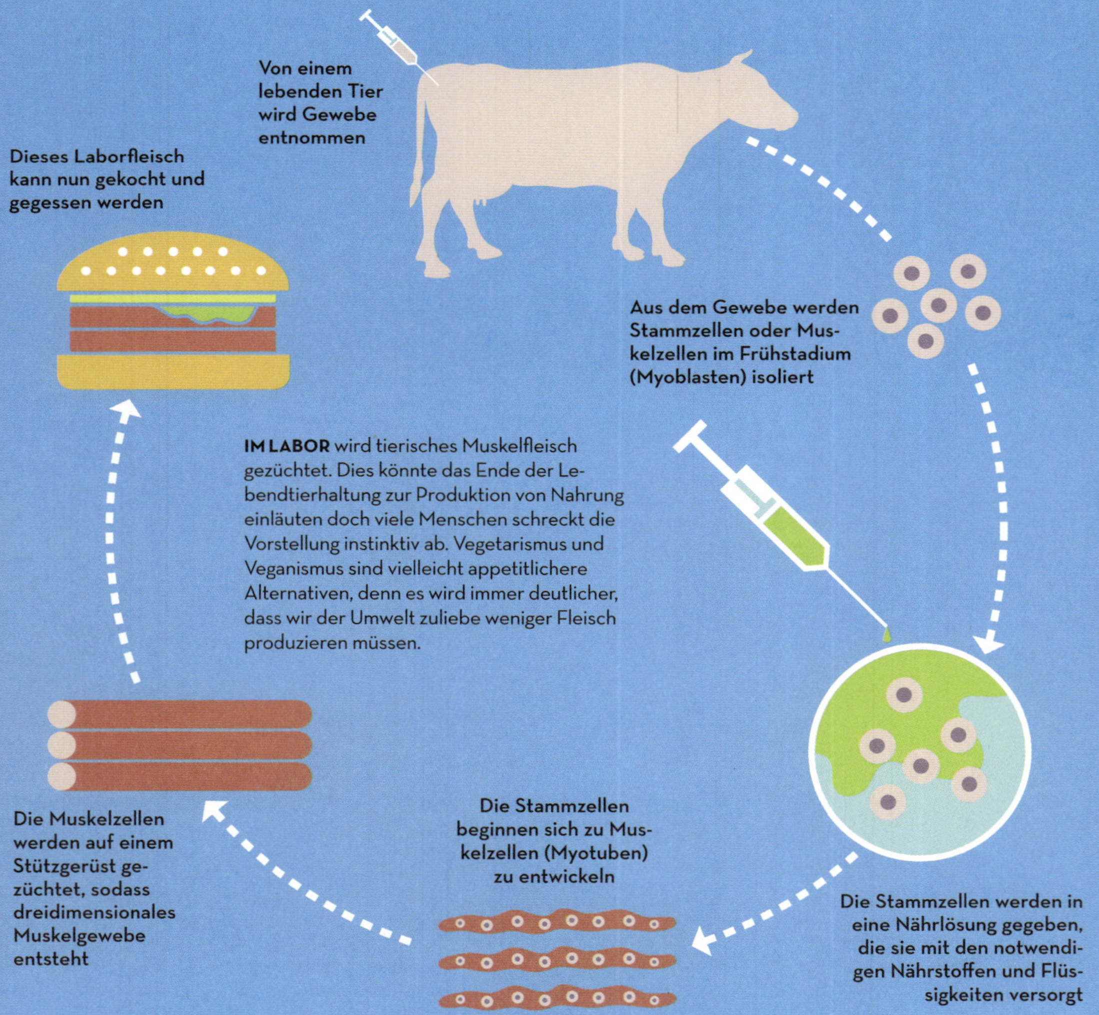

IM LABOR wird tierisches Muskelfleisch gezüchtet. Dies könnte das Ende der Lebendtierhaltung zur Produktion von Nahrung einläuten doch viele Menschen schreckt die Vorstellung instinktiv ab. Vegetarismus und Veganismus sind vielleicht appetitlichere Alternativen, denn es wird immer deutlicher, dass wir der Umwelt zuliebe weniger Fleisch produzieren müssen.

von Pflanzen, Tieren und Pilzen essen, um zu überleben, und der Platz und Ressourcenbedarf, die für Ackerbau und Viehzucht benötigt werden, tragen erheblich zu den aktuellen Umweltproblemen der Welt bei.

Wäre es also möglich oder gar besser, organische Nahrung künstlich zu erzeugen? In Laboren wird bereits Rind-, Hühner- und Entenfleisch gezüchtet, ohne dass ein lebendes Tier daran beteiligt wäre. Obwohl der Prozess derzeit noch ineffizient ist und Laborfleisch nicht jedem Appetit macht, könnte es eine deutlich weniger umweltschädliche Methode sein, Fleisch zu produzieren und zu konsumieren. Mit künstlicher Fotosynthese könnten Lebensmittel hergestellt werden, auch wenn diese unserem herkömmlichen Essen kaum mehr ähnlich wären.

Letztlich würde sozusagen unser Überleben von Technologien abhängen, die zumindest Teile des Lebens reproduziert. Ein allerletzter Schritt wäre es, die Erde zu verlassen und anderswo neu zu beginnen, entweder auf einem Planeten, der bereits biologisches Leben entwickelt hat, oder aber, indem wir alle möglichen biotechnischen Tricks anwenden, um einen leblosen Planeten in eine „zweite Erde" zu verwandeln. Ob die dafür notwendige Technologie jemals zur Verfügung stehen wird, bleibt abzuwarten. Doch was auch geschieht, und wo auch immer Leben existiert, wird der Baum des Lebens weiter sprießen, und aus neuen Trieben können eines Tages neue Ästen werden.

▲ Roboter können Blüten effizient bestäuben, vorausgesetzt die Pflanzen werden in einer abgeschlossenen und streng kontrollierten Umgebung angebaut.

GLOSSAR

Allel Alternative Version eines Gens. Neue Allele werden durch genetische Mutation gebildet. Verschiedene Allele bilden verschiedene Proteine.

Aminosäure-Moleküle sind die Bausteine der Proteine; gebildet aus Kohlenstoff, Wasserstoff, Sauerstoff und Stickstoff.

Artbildung (Speziation) Der evolutionäre Prozess, nach dem sich im Laufe der Zeit zwei Arten aus einer Gründerart entwickeln.

Art (Spezies) Eine Population von Organismen, deren Aussehen, Physiologie und Erbgut sich ähneln, und die sich frei kreuzen können.

Arten- /Naturschutz Die Bemühung, wilde Tier- und Pflanzenpopulationen zu unterstützen und sie und ihre Lebensräume vor Zerstörung zu schützen.

Artkonzept Eine Art und Weise, wissenschaftlich zu definieren, was eine Art ist.

Chromosom Ein DNA-Abschnitt mit Tausenden von Genen. Bei den meisten Organismen liegen Chromosomen in passenden Paaren und in allen Körperzellen vor.

DNA (Desoxyribonukleinsäure) Ein Molekül mit spiralförmiger Doppelhelix-Struktur, aus der Gene und Chromosomen aufgebaut sind.

Eukaryot Ein Organismus mit komplexen Zellen, die einen Zellkern sowie mehrere Organellen enthalten.

Evolution Prozess, nach dem sich Merkmale in einer Population mit der Zeit durch genetische Mutation und natürliche Selektion verändern.

Familie Ein taxonomischer Rang aus eng verwandten Gattungen.

Gameten Geschlechtszellen (Ei oder Spermium), die sich miteinander zu einem neuen Lebewesen verbinden.

Gattung Ein taxonomischer Rang. Gruppe eng verwandter Arten.

Gen DNA-Abschnitt eines Chromosoms mit Kodierungsanweisungen für die Herstellung eines bestimmten Proteins.

Genmutation Genveränderung durch Fehler während der Zellreplikation. Mutationen in den Keimzellen können weitervererbt werden.

Genom Gesamtheit der Gene eines Organismus.

Klade Gruppe verwandter Organismen, die einen gemeinsamen Vorfahren haben.

Kladistik Biologische Klassifizierung nach evolutionären Prinzipien.

Klasse. Taxonomischer Rang aus eng verwandten Ordnungen.

Klassifizierung Einordnung siehe Taxonomie.

Monophyletisch Zur Gruppe aller Nachfahren eines gemeinsamen Vorfahren gehörend.

Natürliche Auslese Prozess der Anpassung einer Population von Organismen an ihre Umwelt.

Ökosystem Eine Gemeinschaft von Organismen, die voneinander abhängig sind.

Ordnung Taxonomischer Rang aus eng verwandten Familien.

Organelle Struktur in einer Eukaryotenzelle, die eine bestimmte Funktion hat; z. B. sind Ribosomen Organellen, die an der Synthese von Proteinen beteiligt sind.

Organische Chemie Die Chemie des Lebens mit dem Zusammenspiel von Molekülen primär auf Kohlenstoff-, Sauerstoff- und Wasserstoffbasis.

Organismus Ein einzelnes Lebewesen jeglicher Art.

Phylogenese Wissenschaft zur Ermittlung der Evolutionsgeschichte einer Art oder eines anderen Taxons.

Prokaryot Einfacher, einzelliger Organismus, etwa ein Bakterium, dem ein Zellkern und die meisten anderen Organellen fehlen.

Protein Eine Art organisches Molekül, bestehend aus einer Kette von Aminosäuren. Proteine sind sehr vielfältig und erfüllen zahlreiche Funktionen in Zellen und Organismen.

Reich Taxonomischer Rang. Gruppe eng verwandter Phyla.

RNA (Ribonukleinsäure) Molekül mit einer Einzelstrang-Helix, das an der Chromosomenverdopplung und der Proteinsynthese beteiligt ist.

Schachtelhierarchie Taxonomische Rangordnung – mehrere Arten sind in einer Gattung verschachtelt, mehrere davon wiederum in einer Familie usw.

Stamm Taxonomischer Rang aus eng verwandten Klassen.

Taxon (Plural Taxa) Eine Gruppe in der biologischen Klassifikation (s. Klade), normalerweise eine klassische taxonomische Kategorie wie eine Art, Gattung oder Familie.

Taxonomie (auch Klassifizierung) Die Wissenschaft der Benennung von Organismen und deren Einordnung in eine verschachtelte Hierarchie von Ranggruppen nach ihren biologischen Merkmalen.

Unterarten Verschiedene Formen innerhalb der gleichen Art, meist geografisch voneinander getrennt. Zwischenstufe im Prozess der Artbildung.

Zelle Eine lebende, autonom funktionierende mikroskopische Struktur, bestehend aus Zytoplasma, umhüllt von einer Membran. Die einzelne Einheit, aus der die Körper komplexer Organismen aufgebaut sind.

Zellkern Organelle, die die Chromosomen der Zelle enthält.

Zellreplikation Wenn sich eine Zelle im Rahmen des Wachstums oder der Reproduktion in zwei teilt. Der Prozess beginnt mit der Erstellung einer neuen Kopie der Chromosomen der Zelle.

REGISTER

A

B

C

D

E

F

G

H

I

J

K

L

M

DANKSAGUNG

Zunächst möchte ich dem Team von UniPress Books für die Unterstützung dieses Projekt danken. Nigel Browning, mit dem ich meine frühen Pläne besprach, brachte den Ball ins Rollen und stellte den Kontakt zu Kate Shanahan her. Kates Ideen zur Gliederung dieses Buches waren eine Inspiration; ebenso die Begeisterung, die sie vom ersten Tag an für das Projekt hatte. Anschließend leitete Natalia Price-Cabrera das Projekt mit bewundernswert ruhiger Hand, selbst als die Geschichte des Lebens auf der Erde Anfang 2020 dank Covid-19 und allen damit verbundenen Herausforderungen eine unerwartete Wendung nahm.

Bei Chris Gatcum will ich mich für das Lektorat des Textes und das Aufspüren der fantastischen Bilder bedanken. Mein Dank geht an Wayne Blades für das tolle Design und an John Woodcock und Wayne für die wunderschönen Illustrationen. Sie haben diese formidable Herausforderung vorzüglich gemeistert, das Resultat spricht für sich selbst. Mein herzlicher Dank geht auch an Natalia für das Korrekturlesen des fertigen Textes im Layout.

Der allgemeinen Wissenschaftsgemeinde, deren Bemühungen in freier Natur und im Labor so viele Daten und Erkenntnisse erbracht haben, kann ich gar nicht genug danken. Die Taxonomie des Lebens fasziniert mich schon lange, trotz des etwas angestaubten Rufes, in den sie einst als eine eher trockene und „reife Wissenschaft" gekommen war, die mehr ins Museum als in die „reale" Welt gehört. Seit dem Aufkommen der DNA-Sequenzierung gehört sie jedoch wieder zur Speerspitze der wissenschaftlichen Biologie. Diese Entwicklung ist hocherfreulich, und besonderer Dank gebührt allen Pionieren auf diesem Gebiet, die sich bemühen, diese neue Welt für alle zugänglich und verständlich zu machen.

Schließlich möchte ich mich bei meinen Freunden und meiner Familie für ihre Unterstützung und ihr Interesse an diesem Projekt bedanken, insbesondere bei denen, die Teile meines Textes gelesen und mir hilfreich und ehrlich Feedback gegeben haben. Dies gilt euch, meinen liebsten Mitmenschen.

BILDNACHWEIS

S.8 © Pikovit/Shutterstock.com; Seiten 10–11 © Alkalyne/Getty Images; S.15 © Seksan Srikasemsuntorn/Getty Images; S.18 freundlicherweise zur Verfügung gestellt von NOAA Photo Library/CC BY 2.0; S.21 © Pascal Boegli/Alamy Stock Photo; S.31 © agefotostock/Alamy Stock Photo; Seiten 32–33 © Pasieka/Getty Images; S.37 © Lester V. Bergman/Getty Images; S.41 © Steve Gschmeissner/Science Photo Library; S.47 © Eye of Science/Science Photo Library; S.49 © Steve Gschmeissner/Science Photo Library; S.52 © Anton Balazh/Shutterstock.com; S.53 © eamesBot/Shutterstock.com; Seiten 54–55 © Filip Fuxa/256 Shutterstock.com; S.59 © wildestanimal/Shutterstock.com; S.63 freundlicherweise zur Verfügung gestellt von Macroscopic Solutions/Wellcome Collection/CC BY 4.0; S.65 © Feije Riemersma/Alamy Stock Photo; S.66 © Scott Riley/Shutterstock.com; S.71 (oben) © WaterFrame/Alamy Stock Photo; S.71 (unten) © HTU/ Shutterstock.com; S.75 © Dmitriy Feldman Svarshik/Shutterstock.com; Seiten 76–77 © Pavel German/Wildlife Images; Seiten 80–81 © @iksanaimagery/ Getty Images; S.85 © Scottish Traveller/Shutterstock.com; S.87 (oben) © Sandra Pond Illustration; S.87 (unten) © GL Archive/Alamy Stock Photo; S.91 © Angela N Perryman/Shutterstock.com; S.93 © Rob Shennan/Alamy Stock Photo; S.97 © Gabriel Maltinti/Shutterstock.com; Seiten 98–99 © Steve Gschmeissner/Science Photo Library; S.103 © Jolanta Wojcicka/ Shutterstock.com; S.107 © Ethan Daniels/Shutterstock.com; S.109 © Science History Images/Alamy Stock Photo; S.113 © Neel Adsul/ Shutterstock.com; S.115 © Francesco_Ricciardi/Shutterstock.com; Seiten 116–117 © Ivan Sarenas/Shutterstock.com; S.118 © Sinclair Stammers/ Science Photo Library; Seiten 120–121 © Puwadol Jaturawutthichai/ Shutterstock.com; Seiten 126–127 © P. Plailly/E. Daynes/Science Photo Library; S.129 © Microgen/Shutterstock.com; S.131 © P. Plailly/E. Daynes/Science Photo Library; S.137 © Chettaprin.P/Shutterstock.com; S.140 © iStock.com/ FernandoQuevedo; S.141 © Uncle Leo/Shutterstock.com; Seiten 142–143 © Leann Kaska/Shutterstock.com; S.147 © Peter van Dam/Shutterstock.com; S.149 Illustration Referenz freundlicherweise zur Verfügung gestellt von Nikos Solounias; S.150 © Denise Thompson/Shutterstock.com; S.153 (1) © Martin Mecnarowski/ Shutterstock.com; S.153 (2) © Darrell Bailey/ Shutterstock.com; S.153 (3) © Phillip Allaway/Shutterstock.com; S.153 (4) © Nicola_K_photos/ Shutterstock.com; S.153 (5) © Anil Varma/Shutterstock.com; S.153 (6) © Maggy Meyer/Shutterstock.com; S.153 (7) © Thomas Clode/Shutterstock. com; S.153 (8) © mrwise/Shutterstock.com; Seiten 158–159 © Wim van den Heever/ Nature Picture Library; S.163 © Stu Porter/Shutterstock.com; Seiten164–165 © Science History Images/Alamy Stock Photo; p169 freundlicherweise zur Verfügung gestellt von NASA/Bill Ingalls; S.173 © Ray Hennessy/Shutterstock.com; S.175 © Paul Nash/Shutterstock.com; S.178–179 © Kluciar Ivan/Shutterstock.com; S.181 © Nick Pecker/Shutterstock.com; S.184 © W.A. Ritchie/Roslin Institute/ Eurelios/Science Photo Library; Seiten186–187 © Chris Mattison/FLPA/Nature in Stock; S.191 © Nature Picture Library/Alamy Stock Photo; S.195 © Rich Carey/ Shutterstock.com; Seiten 196–197 © Louiza/Shutterstock.com; S.198 © kyslynskahal/Shutterstock.com; S.203 © Ondrej Prosicky/Shutterstock.com; S.206 (unten links) © Nature Picture Library/Alamy Stock Photo; Seiten 206–207 Illustration Referenz © Tovovan/Shutterstock.com; Seiten 208–209 © Wilfred Marissen/ Shutterstock.com; S.213 © David Havel/Shutterstock. com; S.215 Illustration Referenz © Vecton/Shutterstock.com; S.217 © NaturesMomentsuk/Shutterstock.com; S.219 © Science History Images/ Alamy Stock Photo; S.222 © thipjang/Shutterstock.com; S.223 freundlicherweise zur Verfügung gestellt von I. Taylor/Wellcome Collection/CC BY 4.0; S.224 freundlicherweise zur Verfügung gestellt von J. Milhoff & Co./ Wellcome Collection/CC BY 4.0; S.225 freundlicherweise zur Verfügung gestellt von F. Betbeder/Wellcome Collection/CC BY 4.0; S.228 © Microgen/Shutterstock.com; Seiten 230–231 © Pingebat/Shutterstock.com; S.235 © Martin Pelanek/Shutterstock.com; S.239 © Sputnik/Science Photo Library; S.241 © Teresa Zgoda/Science Source/Science Photo Library; Seiten 244–245 Screengrabs freundlicherweise zur Verfügung gestellt von Jeffrey Ventrella/ Gene Pool; S.247 © Anton Gvozdikov/Shutterstock.com; S.251 © PopTika/Shutterstock.com.